住宅优秀户型案例集

（2023—2024）

中国房地产业协会　主编

中国建设科技出版社有限责任公司
China Construction Science and Technology Press Co., Ltd.
北　京

图书在版编目（CIP）数据

住宅优秀户型案例集：2023-2024/ 中国房地产业协会主编 . —北京：中国建设科技出版社有限责任公司，2025. 4. —ISBN 978-7-5160-4358-5

Ⅰ . TU241

中国国家版本馆 CIP 数据核字第 2025W50Z78 号

住宅优秀户型案例集（2023—2024）
ZHUZHAI YOUXIU HUXING ANLIJI (2023—2024)
中国房地产业协会　主编

出版发行：中国建设科技出版社有限责任公司
地　　址：北京市西城区白纸坊东街 2 号院 6 号楼
邮政编码：100054
经　　销：全国各地新华书店
印　　刷：万卷书坊印刷（天津）有限公司
开　　本：889mm×1194mm　1/16
印　　张：14.25
字　　数：300 千字
版　　次：2025 年 4 月第 1 版
印　　次：2025 年 4 月第 1 次
定　　价：198.00 元

本社网址：www.jskjcbs.com，微信公众号：zgjskjcbs

编委会

PREFACE 前言

我国当前住宅户型普遍存在着客厅过大、卧室和卫生间过小、收纳空间不足等功能空间分配不合理问题。为了提高人民生活品质，践行新发展理念，落实住房城乡建设部关于“努力让人民群众住上更好的房子”的工作要求，在住房城乡建设部有关业务司局的大力支持与指导下，中国房地产业协会联合中国建设科技集团股份有限公司、中国建筑标准设计研究院有限公司、正方利民工业化建筑科技股份有限公司、万科企业股份有限公司、龙信建设集团有限公司、南京长江都市建筑设计股份有限公司、深圳小库科技有限公司、北京构力科技有限公司、青岛海尔智能家电科技有限公司等单位，组织开展了“住宅优秀户型设计竞赛”的公益活动，并顺利完成了120m^{2}以下住宅优秀户型的评选工作。

本次参赛的户型分为既有户型和新创户型两类，以60～120m^{2}的中小户型为主，适用对象主要为住房保障群体和城市的新居民。户型设计过程中，充分结合绿色、健康、智慧、新能源等先进理念，提出综合解决方案，通过优化户型设计，切实提高居民的居住满意度。

竞赛工作启动以来，得到了房地产行业相关单位的积极响应，共收到参赛作品163件。经过形式审查和专家评审，最终评选出满足优秀户型条件的设计方案73个，其中既有户型30个，占比为41%；新创户型43个，占比为59%。按分布于严寒和寒冷地区、夏热冬冷地区、夏热冬暖和温和地区三类气候区划分优秀户型，分别占41%、51%、8%。按建筑面积划分的优秀户型，60m^{2}及以下的户型2个，占2.7%；60～90m^{2}的16个，占22%；90～120m^{2}的55个，占75.3%。

为更好地宣传推广住宅户型设计新理念，中国房地产业协会精选了46个项目的62个荣获“住宅优秀户型”的作品进行整理出版。书中对每一个优秀户型的基本信息、项目背景、设计思路、创新点以及主创设计师的创新理念作了全面介绍。这些作品既客观反映了当前住宅户型、装饰装修在设计理念和创新实践方面的先进水平，还集中展示了一些成功的工程案例，具有很强的示范性和参考价值。

本书可供房地产开发企业、设计单位及相关人员借鉴，以此推动户型设计不断优化创新，打造出满足人民群众新需求的高品质住宅。

中国房地产业协会
2025年2月

CONTENTS 目录

既有户型篇

新创户型篇

既有户型篇

新青年的梦想家

开发单位：中海发展（广州）有限公司

设计单位：广州市冼建雄联合建筑设计事务所

主创人员：刘大伟、杨琰、王新星、余庆、向杰、肖曼清、许志坚

项目工期：2022 年 3 月—2024 年 12 月

户型面积：75m^2

建筑高度：150m

项目规模：总建筑面积 8.74 万 m^2

所在城市：广州市

所在气候区：夏热冬暖和温和地区

知识产权所属：中海发展（广州）有限公司

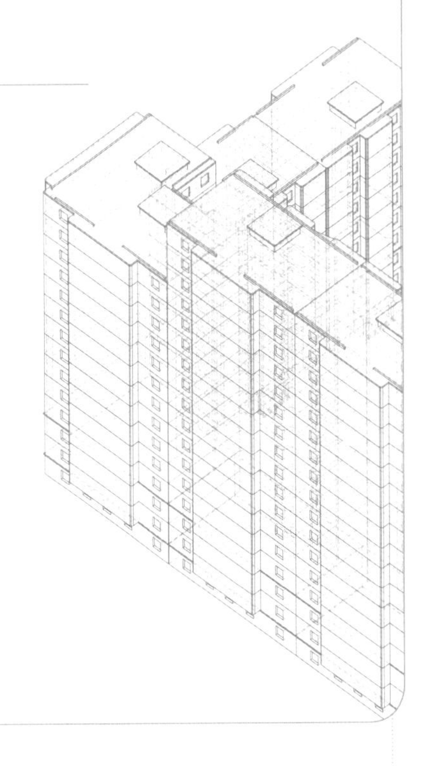

项目介绍

中海江泰里项目位于广州市老城区海珠区、老广生活聚居地；紧邻地铁，通勤出行便利(图1)。

总用地面积1.98万m^2，可建设占地面积1.30万m^2，总建筑面积8.74万m^2；容积率为4.65，绿化率为35%；建筑密度为30%。项目包括2栋超高层与1栋政府统筹房。申报的75m^{2}户型住宅属于超高层，建筑高度150m，共49层，为三梯六户。

图1　总鸟瞰图

户型设计说明

项目设计理念：IN LIFE，激活老城，焕新海珠。

（1）生活方式理念：基于海珠老城的底蕴，创造艺术人文新生活场。以多元集成店打造有趣味、潮流化的生活方式。以商业街区打造舒适、惬意的街坊休憩场。

（2）产品理念：空间意识升级，将客厅、餐厅、厨房、阳台（Living room，Dining room，Kitchen，Balcony，LDKB）一体化再升级为客厅、餐厅、厨房、阳台、多功能空间（LDKB+X）四位一体，以复合产品空间、创意收纳满足居家生活需求；以高品质归家体验和园林配套打造共融社区，创造品质生活。

户型创新点

演绎属于当代青年的新生活方式，以客户为导向进行户型创新设计，解决客户痛点。

（1）创新巨型方厅设计，打通厨房、餐厅、客厅、阳台和一房；户型面积虽小，空间感受却不小，功能更不少（图2）。$75m^2$的户型面积，有接近$120m^2$的客厅空间感，客餐厅变成投屏影院、宠物乐园或闺蜜兄弟局活动场，餐桌兼顾吃饭、办公、桌游功能，是具有开敞、互动功能的大方厅（图3~图6）。

图2　户型平面图

图3　室内装修效果图一

图4　室内装修效果图二

图5　室内装修效果图三

图6　室内装修效果图四

(2) 开创空间设计的新理念，是真正为用户考虑的产品升级，三个不同功能的空间可以改造成三房，成为随不同人生阶段“成长”的家，让业主未来10年，乃至20年，都可以不用换房。

(3) 市场上75m^{2}户型多为一卫设计，该户型做到了两卫配置，充分考虑了生命周期动态变化下不同家庭成员的卫生间需求。

(4) 室内尺寸都以家具尺寸反推空间尺度，实现空间尺度小而优，拒绝空间浪费。

(5) 270°四面宽的超大采光面，满足人们采光、通风的需求。

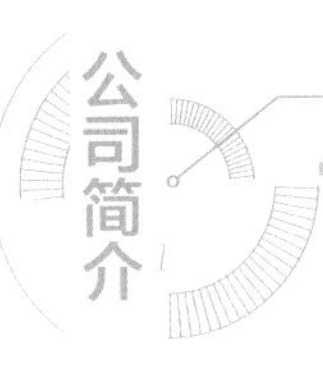

广州中海地产有限公司

成立于1993年8月，30多年来先后开发了东山广场(1997年度中国建筑工程鲁班奖)、锦城花园、中海锦苑、中海名都(2005年中国土木工程詹天佑奖优秀住宅小区金奖)、中海康城、中海蓝湾(2006年中国土木工程詹天佑奖优秀住宅小区金奖)、中海观园国际(2008年中国土木工程詹天佑奖优秀住宅小区金奖)、中海花城湾、中海璟晖华庭、中海金沙馨园、中海锦榕湾、中海橡园国际、中海誉城、中海原山别墅、中海云麓公馆(2014年度中国建筑杰出项目管理奖、中海地产规划设计奖)、中海花湾壹号(2017年度英国“国际地产奖”最佳高层住宅项目)、中海熙园、中海学仕里、中海观云府(2022年美国缪斯设计奖居住类·铂金奖)等项目。

国风尚城

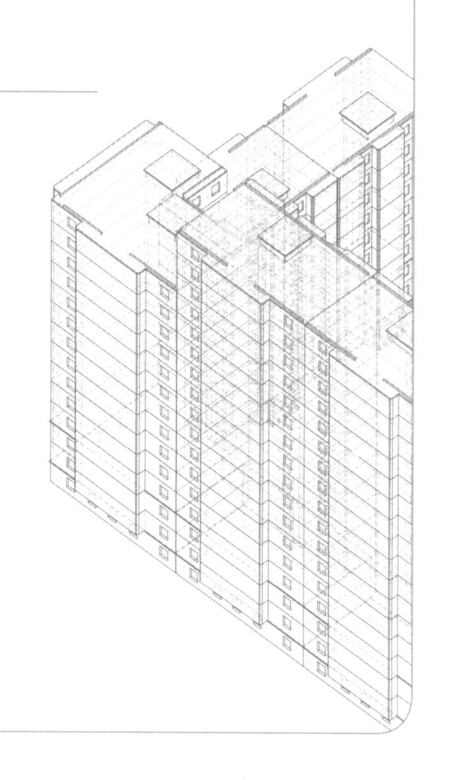

开发单位：北京首开新奥置业有限公司
设计单位：中国建筑标准设计研究院有限公司
主创人员：王春雷、崔玉、任亚森、丁沫、杜旭、王智轩、吴泽
项目工期：2018 年 9 月—2023 年 5 月
户型面积：C1 户型 86.5m^2、H 户型 116m^2、E 户型 118m^2
楼 层 数：9 层、15 层
项目规模：总建筑面积 21.53 万 m^2
所在城市：北京市
所在气候区：寒冷地区
知识产权所属：中国建筑标准设计研究院有限公司
北京首开新奥置业有限公司

项目介绍

首开·国风尚城是位于北京城市副中心通州区的共有产权房项目，用地性质为二类居住用地，用地四至范围为：东至潞苑四街，南至疃里南街，西至潞邑西路，北至潞苑二街。用地面积6.55万m^2，总建筑面积21.53万m^2，其中，住宅建筑面积为18.63万m^2，包括15栋住宅(地上6~15层)，地下3层，精装修交房，控制高度60m，容积率2.5(图1~图4)。该项目综合了多种技术的集成设计，实现了住宅产业化，达到了绿色建筑二星级评定标准，是超低能耗住宅，并获得德国被动房研究所(PHI)认证等。

图1　总鸟瞰图

图2 总平面图

图3 项目效果图一

图4 项目效果图二

户型设计说明

优秀户型分别为86.5m^{2}两室两厅一卫户型(图5)、118m^{2}三室两厅两卫户型(图7)，适用于高度为33~54m的住宅建筑(图8)；116m^{2}三室两厅两卫户型(图6)适用于高度在33m以下的住宅建筑(图9)。以上户型具有空间布局合理、采光通风良好、面积利用率高、功能齐全及可变性强等特点，既能满足居住者的基本生活需求，又能提供舒适、健康、便利的居住环境。

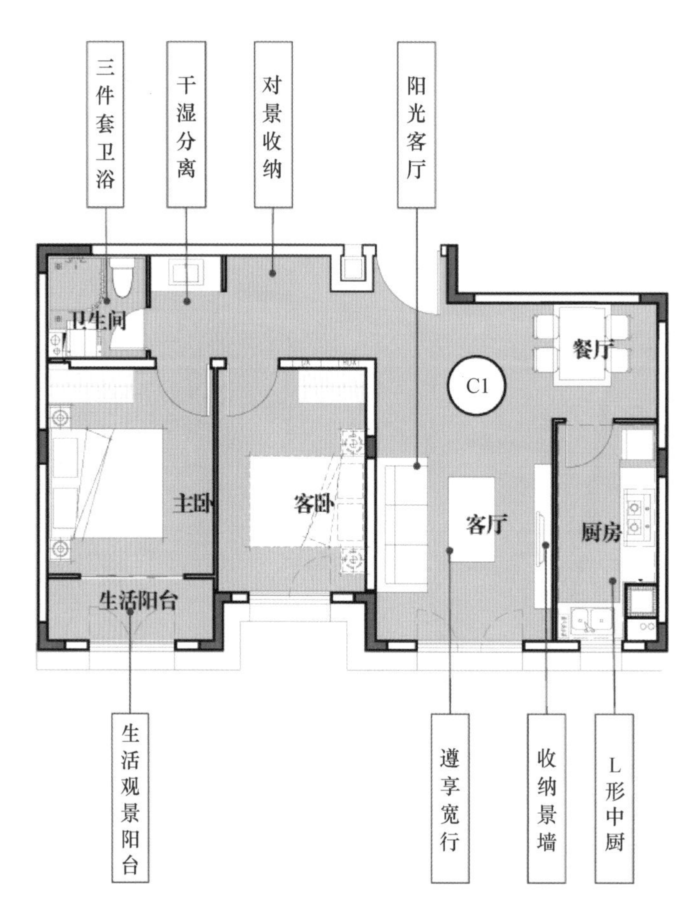

图5　C1户型（86.5m²）

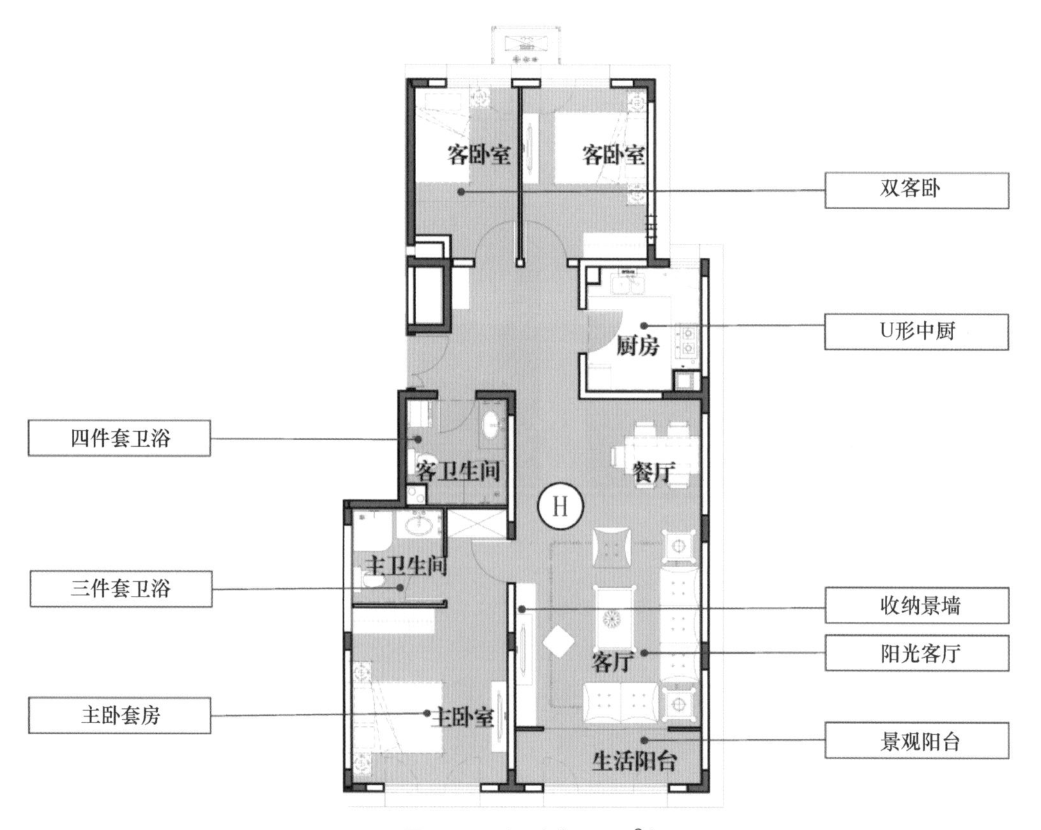

图6　H户型（116m²）

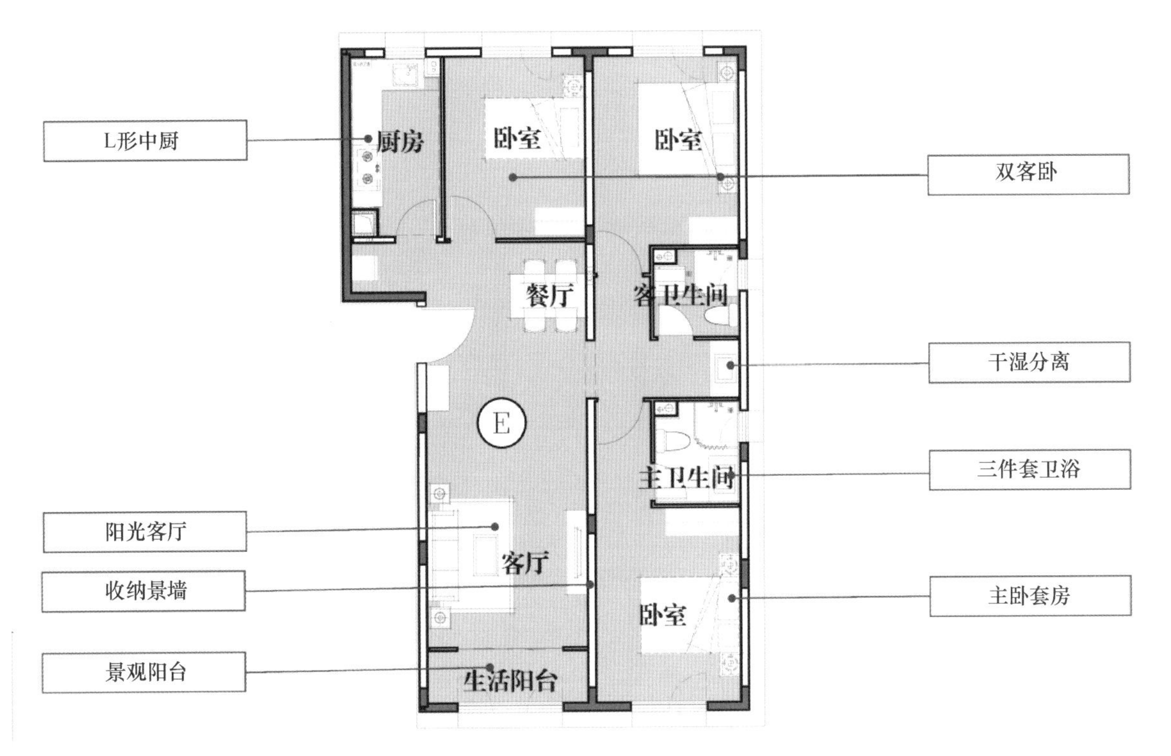

图7 E户型（118m²）

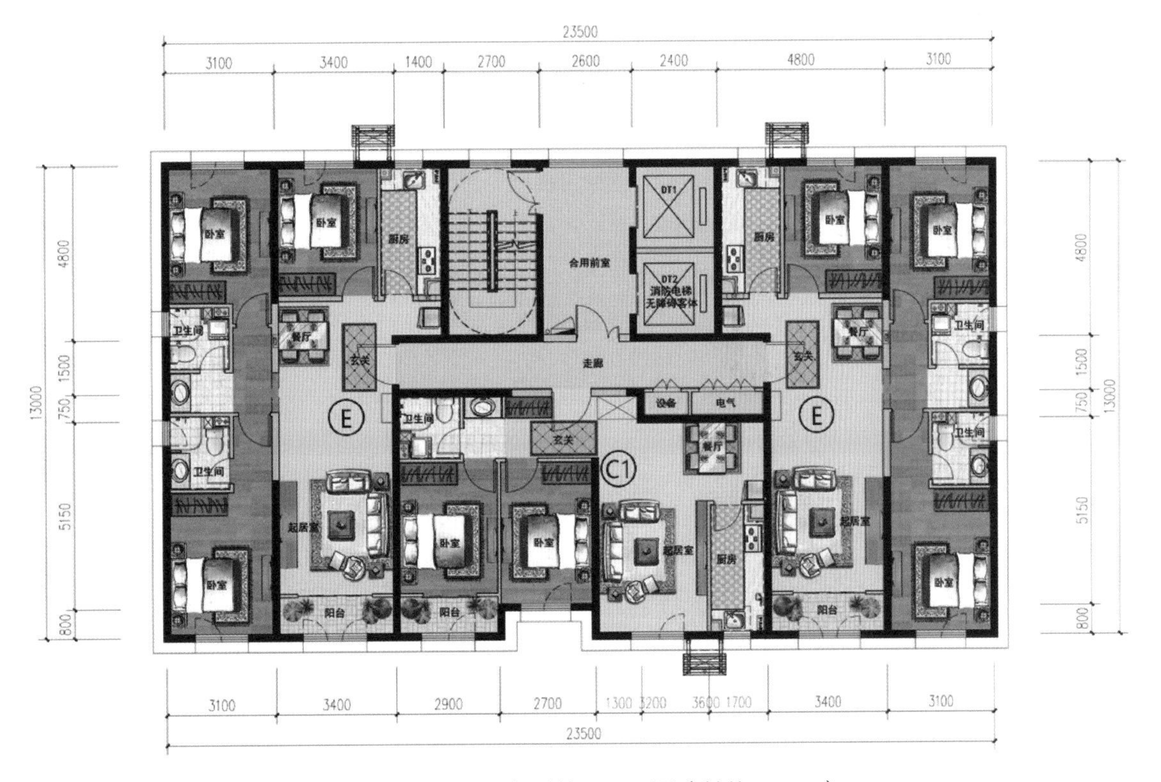

图8 C1+E户型单元平面图（单位：mm）

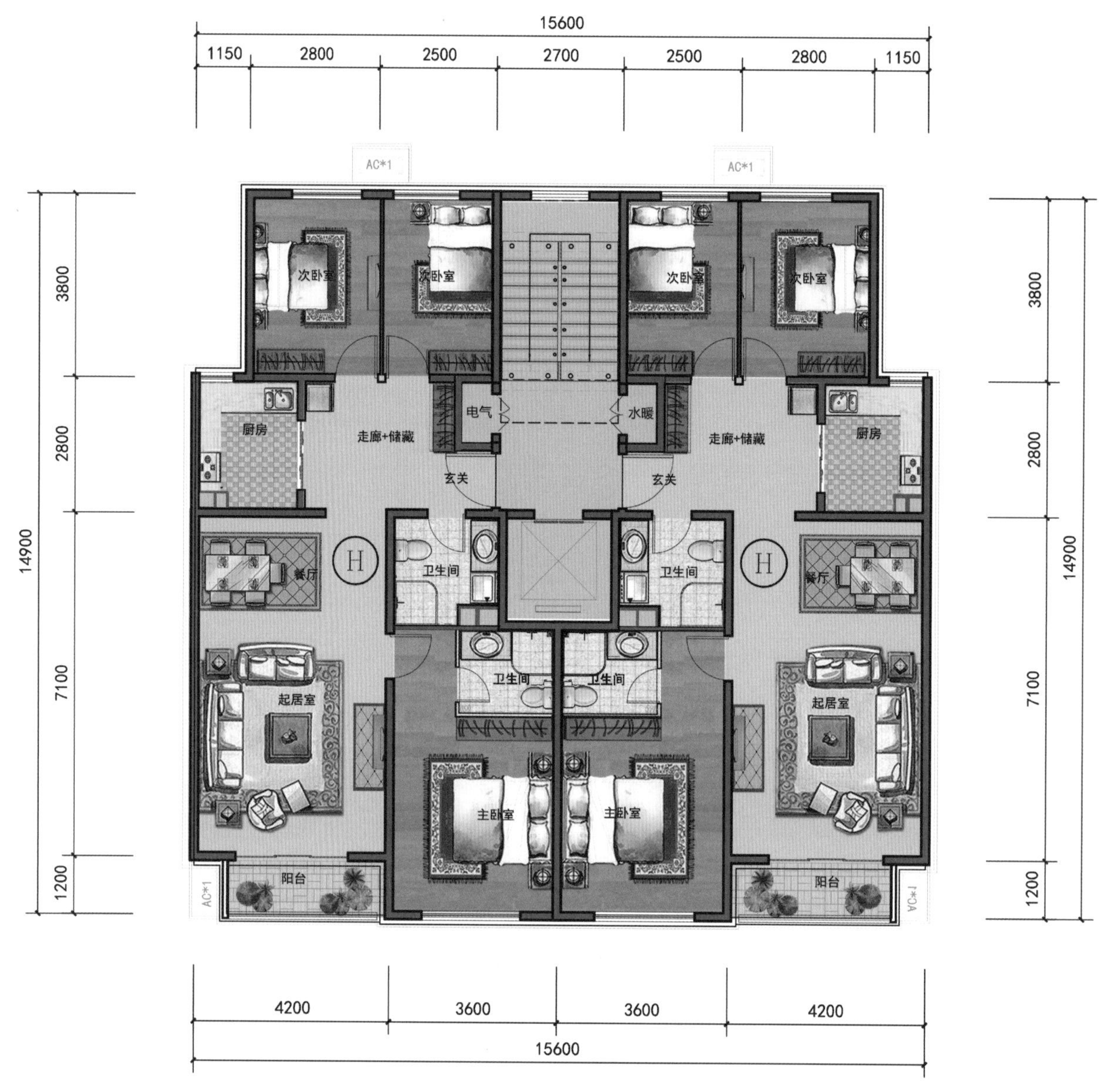

图9　H户型单元平面图（单位：mm）

1. 户型设计原则

户型设计的原则为户型标准化、尺寸模数化、厨卫模块化、品质优异化。

2. 户型特点

(1) 玄关空间，收纳设计。

户型设置玄关空间，收纳空间结合洗消、防疫功能设计，以提高生活品质。

(2) 客卫生间，干湿分离。

卫生间进行功能性分区，确保各功能可同时使用，使厕所和洗面台一直保持干爽、清洁，便于打理，且各自收纳空间充足。

(3) 阳光客厅，观景阳台。

客厅南向采光，阳光明媚，可充分利用观景阳台进行种植、休闲、晾晒等活动。

(4) 客厅、餐厅、厨房(LDK)一体化设计。

LDK一体化设计，要适应烹饪、派对、共享等多种模式，满足不同生活场景需求，兼顾不同年龄层的烹饪料理需求，以增添生活的趣味性。

(5) 主卧私享化。

主卧室是带有卫生间的套房功能设计；该区域相对远离客厅，做好动静分区，让房主享受私密、安静的休息时光。

(6)餐厨社交化。

餐厅和厨房是烹饪、派对、共享空间，其空间开阔、功能完善，打破了传统餐厅和厨房的操作模式，满足全龄家庭的需要。

户型创新点

1.绿色建筑

首开·国风尚城获得了绿色建筑二星级设计评价标识。部分楼座(11~14号四栋楼)为绿色建筑三星级。

2.超低能耗建筑

首开·国风尚城规划中11~14号四栋楼为超低能耗绿色建筑(图10)，超低能耗建筑面积为3.28万 m^2，建筑层数为9~15层，该项目按照《北京市超低能耗建筑示范项目技术要点》要求实施，已经通过了北京市被动式超低能耗绿色建筑科技示范项目的认证。

该项目采用了保温隔热性能较高的非透明围护结构、保温隔热性能和气密性能较高的外窗，提高了建筑整体的气密性。外墙采用了无热桥的设计与施工，室内采用了高效热回收新风系统，分户式新风空调一体机的显热回收效率不低于75%，全热回收效率不低于70%，湿回收效率不低于60%。

3.住宅产业化

首开·国风尚城住宅全部实现产业化，建筑单体预制率均大于40%，为装配整体式剪力墙结构、水平构件应用比例均大于80%。首开·国风尚城的建筑单体装配率均大于50%，该项目装修交房符合“全装修”要求(图11~图13)。

综上所述，首开·国风尚城项目采用了装配式、绿色建筑、超低能耗等多种技术进行集成设计，体现了住宅绿色化、产业化、科技化、集成化的发展方向，对住宅设计和工程管理提出了更高的要求和标准。

图10　超低能耗绿色建筑楼座位置

图11　客厅效果图

图12　厨房效果图

图13　卫生间效果图

第一主创设计师简介

王春雷

中国建筑标准设计研究院有限公司副总建筑师，国家一级注册建筑师。2014年荣获“中国房地产创新力设计师”称号，长期从事住宅设计的相关工作和住宅产品线的研究，主持了首开地产产品线的标准化研发工作，并主持设计了雄安容西片区C3单元安置房、凤阳华府、东戴河海天翼、黔西锦绣城、首开·国风尚城、香河珠光逸景等多个住宅项目，作品多次获得国家级和省部级奖项。雄安容西片区C3单元安置房项目获得精瑞科学技术奖和2023年河北省工程设计二等奖，香河珠光逸景项目荣获2023年河北省工程设计三等奖，北京风景项目荣获北京市第十八届优秀工程设计一等奖，重庆线外SOHO及会所荣获北京市第十七届优秀工程设计二等奖和2013年全国优秀工程勘察设计行业奖三等奖，四合上院项目荣获北京市第十七届优秀工程设计一等奖和2013年全国优秀工程勘察设计行业奖三等奖。

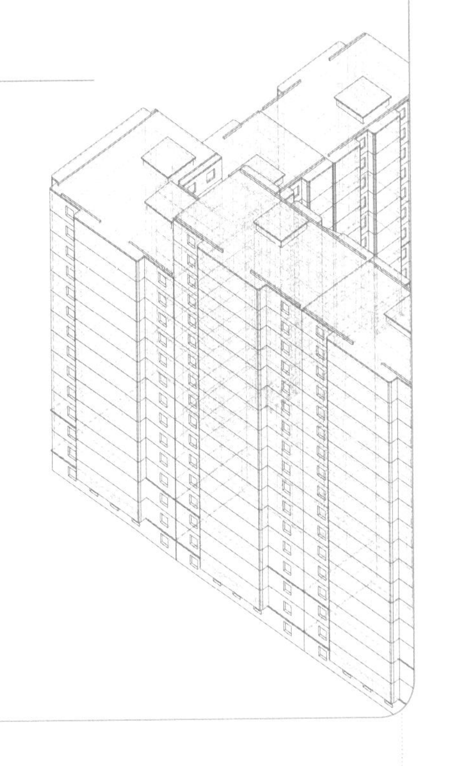

开发单位：贵州同心房地产开发有限公司

设计单位：中国建筑标准设计研究院有限公司

主创人员：王春雷、王智轩、杜旭、吴泽、崔玉

项目工期：2015—2020 年

户型面积：84.57m^2

楼 层 数：11 层

项目规模：总建筑面积 14.15 万 m^2

所在城市：贵州省黔西市

所在气候区：夏热冬暖和温和地区

知识产权所属：中国建筑标准设计研究院有限公司
贵州同心房地产开发有限公司

项目介绍

同心锦绣城项目位于贵州省黔西市，地处黔西新城核心地带，清黔高速和黔西高铁的开通为项目带来巨大的交通优势。项目背靠塔山、前绕“玉带”，背山面水，风景极佳。项目定位为新城核心地段的高档楼盘，是政府行政公馆的后花园和展示国际化风格、彰显山水灵性的休闲养生居所。

项目规划中融入了东西方古典元素，以轴线控制建筑空间形态，塑造地块的整体秩序，形成了“一主轴、两次轴、多组团”的规划结构。一条步行景观轴串联起大门和中心礼仪广场，景观相互连通渗透，建筑组团沿轴线自然生成空间序列，形成有机整体。组织有序的广场绿地，营造出住区高品质的生活氛围。项目设计了从售楼处观赏小区的最佳视觉通廊，让客户能够更直观地观赏到小区的景观。

该项目总建筑面积为14.15万m^2，容积率2.98，围绕绿化带和中心礼仪广场，布置11层的小高层建筑，中心的18层高层建筑正对中轴，视野极佳并形成对景，最北侧的32层高层建筑能够俯瞰整个园区。

建筑立面设计采用国际化方式，将当代元素融入新古典立面设计，大气优雅，挺拔的线条和层次丰富的顶部构图勾勒出完美的天际线，铸就非凡的现代城市地标。精雕细琢的入户大堂和会所，将新古典的韵味和经典美学完美呈现(图1~图3)。

图1　总鸟瞰图

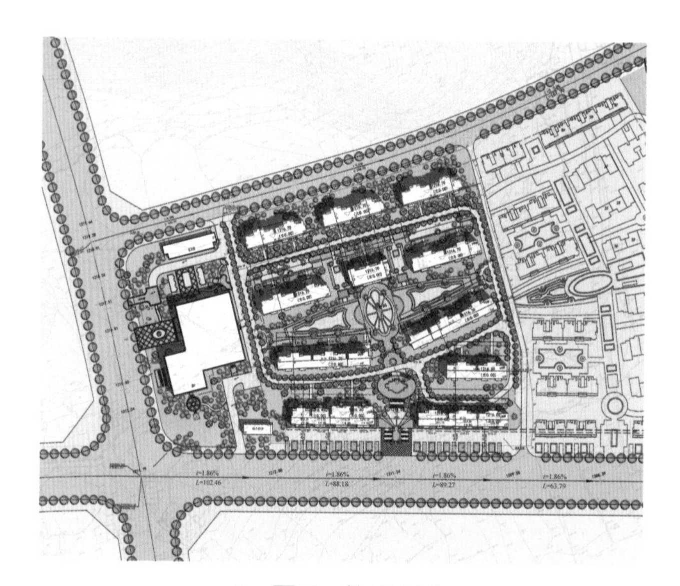

图2　总平面图

图3　项目效果图

户型设计说明

在户型设计上，吸收当地民居特点，结合项目任务书要求及现代生活的实际需求，提供多种面积套型住宅，满足不同家庭的生活需求。为适应当地的气候特点，南北设置开敞阳台，户内空气南北对流，通风良好。厨房、卫生间均有自然采光通风，在有限的面积指标下，做到面积有限但功能齐全，合理组织和布置各功能行为空间，达到动区与静区分离和LDK一体化设计，提高了居住的舒适性。着重于住宅的隔声、采光、通风、隔热和体形设计，力求做到节地、节能、节材，提高综合经济效益(图4~图5)。

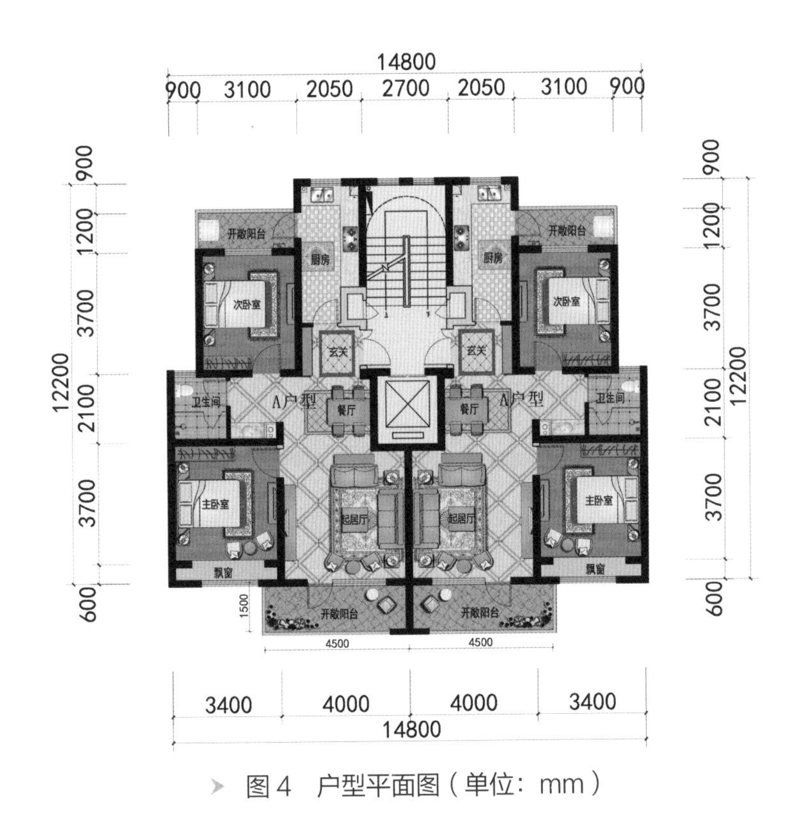

图4　户型平面图（单位：mm）

图5　户型效果图

户型创新点

优秀户型为84.57m²两室两厅一卫户型，适用于33m以下的住宅建筑，该户型遵循户型标准化、尺寸模数化、厨卫模块化、品质优异化的设计原则，具有以下特点。

1. 玄关空间，收纳设计

户型设置玄关空间，收纳空间结合洗消、防疫功能设计，以提高生活品质。

2. 明卫生间，干湿分离

卫生间具备自然采光和通风，并按照功能性分为干区和湿区，可使洗面台保持干爽清洁。这对于两室一卫的户型尤其实用，提高了卫生间的使用效率。

3. 南北透通，双阳台设计

客厅与厨房相对，南北透通，南侧设置观景阳台，北侧设置生活阳台，双阳台设计为居民生活提供了多种可能和便利。

4.LDK一体化

采用LDK一体化设计，空间方正大气，适应烹饪、派对、共享等多种模式，满足了不同生活场景需求。

5. 户型方正，结构规整

户型动静分区明确，方正大气，同时结构规整，空间灵活性较高。

第一主创设计师简介

王春雷

中国建筑标准设计研究院有限公司副总建筑师，国家一级注册建筑师。2014年荣获“中国房地产创新力设计师”称号，长期从事住宅设计的相关工作和住宅产品线的研究，主持了首开地产产品线的标准化研发工作，并主持设计了雄安容西片区C3单元安置房、凤阳华府、东戴河海天翼、黔西锦绣城、首开·国风尚城、香河珠光逸景等多个住宅项目，作品多次获得国家级和省部级奖项。雄安容西片区C3单元安置房项目获得精瑞科学技术奖和2023年河北省工程设计二等奖，香河珠光逸景项目荣获2023年河北省工程设计三等奖，北京风景项目荣获北京市第十八届优秀工程设计一等奖，重庆线外SOHO及会所荣获北京市第十七届优秀工程设计二等奖和2013年全国优秀工程勘察设计行业奖三等奖，四合上院项目荣获北京市第十七届优秀工程设计一等奖和2013年全国优秀工程勘察设计行业奖三等奖。

望坛新苑棚户区改造项目户型设计

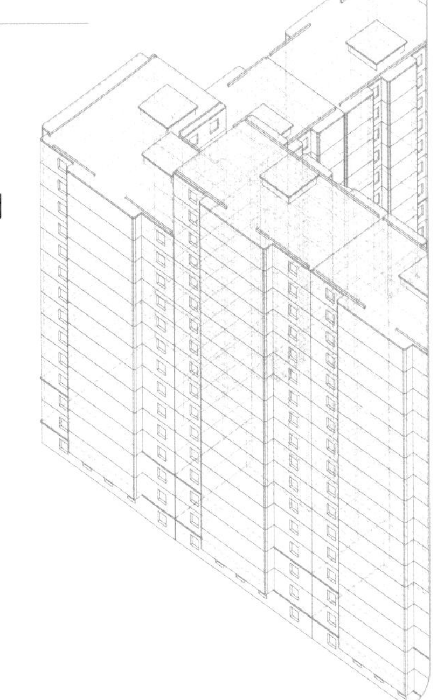

开发单位：北京城建兴瑞置业开发有限公司

设计单位：北京城建设计发展集团股份有限公司

主创人员：贺奇轩、刘京、李湃、李晓俊、关一立、谭丹萍、张月同

项目工期：2017—2024 年

户型面积：50m^2、75m^2、78m^2、90m^2

楼 层 数：11 层

项目规模：总建筑面积约 130 万 m^2

所在城市：北京市

所在气候区：严寒和寒冷地区

知识产权所属：北京城建设计发展集团股份有限公司

项目介绍

北京市东城区望坛棚户区改造项目，是目前北京市中心城区最大的棚户区改造项目。项目位于东城区南二环永定门外地区，永定门桥东南方向。涉及拆迁居民5000余户，以及产权单位100多家。由于历史原因，永定门外地区成为北京市中心城区最大的棚户区之一，现状是基础设施极不完善，居住条件很差，使其成为与北京市社会经济发展极不对称的一块洼地（图1、图2）。

图1　总鸟瞰图

图2 项目区位

该项目的难点体现在以下两个层面。

(1)规划层面：该项目面临着场地零碎、现状较差、容积率高、日照影响、限高苛刻、配套繁多等诸多方面的影响。

(2)社会关系层面：因为该项目属于保障性回迁住房，其面临着复杂的社会关系，需要解决的主要问题是拆迁户对就地安置的迫切需求、居住者对居所的多样性需求、社会公益性与公平性的平衡。

(3)城市风貌层面：该项目位于天坛正南3km，天坛建筑群为世界文化遗产，对周边的建筑，包括城市的肌理、建筑风格、建筑体量、天际线的控制等都有极其严格的要求。

(4)居住空间层面：在容积率高、限高低、用地紧张的极限情况下，户型设计需要解决回迁居民体面生活、小户型的空间舒适度、户型之间的可组合性等方面的诉求。

户型设计说明

该项目为回迁房，回迁人群的房屋产权属性复杂、房屋类型复杂、被征收人群复杂，造成户型面积段多，户型要求多，间接地造成了户型及楼型的多样性。为此大部分户型及楼型都需要定制化设计。

典型楼栋标准层平面图：T6楼型，建筑层数11层(图3)。

该项目的设计理念如下。

1.时代住宅

为回迁居民量身定制，打造引领未来生活方式，符合不同居住者的多元喜好且具有生活乐趣的时代人居。

2.健康住宅

以可持续发展为理念，满足回迁居民的多层次需求，为居住者营造一处安全、舒适的健康人居。

3.智慧住宅

充分借助物联网，面向未来构建全新的居住环境，使回迁居民拥有工作和生活更加便捷、舒适、高效的智慧人居。

户型设计关注点

1.明确分区：玄关精细化、公区复合化、私区功能化。

2.复合功能：餐客通厅、共享公区、多变阳台。

3.健康环境：消杀分离、系统收纳、分离式卫生间。

该项目的户型展示如图4~图7所示。

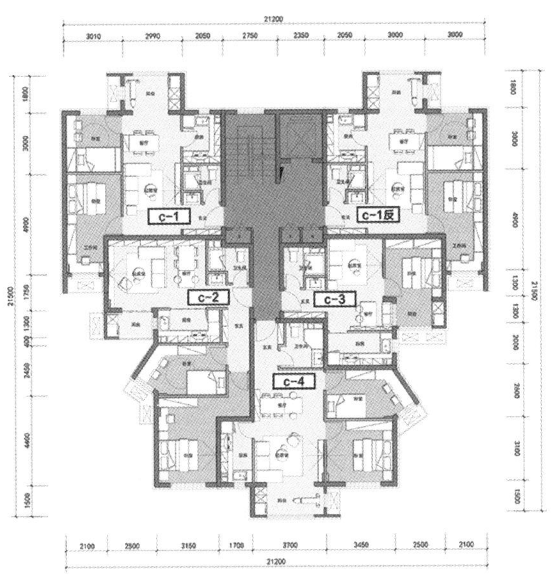

(a) 单元标准层平面图 (1梯五房) (单位：mm)

户型编号	套内面积(m^2)	阳台建筑面积(m^2)	建筑面积(m^2)	标准层面积(m^2)	标准层使用率%
C-1	55.95	3.06	70.81	329.94	83.33
C-1反	55.95	3.06	70.81		
C-2	64.47	1.63	79.31		
C-3	39.60	1.63	49.46		
C-4	58.99	3.00	74.39		

(b) C单元标准层相关数据

图3　楼型图

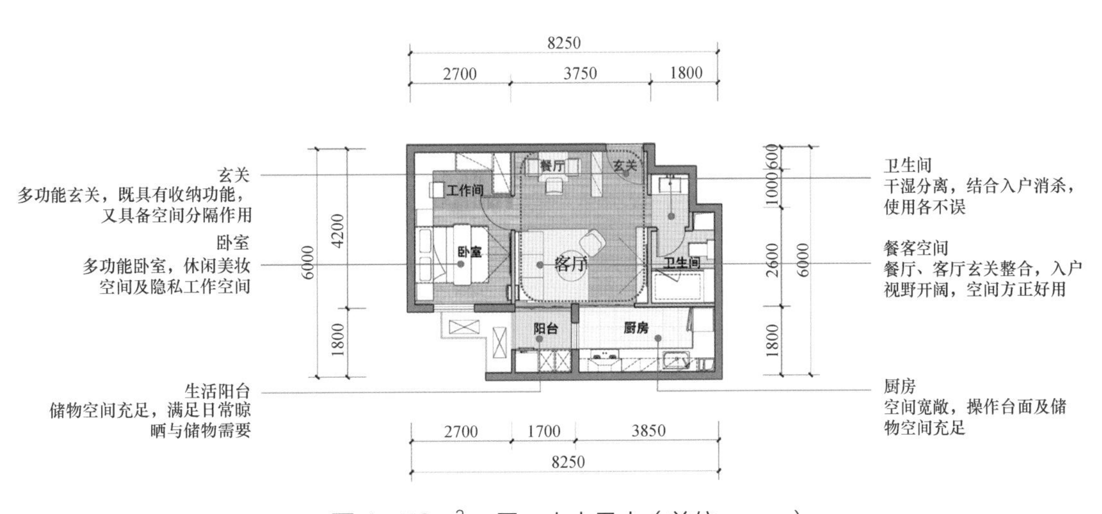

图4　50m^2一居：小中见大（单位：mm）

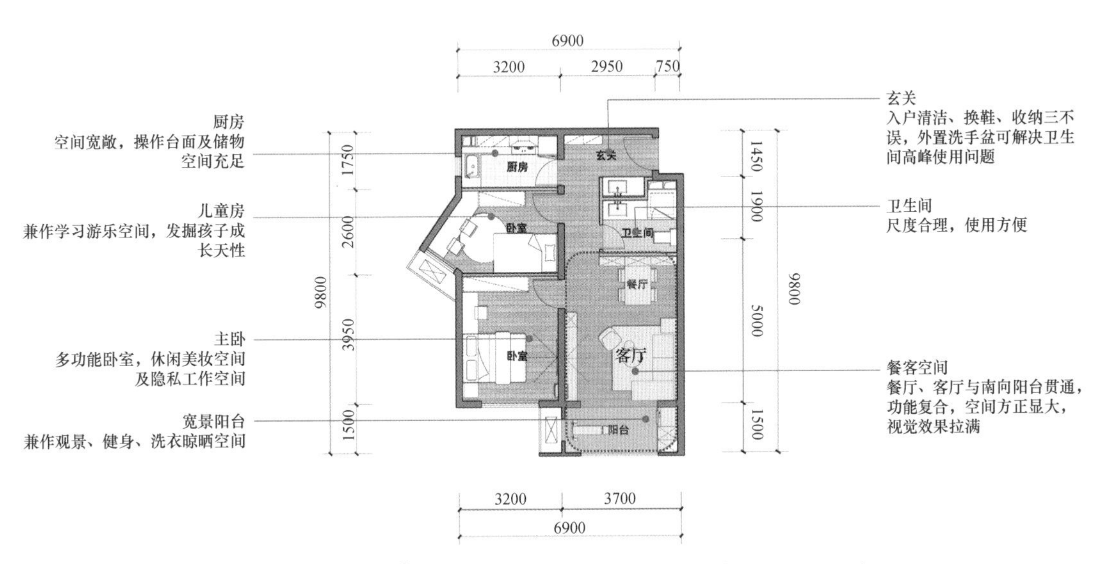

图5　75m^2两居：功能完善，尺度合理（单位：mm）

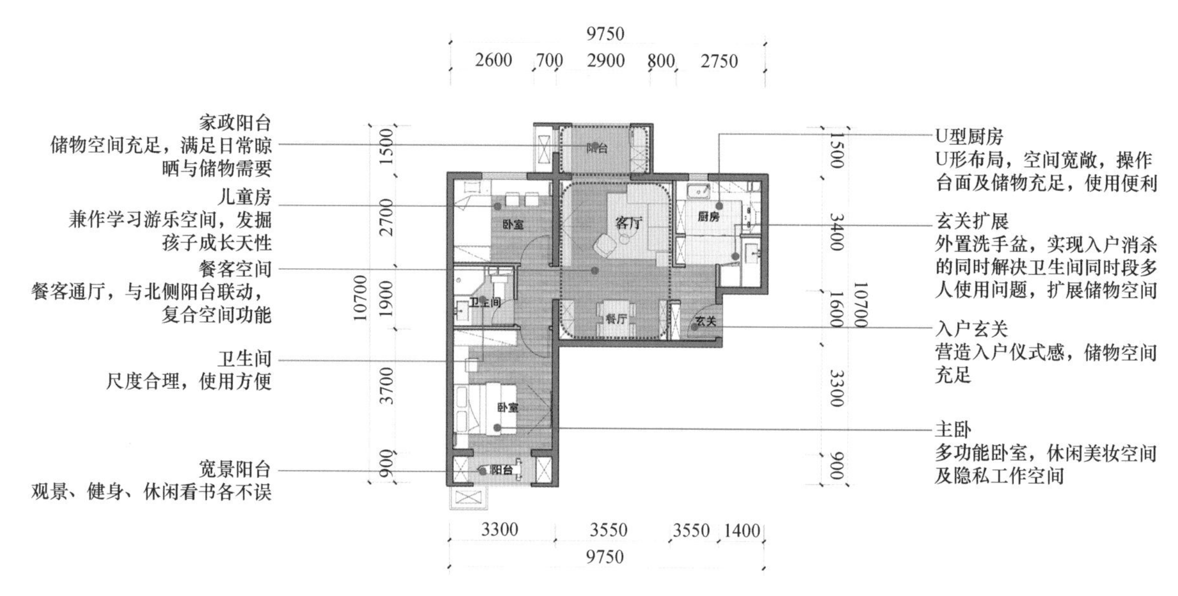

图6 78m² 两居：功能齐全，方正好用（单位：mm）

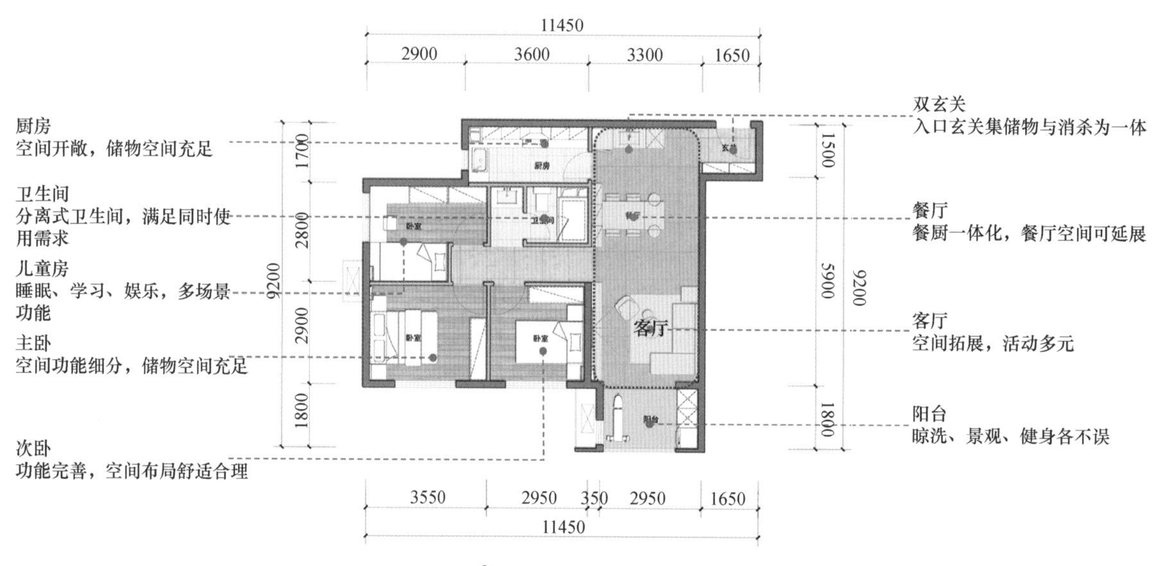

图7 90m² 三居：紧凑实用（单位：mm）

户型创新点

（1）玄关空间：营造入户礼仪感；特殊时期满足洗消功能；超强收纳区，满足日常收纳需求（图8）。

（2）共享公区：更灵活的共享空间、更加开敞的视觉感受、360°互动场景体验，满足住户日常互动所需（图9）。

（3）厨房：更加开敞的视觉感受、更充足的储物空间、更多的操作面让人拥有干净、整洁的美好感受（图10）。

（4）分离式卫生间：干区外置、干湿分离，满足特殊时段多人使用的需求，兼顾时尚与个性（图11）。

（5）多功能阳台：可进行观景、健身、手工制作、晾晒等活动，满足人们多种生活方式下的需求（图12）。

（6）全屋收纳：可满足住户的细化收纳方式、多维就近收纳、即时收纳的需求（图13）。

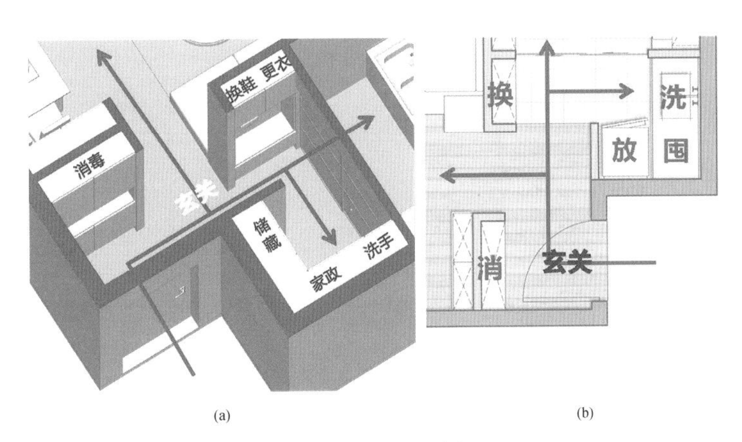

(a)　　(b)

图 8　玄关空间

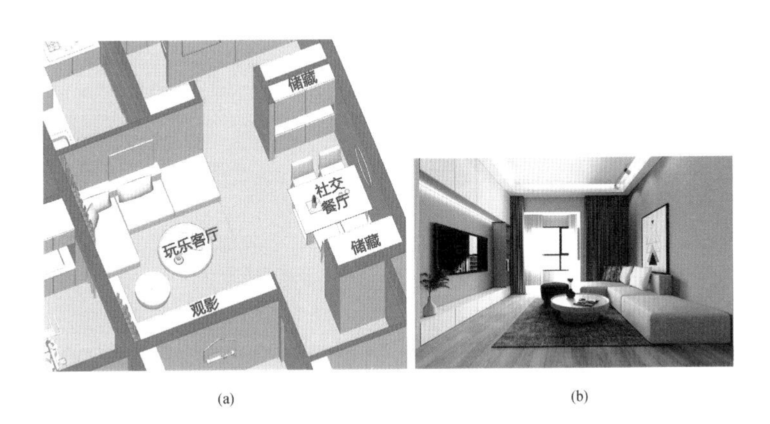

(a)　　(b)

图 9　共享公区

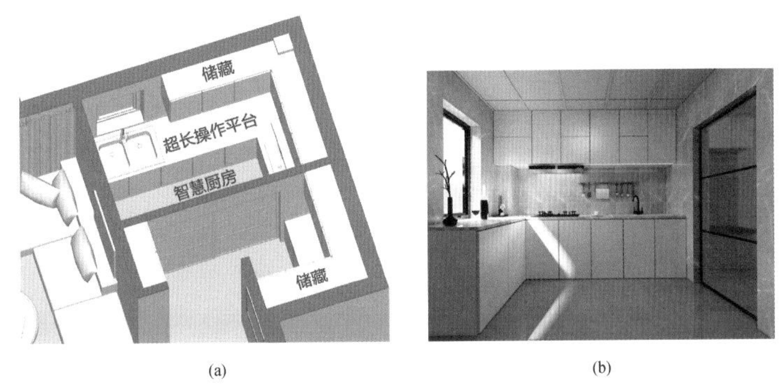

(a)　　(b)

图 10　厨房

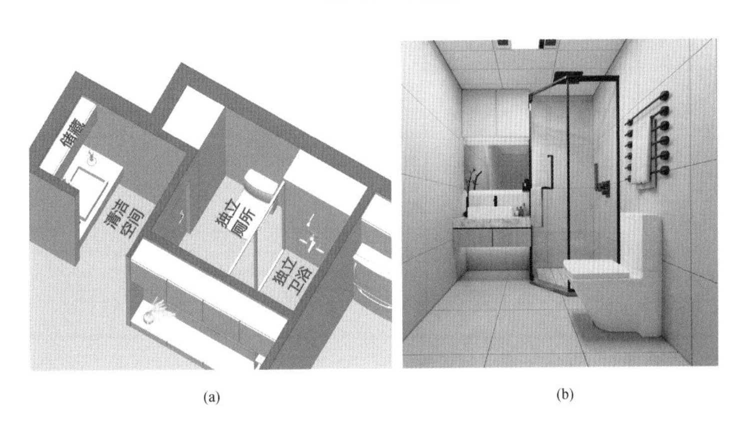

(a)　　(b)

图 11　分离式卫生间

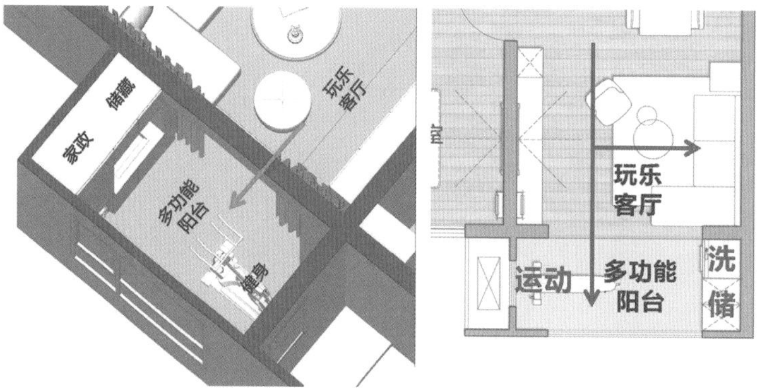

(a)　　(b)

图12　多功能阳台

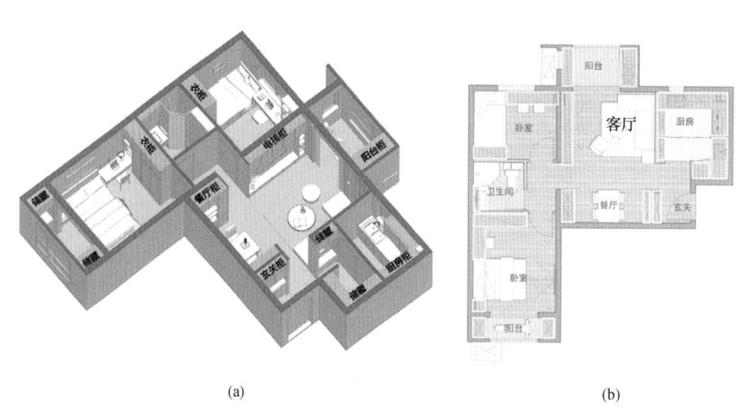

(a)　　(b)

图13　全屋收纳

第一主创设计师简介

贺奇轩

北京城建设计发展集团股份有限公司城市设计研究院综合二所副所长，北京市奥运工程规划勘察设计与测绘行业优秀人才，2008年度全国优秀工程勘察设计奖银奖。从事设计一线工作20多年，对公交导向型发展(Transit Oriented Development，TOD)专项规划、土地一级开发控制性方案设计、二级开发建筑方案设计、施工图设计、后期配合等有较丰富的工作经验，所做的项目类型主要有大型综合性交通规划设计、大学校园规划设计、政策性住宅小区规划设计、大型公共建筑更新改造、城市更新类项目等。

文兴街既有住宅装配化装修快速改造项目

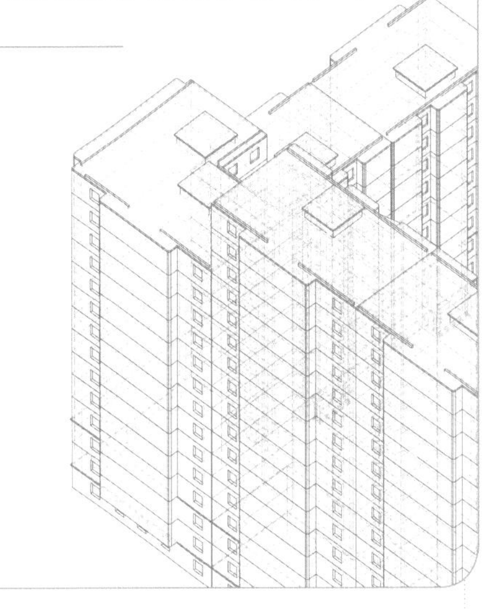

开发单位： 北京国标建筑科技有限责任公司
设计单位： 北京国标建筑科技有限责任公司
主创人员： 何晓微
项目工期： 2020年11月，工期30天
户型面积： 50m²、75m²、78m²、90m²
所在城市： 北京市
所在气候区： 夏热冬冷地区
知识产权所属： 北京国标建筑科技有限责任公司

项目介绍

项目建设于1978年，主体采用框架结构，由于建设年代较早，空间功能已经无法满足居住人员的使用需求，同时内部装修及设施老旧。在改造设计时，基于既有住宅现状，结合住户的日常生活习惯，分析住户的潜在生活需求，以实用美观、提升功能为设计出发点，形成有针对性的适应性改造设计方案。该项目在实施过程中，借鉴了日本在既有住宅改造中的经验，引进吸收了日本相关先进技术。在项目的实施过程中北京国标建筑科技有限公司与日本都市再生机构开展深入合作，共同研究适合中国既有住宅改造市场的高质量绿色改造关键技术，形成既有住宅高质量绿色改造技术体系(图1)。

图1 空间效果图

户型设计说明

该项目在设计之初从住户家庭成员、日常作息、兴趣爱好和改造需求四个方面进行调查，形成项目整体存在的问题，如没有玄关空间、收纳空间不足、卫生间狭小、无餐厅、厨房狭小、空间隔声性能不好等。结合上述问题，设计团队梳理出针对房屋整体性能及各个空间主要问题的改造目标，包含以下几个方面：卧室空间要避免造成噪声干扰；改善卫生间布局，进行干湿分离设计；改善厨房布局和设施，考虑开放式厨房，合理摆放洗衣机和冰箱；增加收纳空间，满足收纳需求；设置新风系统；设置独立工作场所，为儿童提供学习区域等。通过对改造目标的综合考量，对户型平面进行了重新布局，形成了适应性空间改造方案(图2~图5)。

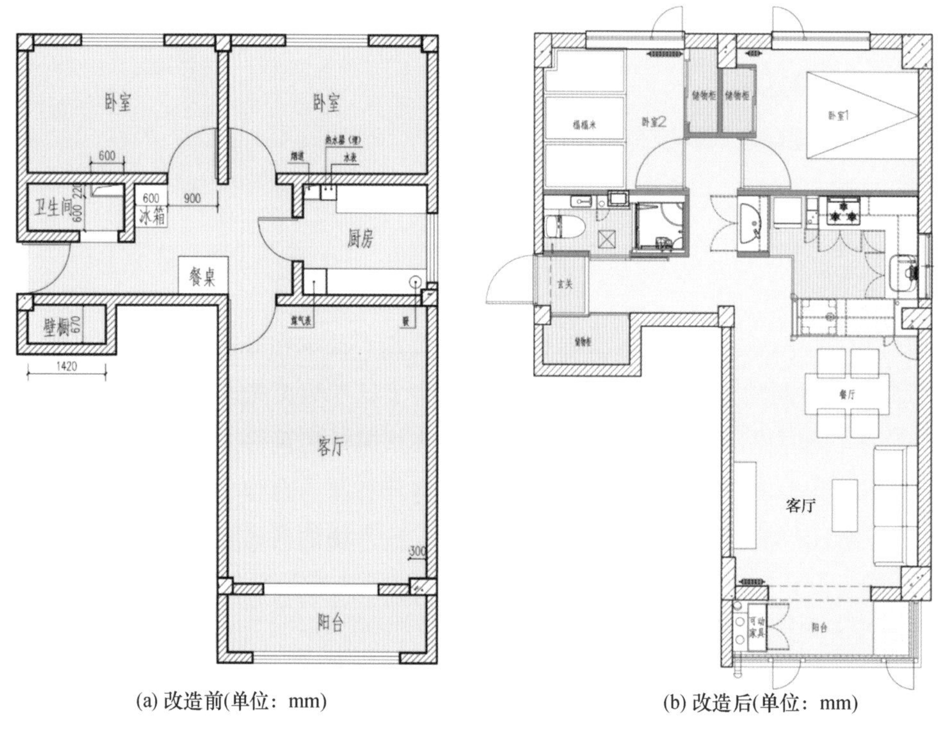

(a) 改造前(单位：mm)　　(b) 改造后(单位：mm)

图2　户型改造前后平面图

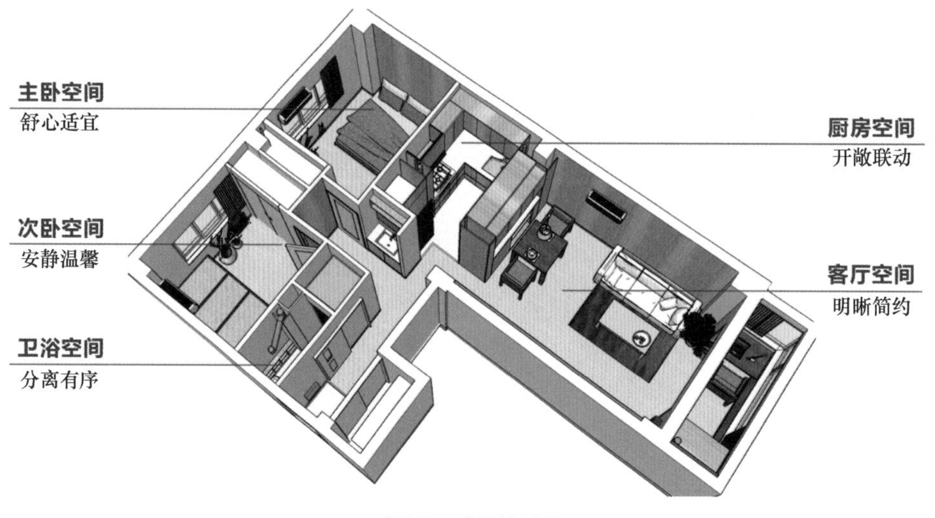

图3　户型解析图

(a) (b)

图4 空间实景图一

图5 空间实景图二

户型创新点

1.全屋木作

木作设计引入“部品先行”的设计理念，在设计之初即考虑部品应用，将家电、管道井等设施设备与木作柜体整合。采用壁柜、橱柜、吊柜、桌下柜、榻榻米、移动柜等收纳空间，改造后，固定的木作收纳空间提升至12.64m^3(图6)。

2.整体卫浴

在既有住宅改造中，针对现状住宅的卫生

间面积不足或洁具位置不合理的状况，可增加卫浴面积和改动洁具位置。整体卫浴须架空安装，排水管可同层接入排水立管，防水依靠整体卫浴的底盘实现。设计过程中需和产品紧密结合，根据产品预留给水及排水点位。在施工中应先进行整体卫浴定位，之后根据整体卫浴位置敷设管道，这与传统的先预留排水点位的施工顺序不同(图7)。

图6　木作收纳实景图

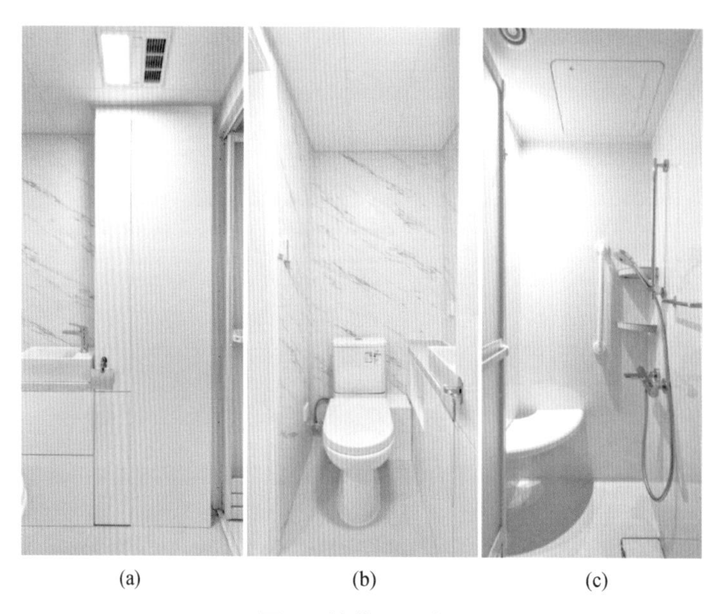

(a)　(b)　(c)

图7　整体卫浴实景图

3.架空地面

日式做法的架空地板，其特点是完成全屋架空层基层后，在基层板上安装轻钢龙骨石膏板墙体，电线管、给水管、排水管、空调管等管线可在支座架空的空间实现路由排布，根据各专业需求在基层板上准确确定开孔穿板位置，电线管和给水管可预先留孔埋入轻质体。该做法的优点是居室需要变动时，仅拆改架空板上的轻质隔墙即可，有效地减少了改造工作量。在既有住宅改造中可以与整体卫浴配合应用，为管线改造提供便利条件。其缺点是需要占用室内高度。改造中，日方提供了架空支座并派出工人现场安装，国内可采购到的基层板与日方要求的厚度和性能均有所差距，经与日方商讨后采用了双层基层板的做法，最终实现了日式架空地板的应用(图8)。

4.软膜天花

软膜天花板由日方提供，应用于LDK一体化设计的起居室和卧室。吊顶周边墙体须安装木龙骨，软膜预先在厂家加工完成后再在现场安装，完成面距结构板最小距离为5cm，安装吸顶灯须在结构板预装支座。软膜天花板的优点是平整美观、干法施工、现场无施工污染，还可防止上层地面漏水渗水。

图8 架空地面安装实景图

第一主创设计师简介

何晓微

北京国标建筑科技有限责任公司总经理，主持设计的项目曾获优秀建筑设计综合奖、优秀暖通设计三等奖。主持落地工程数十项，如深圳中深办公项目，中国康复研究中心改造项目，容西片区住宅、邻里中心、小学、幼儿园室内精装修项目等。参与多项标准的编制，如《装配式钢结构建筑技术标准》(GB/T 51232—2016)、《装配式整体卫生间应用技术标准》(JGJ/T 467—2018)、《装配式钢结构住宅建筑技术标准》(JGJ/T 469—2019)等。主持研发多项专利，如一种入墙式螺栓调平装置、一种免打孔装配式墙面调平结构、一种装饰面板阳角线收口条、一种可灵活调节的装配式墙面结构等。作为长期深耕于装配式行业的人员，其以人民对高品质住居的需求为己任，长期聚焦于我国装配式内装事业的发展。

南通 CR20036 星尚·御和源项目

开发单位：南通星尚置业有限公司
设计单位：上海中森建筑与工程设计顾问有限公司
主创人员：杨攀、孙莎莎、沈汝江、毛羽
项目工期：2021—2023 年
户型面积：118m^2
楼 层 数：14 层
项目规模：总建筑面积 8.80 万 m^2
所在城市：江苏省南通市
所在气候区：夏热冬冷地区
知识产权所属：上海中森建筑与工程设计顾问有限公司

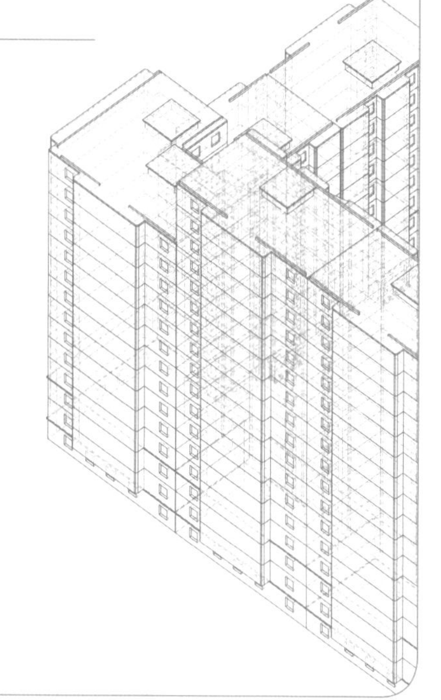

项目介绍

星尚·御和源项目位于江苏省南通市崇川区外环西路与船闸东路交会处，邻近江海大道，南临通吕运河一线水岸，是当地重点打造的南通第二生态圈。项目所在的五龙汇板块是南通市的城市新核心区，该地坐拥五龙汇万达、宜家、山姆等成熟商业配套。该项目共12栋建筑，其中1~10号楼为14层的剪力墙结构住宅，11~12号楼为3层框架结构商业建筑，规划总用地3.73万 m^2。总建筑面积8.80万 m^2(图1)。

图1 总鸟瞰图

总体布局上，采用围合加大花园的设计手法。大户型围绕小区中心景观布置，南侧直面通吕运河，有良好的景观视野。住宅立面风格以现代为主，符合地块所在区域的整体特征，与周边设计风格协调，强调建筑整体和谐的比例，在近人尺度的底层增加了细部。建筑色彩以浅灰色真石漆为主，整体色彩现代低调(图2)。

图2　立面效果图

户型设计说明

户型设计秉持如下理念。

(1) 全生命周期体系设计：打造一个舒适可变的家，使其具有很强的适应性和成长性，户型短进深，南向3.5m大面宽的设计，不仅极大地增加了南向的采光面，而且以全新的标准将不同的功能、个性化的需求融合起来，并进行了精细化且丰富的配置，通过有效的空间规划满足家庭不同阶段的需求(图3)。

(2) 多功能空间设计：打造一个灵活百搭的家，LDKB+X共同组成超大家庭共享中心，打破传统户型的固定性、局限性，实现居住的多种可能(图4)。

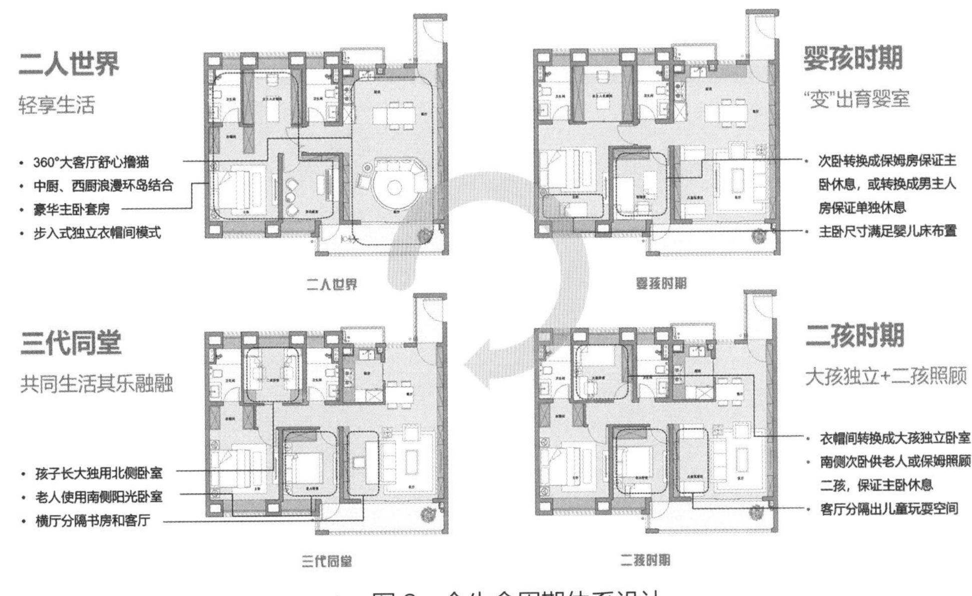

图3　全生命周期体系设计

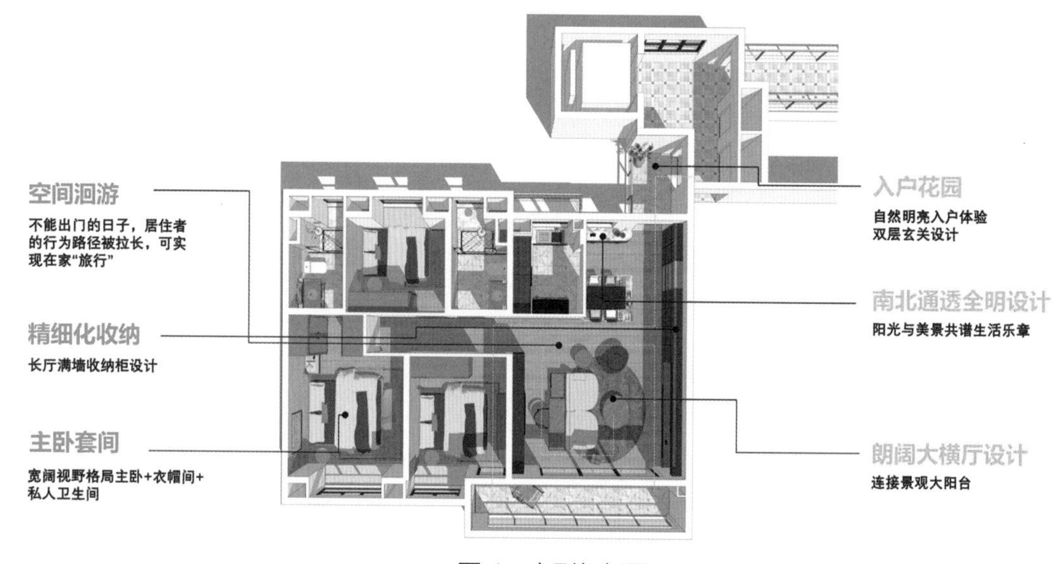

图4　户型解析图

(3) 自然采光通风最大化设计：打造一个明朗通透的家，户型南北通透，通风采光面积远超规范要求；玄关处设有明朗的入户花园，南向有超宽的景观阳台，且可以直通南向次卧，不仅形成空间洄游动线，而且将视线多方位拉长(图5、图6)。

图5　室内效果图一

图6　室内效果图二

户型创新点

1. 南北通透、采光好的3.5m面宽，自带免疫

该户型设计了3.5m南向面宽，南北通透，满足居家环境通风的重要考量，3.5m的南向面宽，大大提升了采光面积和通风效果，空气循环更加畅通。南向客厅则比常规户型多了半个面宽，形成宽厅设计，通过不同家具的布置，形成灵活可变的空间。

2. 入户花园的内外双玄关，安全出入

户型设计了入户花园，它是一个连通户外与室内的中间地带，入户花园除了通勤衣物、鞋子的收纳之外，还可以完成拆快递、外卖物品的消杀静置、湿鞋子沥水等过程，防止室外病菌对住宅内部的干扰。形成一个从污染区到半污染区，消杀后再进入室内洁净区的合理动线(图7)。

3. 一体化的灵活布局模式，娱乐交互

灵活的LDKB+X大空间设计，通透、高效、互动，通过空间的整合，优化居家动线和空间结构，视觉舒适开阔，采光通风也更优化。此户型比常规户型多了半个面宽的南向客厅，可用家具进行软划分，交通流线缩短，生活动线的效率

相应提高。户型整体采光足、通风好、开间大约3m的优势层高及约5.2m的宽厅更是为居家娱乐、休闲提供宽敞空间。在满足健身、家庭娱乐需求的同时，给每个家庭成员找到各自的自在空间，同时能和家人形成互动，极大地增加了家人之间的情感交流。

4. 6.4m南向宽景阳台，全能休闲

南向的宽景阳台与客厅相连，通透大气，最大范围的采光面，让室内氧气充盈，宽景阳台不仅是晾晒衣服、种花养草的地方，还让我们在现代住宅中也能拥有一方与外界建立关联的天地。同时，宽阔的阳台空间亦可改装成健身小天地，锻炼身体，让一家人整天都元气满满。另外，南向6.4m宽阔阳台，在阳光照射下，能实现自然的紫外线杀菌作用(图8)。

5. 双重洄游路线，便捷合理

南向客厅比常规户型多了半个面宽，形成宽厅设计，通过家具的布置，形成内部的小洄游路线；南向次卧设置通向阳台的门，结合南向外侧的阳台，又形成了另一条洄游路线，双重洄游路线，极大地丰富了生活的场景，便捷高效地串联起各个生活空间。

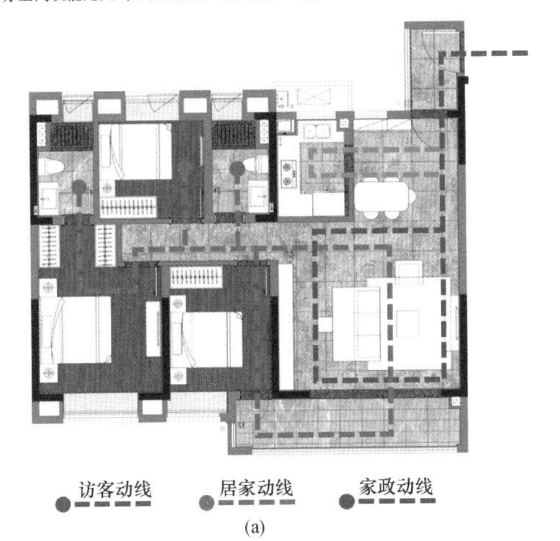

(a)

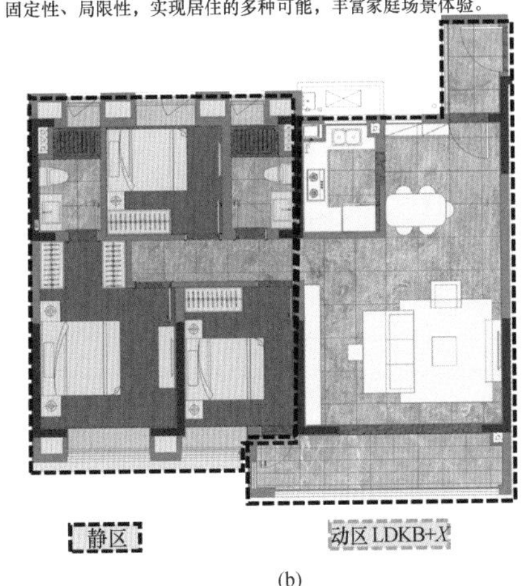

(b)

图7　户型亮点一

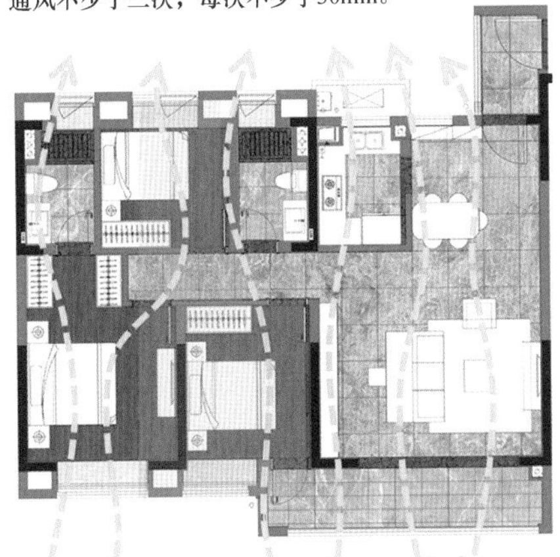

(a)

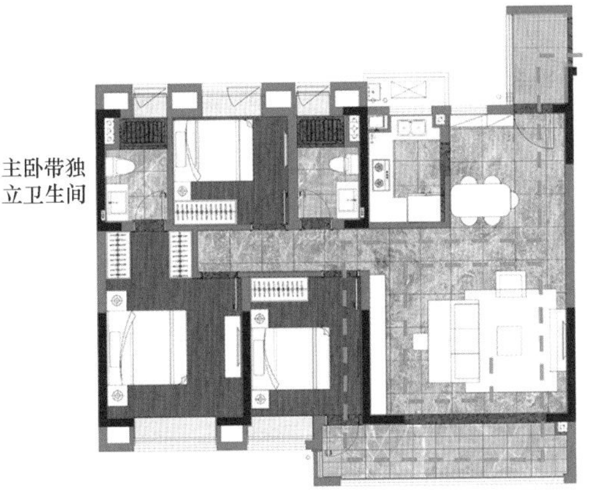

(b)

图8　户型亮点二

6.绿色低碳节能，健康舒适

该项目按照《绿色建筑评论标准》(GB/T 50378—2019)的住宅三星级及商业二星级绿色建筑标准设计，在安全耐久、健康舒适、环境宜居等方面为住户带来绿色健康的生活体验。

7.预制装配率高，管线合理

该项目的单体预制装配率达到了50%，预制构件有预制剪力墙、预制内隔墙、预制楼梯、预制叠合阳台板、预制叠合楼板(图9)。综合管线布置合理，厨房、卫生间留有竖向管道区，使供水管、污水管等集中设置。水平管束集中布置在厨房操作台后、卫生间洗脸台下等处，这样有利于装修的处理；厨房选用变压式排烟气道；卫生间全部为明卫设计。项目采用了节能技术、智能技术、计量收费技术、安全防范技术、物业服务与管理技术、隔声技术、报警系统、中央空调及新风系统等。

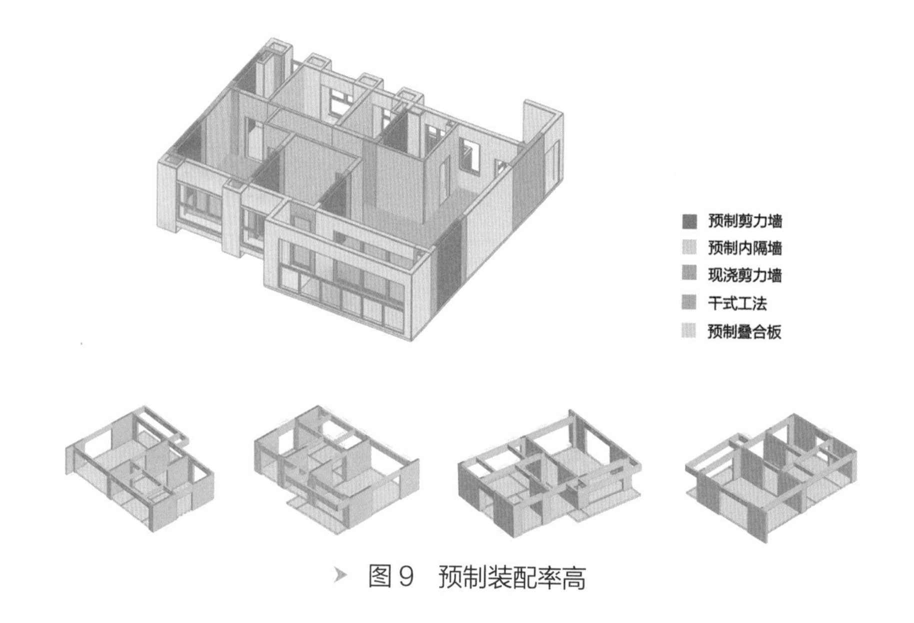

图9 预制装配率高

第一主创设计师简介

杨攀

从业20多年来，设计的项目涉及民用建筑的各种类型，具有丰富的实践经验。在居住建筑设计中，其经历了房地产蓬勃发展的20年，见证了无数居住空间的诞生与蜕变，主持并完成了多个大型居住社区及高端住宅项目的设计工作，擅长捕捉时代脉搏，能够根据社会发展不同时期的特点，结合使用者的要求，将最新的设计理念与本土文化结合，将富有特色的住宅方案和技术结合，设计出有较强落地性及实用性的居住产品，创造出既符合现代居住需求，又蕴含当地文化底蕴的居住空间，力求在每一个细节上体现人文关怀与居住品质。在公共建筑领域，擅长运用综合解决方案，因地制宜地为不同类型项目提供专业性、创新性和经济性的设计方案。

青塔东里 8 号楼家装改造 97m² 户型

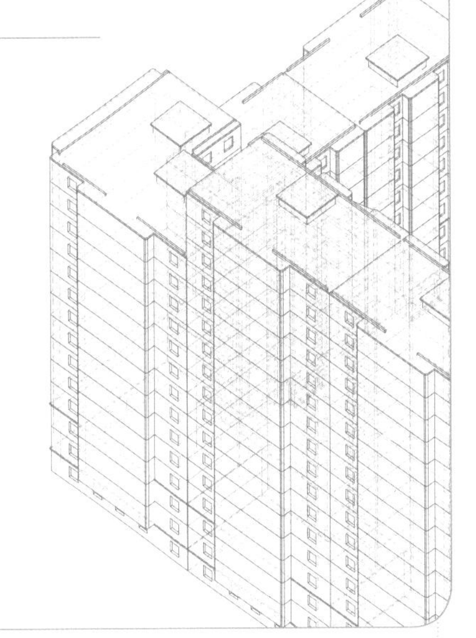

设计单位：中国建筑标准设计研究院有限公司

主创人员：张明杰、张丽凤、张继

项目工期：2019 年 2 月—2019 年 4 月

户型面积：97m²

楼层高度：净高 2.6m

项目规模：97m²

所在城市：北京市

所在气候区：夏热冬冷地区

知识产权所属：中国建筑标准设计研究院有限公司

项目介绍

该项目为97m²住宅室内设计，是小户型多人口的家庭组织情况，户主是有着三胞胎的大家庭，主要面临的问题是如何提高环境的主动适应性，满足不同人群、不同生活场景的使用需求，提高舒适度，将一个100m²内的住宅改造成可满足孩子成长变化的“可生长的家”。该项目通过优化布局、空间复合、智能系统、耗能节约、材料选择等设计策略，打造具有更大面积的居住体验、更高效的流线设计、更具专属性的私享空间的室内全生命周期人居环境。功能从“单一”到“复合”，空间从“独立”到“联系”，边界从“明确”到“模糊”，流线从“单线”到“洄游”。各空间之间互相组合、共享、包容、叠加，绿色智能化系统和环保材料的普及与运用不断激发人们对居住空间的全新想象(图1、图2)。

图1　项目实景照片一

图2　项目实景照片二

户型设计说明

项目重点是实现功能布局可变化，创造住宅空间更多可能，整体优化空间布局。

(1)功能模块划分：在该住宅空间内，要改善其交通流线、收纳布局、干湿分离等方面的空间整合。首先，动线独立，划分区域并且分割空间；其次，卫生间要做到干湿分离，使用新建轻体墙隔断将盥洗、马桶、淋浴分离，同时使用时互不影响；最后，分区域收纳，利用流线设计，让“小家”变“大家”，提高空间使用利用率(图3、图4)。

(2)动静分区：动区可划分为公共区和生活服务区，提供生活保障空间。静区主要以私密性空间为主，是舒适、安全的放松区域。对该住宅进行动静分区，避免动线上有交叉，确保生活有秩序，从而增加生活幸福感(图5)。

(3)虚实分区：由于户型的长方形结构，中间区域采光受限，故主卧与客厅的隔断采用玻璃隔断，提高空间通透率，视觉上改变原有隔墙带来的封闭感。餐厅作为多功能区域，通过移动格栅，在满足餐厅功能的同时，增加客卧、书房、休憩玩乐功能的需求(图6)。

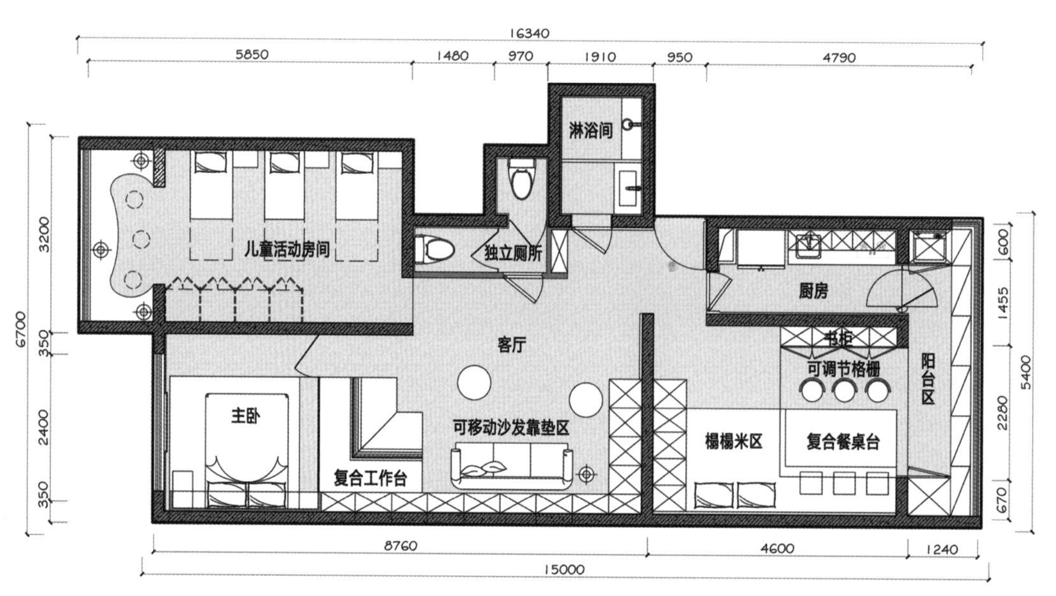

图3　户型平面图（单位：mm）

图4　空间功能划分

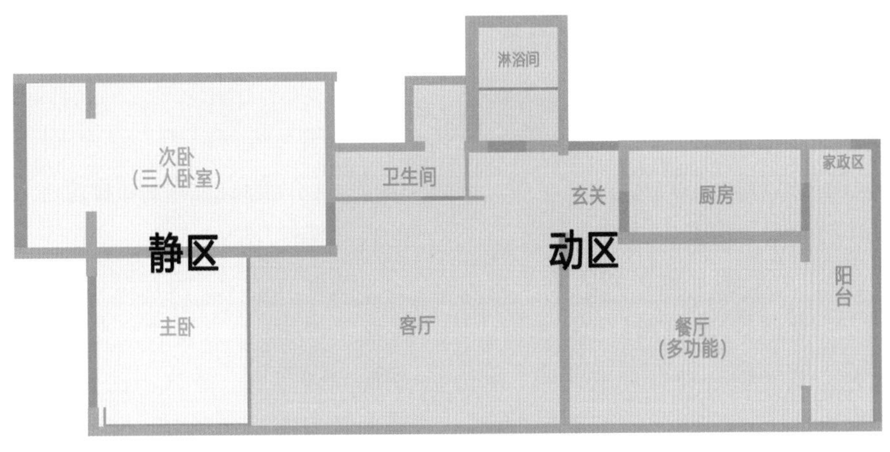

图5　动静分区

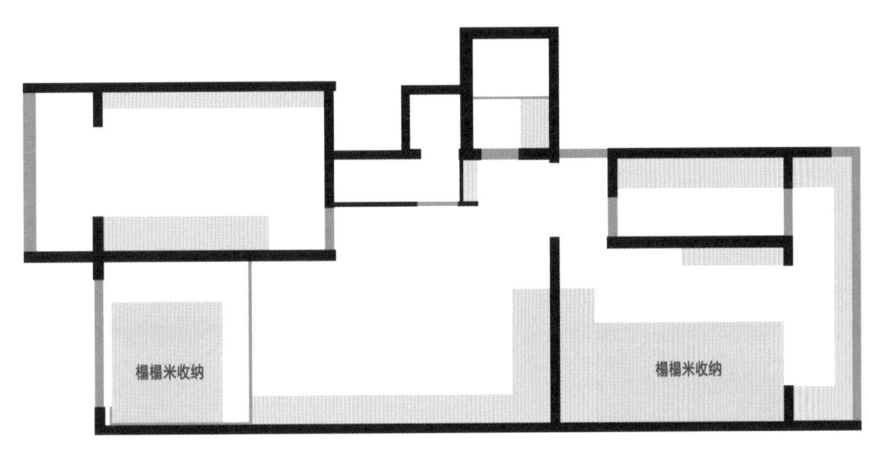

图6　收纳空间

户型创新点

1.复合空间模式

多功能的客厅及餐厅设计，根据时间线来推测客餐厅空间内不同人口的不同使用需求。夫妻时期，满足聚会需求、办公需求、休闲娱乐需求、客房空间需求；育儿时期，满足家庭共享空间需求、私密性需求、儿童玩乐需求、学习和办公需求；多人口时期，满足老人房空间需求、共享需求、私密性需求、休闲娱乐需求、学习和办公需求。打造住宅空间可变性，适应住宅百年生活需求。

成长型的儿童房设计，关注了儿童成长的各阶段对空间功能需求的不同。就年龄增长时间段来说，幼儿和儿童时期，留出足够的空间供父母陪伴小孩；少年时期，满足个人私密空间需求以及学习需求。同时，在空间内融合多样化功能，主要包括睡眠空间、学习空间、活动空间、储藏空间。睡眠空间从小到大，学习空间从无到有，活动空间从繁到简，储藏空间从简单到有趣，通过环境影响教育，培养儿童的独立能力，在空间中整合和借用，从而提高住宅空间利用率(图7、图8)。

2.全生命周期长寿化，打造住宅空间可持续性

节能节材：增加天然采光，将客厅与其他空间的隔断改为玻璃材质，来增大客厅的采光系数。玻璃的透明特性可以让自然光更自由地流动，使得室内空间更加明亮和宽敞。同时，将餐厅与阳台之间的隔断打通，这样不仅能够增强采光，还能使空间更加通透，有利于形成良好的采光空间。增强自然采光和通风是非常重要的

一环，不仅能提升居住的舒适度，还能节省能源，符合绿色环保的发展理念。从源头促进住宅品质提升，建设长寿化、低能耗、人性化、易更新、可持续的高品质绿色低碳的百年住宅。

低碳环保材料：使用低碳环保材料是提高居住环境质量、减少对环境负面影响的重要措施。该项目运用了一些低碳环保材料，包括木材、竹材和康纯板等。木材是一种可再生资源，具有良好的抗震性和温暖的质感。它可以通过可持续林业管理得到，是环保和低碳的建筑材料。木材可以应用于地板、家具、门窗框架制作等，为住宅提供自然的氛围和舒适的居住体验。竹材取自一种快速生长的植物——竹子，具有与木材相似的性能，但生长周期更短，可持续性更高。竹材可以用于地板、墙面装饰、家具制作等，具有独特的纹理和良好的耐用性。康纯板是一种环保型建筑板材，通常由木质纤维和其他天然纤维制成，使用环保胶黏剂，符合低碳环保的要求。康纯板可以用于室内隔断、吊顶、家具制作等，具有较高的强度和稳定性，同时保持材料的自然特性(图9)。

装配式内装：采用装配式内装可以大大提高施工效率，并且能够减少对环境的影响、降低能耗和碳排放。干式工法是指在不使用大量水分的情况下进行施工，这种方法可以减小施工现场的湿度和噪声，降低废料的产生。干式工法包括使用干粉砂浆、干式地暖等，这些材料和方法有助于提高施工效率和环保性。该项目在设计时将水电管线与其他构造分离，采用模块化设计，使得施工更加标准化和模块化。管线分离还可以提高居住的安全性，便于未来的维护和检修。

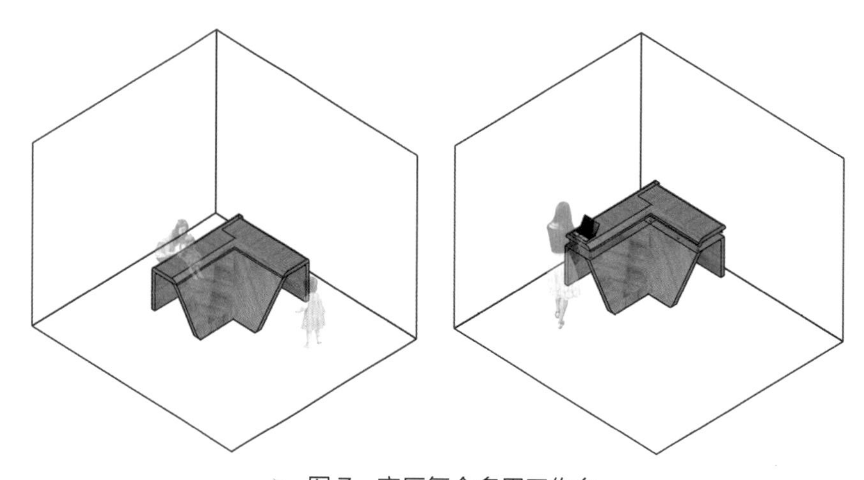

图7　客厅复合多用工作台

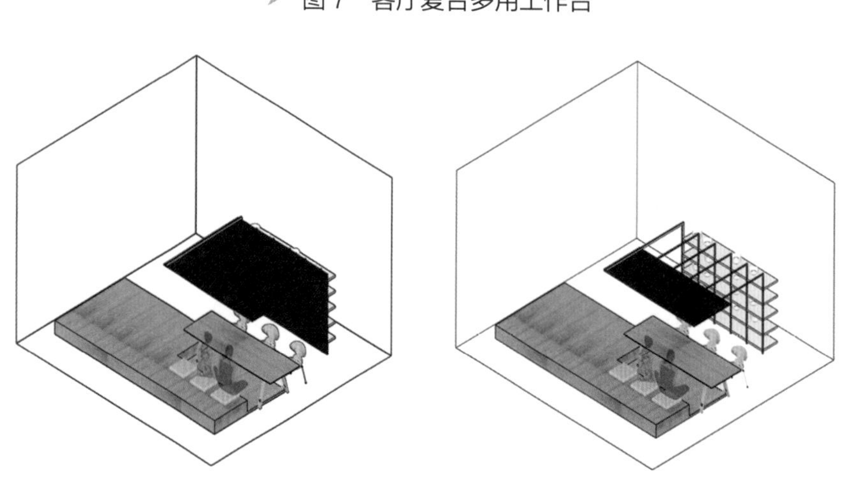

图8　餐厅复合格栅书柜

(a)

(b)

图9　空间材料运用

3.家居系统智慧化，塑造住宅空间高效能性

智能家居控制系统：利用智能化传感技术和设备对室内空气指标进行检测，主要包括温度、湿度以及空气质量指标。在卧室、客厅、餐厅等区域安装空气质量传感模块进行实时空气质量检测，通过语音播报器和手机智慧家居客户端实现实时反馈，并在空气质量较差时自动开启智能空气净化器，过滤空气杂质，改善空气质量。随着时代的进步和科技的多样化，越来越多的人更加注重居住品质。当前智能家居环境监测方式主要是手动、自动、智能化和语音控制，比如灯光和窗帘的控制，冰箱、空调、电视的控制等，集智能、便利、多功能的优点于一身。智能家居环境监测系统有助于节能降碳，促进健康住宅可持续发展(图10)。

智能照明系统：该项目运用筒灯、暗藏灯带等无主灯照明方式进行灯光照明，达到视觉上的延伸，增强光影的层次感，实现多元化场景融合。客厅利用LED灯带光洗墙营造氛围，弱化空间封闭围合感；厨房有重点照明和局部照明；餐厅运用射灯光线照射指定的餐桌区域；卧室增设局部照明，如布置一些台灯、壁灯等。同时，无主灯照明既能节约能源又能防止炫光污染。照明场景联动，并通过智能化打造符合居住者日常生活习惯的智能灯光场景。针对该项目九大功能布局进行灯光整合再分区，玄关设置回家模式、离家模式，客厅设置会客、休闲、娱乐、观影模式；餐厅设置用餐模式；卧室和卫生间设置起夜模式、起床模式、睡眠模式。利用窗帘、电视、灯光等智能家居设备，在很大程度上推动日常生活的便利化和高效化，同时在一定的住宅空间内可以塑造出不同的场景氛围(图11)。

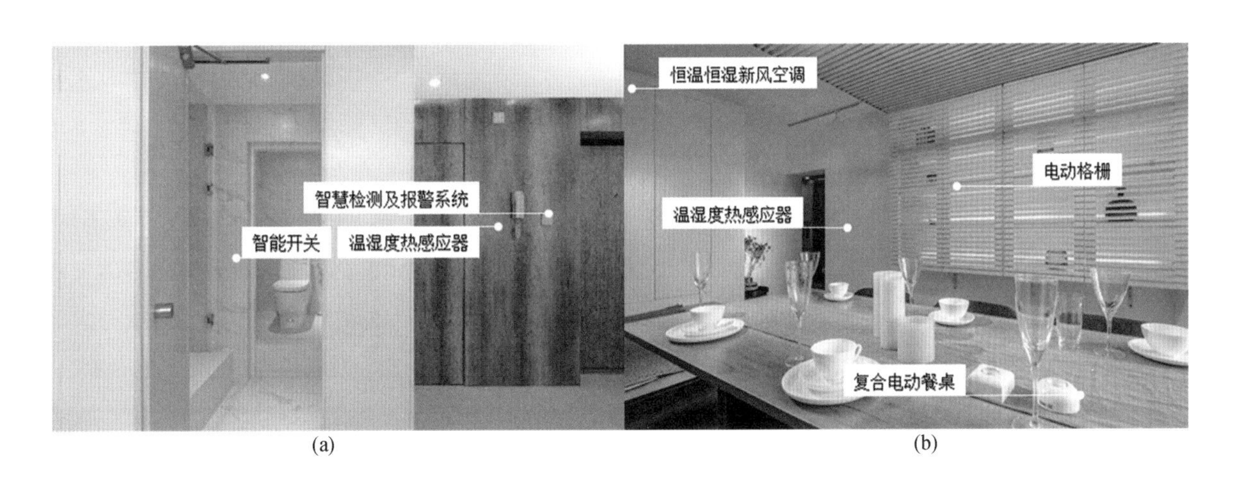

(a)　(b)

(c) (d)

图10 智能家居运用

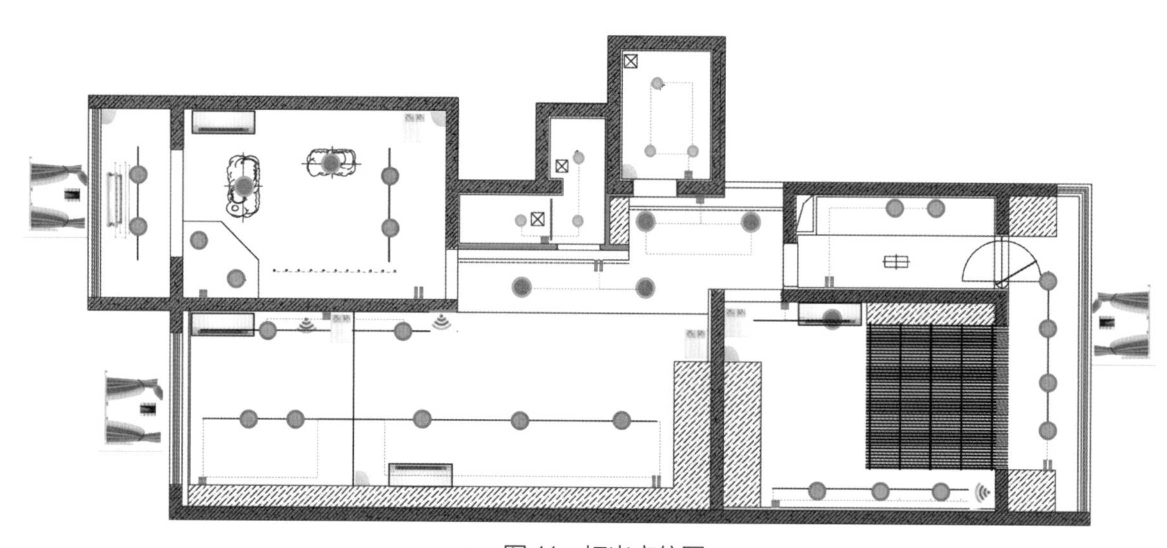

图11 灯光点位图

第一主创设计师简介

张明杰

中国建筑标准设计研究院有限公司建筑环境艺术设计研究中心主任、教授级高级工程师、北京理工大学硕士研究生导师、中国建筑学会室内设计分会理事、中国演艺设备技术协会演艺场馆设计分会专家委员、《城市建筑空间》编委会委员、中国照明学会室内照明专业委员会委员。拥有20多年的行业经验，设计业务涉及剧院、音乐厅、秀场、办公、酒店、养老度假、商业、文化体育、教育、无障碍等领域。作品众多，如北京天桥艺术中心、青岛东方影都秀场、榆林三馆、中国驻马耳他大使馆、中国驻安哥拉大使馆、昆山文化艺术中心、张家港金港文化艺术中心、首发集团大厦、神华集团大厦、中国石化大厦、中国海洋石油大厦、中国文字博物馆、泰山桃花屿地质博物馆、拉萨火车站、长江生态环境学院、重庆万达秀场等。与扎哈·哈迪德(ZahaHadid)建筑设计事务所、美国KPF建筑事务所、美国SOM建筑设计事务所、美国HBA设计事务所、中国工程院院士崔愷、中国工程院院士李兴钢、中国勘察设计大师李存东等国际国内建筑设计机构和大师多次合作，先后获得国内外各类奖项50余项。

三里河9号院既有住宅装配化装修快速改造项目

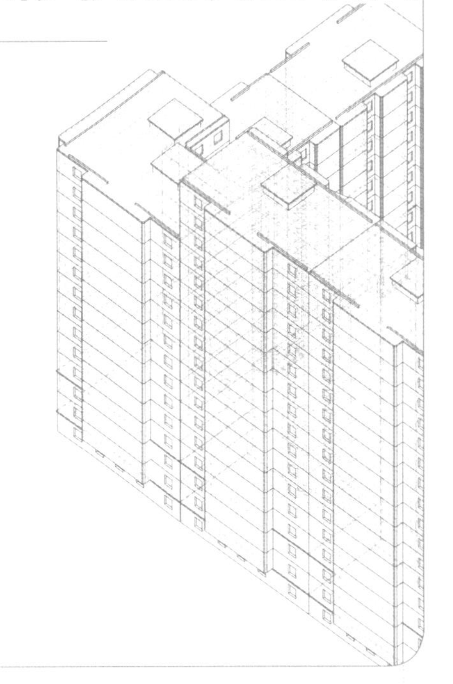

开发单位：北京国标建筑科技有限责任公司

设计单位：北京国标建筑科技有限责任公司

主创人员：冯一恒、冯垚、李枫

项目工期：2020 年 10 月，工期 23 天

户型面积：97m^2

楼层高度：净高 2.6m

项目规模：97m^2

所在城市：北京市

所在气候区：夏热冬冷地区

知识产权所属：北京国标建筑科技有限责任公司

项目介绍

该项目位于北京市海淀区三里河路9号院，建设时间为20世纪90年代，为钢筋混凝土剪力墙结构，是建筑面积80m^{2}的三室一厅一厨一卫户型。由于建设年代久远，房间目前的平面功能及空间规划已不能满足住户现阶段的使用需求，且厨卫等空间的设备管线年久失修，严重影响住户在室内的起居生活。

基于房屋现状，结合业主使用需求，项目以高品质、高效率、低污染和可持续为核心改造目标，以流程优化管理、装配化装修技术及部品和室内健康环境预判技术为三大支撑，利用智能化三维测量技术、部品数字设计生产前后端一体化技术、系统性容错容差技术、适应性管线分离设计技术、装配化装修部品的集成应用以及室内空气环境模拟与预判技术，实现23天装修改造后住户可安心拎包入住的目标。项目为既有住宅装修改造探索了工业化实施路径，起到了较好的示范作用(图1、图2)。

户型设计说明

该设计根据目前现有户内问题进行剖析，设计出新的内装方案。方案是将原书房玻璃门打开与客厅合并成一个大开敞空间。经检测，卧室墙可拆除下移，以增加收纳空间。因为业主为70多岁的老年夫妇，因此着重进行适老化设计，在卫生间、玄关设计了适老化产品，如扶手、折叠凳、起夜灯等设备设施。原房间布局为三室一厅一厨一卫，缺少餐厅，业主仅能在客厅的茶几吃饭，用餐与会客功能相互冲突，该房屋男主人做过踝关节置换手术，行动不便、坐卧困难，基于此设计中重新梳理了房间内部的流线空间，将用餐与会客功能完善，对老年人日常生活更友好，平时休息时可在客厅，吃饭再移步至餐厅，尽量避免流线交叉重复(图3~图5)。

图1　户型效果图

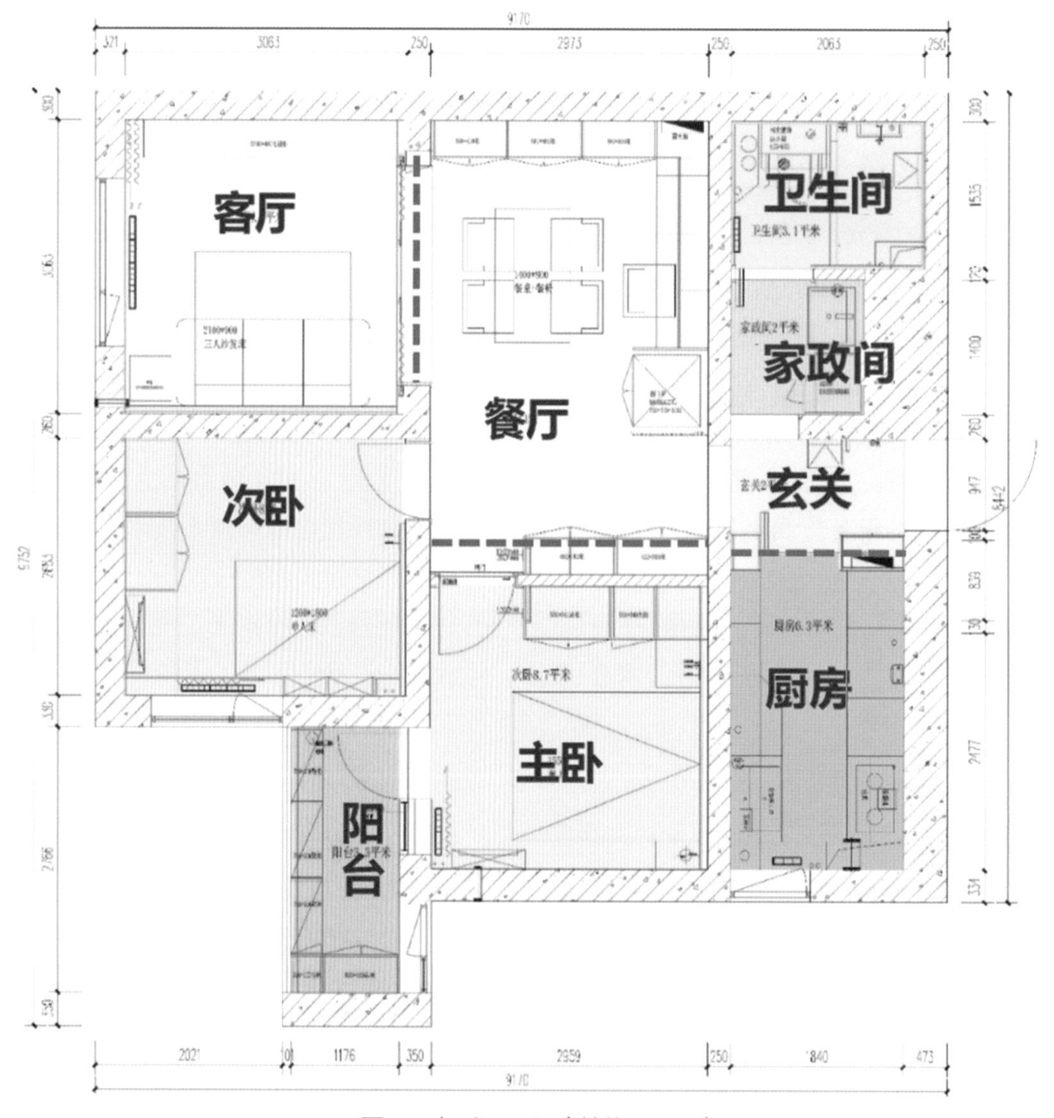

图2　户型平面图（单位：mm）

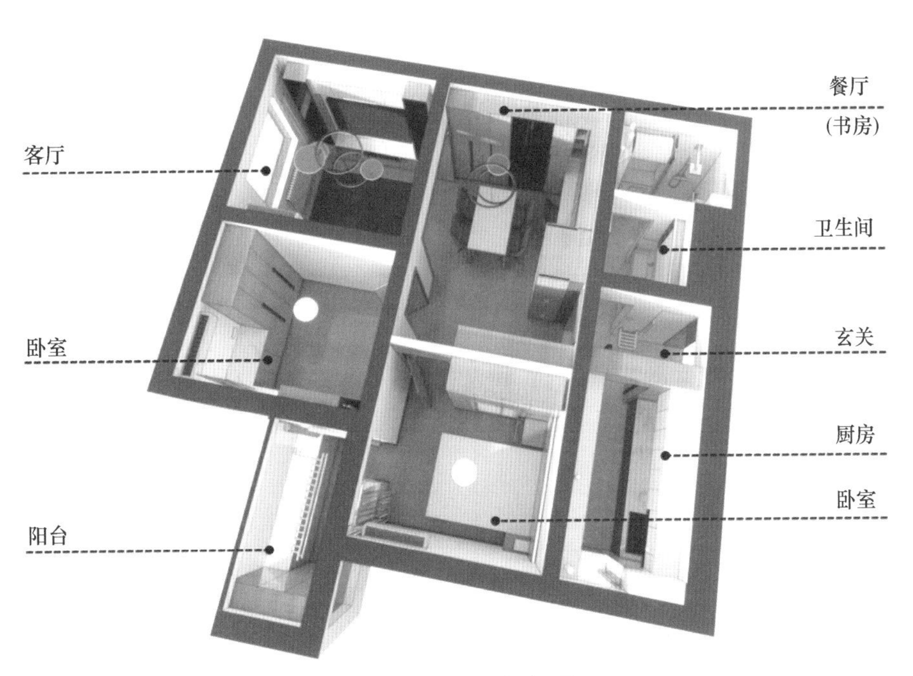

图3　户型解析图

图4　室内效果图一

图5　室内效果图二

户型创新点

1.通过设计生产一体化技术，有效提高装修速度

该项目采用了部品数字设计生产前后端一体化技术，在进行基础装修设计的同时，即可完成定制家具的设计，通过设计生产一体化软件，使前端设计能够快速转化为生产数据，后端工厂自动化设备直接利用生产数据进行前置生产，保障了加工质量。通过此技术的应用，在设计初期将所有部品同期下单生产，使整体项目在23天内完成，相较于一般家装项目，该项目实施周期缩短了一半以上(图6)。

2.通过系统性容错容差技术，保证实现装修预期效果

该项目应用了多项容错容差技术措施，解决了部品提前下单生产和现场尺寸偏差的矛盾(图7)。以木作部品为例，在设计过程中，通过设置不同尺寸的收口板、顶封板，既可填充柜体与墙顶之间的缝隙，也可通过及时调整收口板、顶封板的尺寸来避免施工过程中因施工误差或测量误差而造成的缝隙，在保证整体外观效果的情况下，低成本解决了此类问题。综合应用内装墙面、顶面、地面、木作部品的容错容差技术措施，保证了整个项目的完成效果和施工效率。

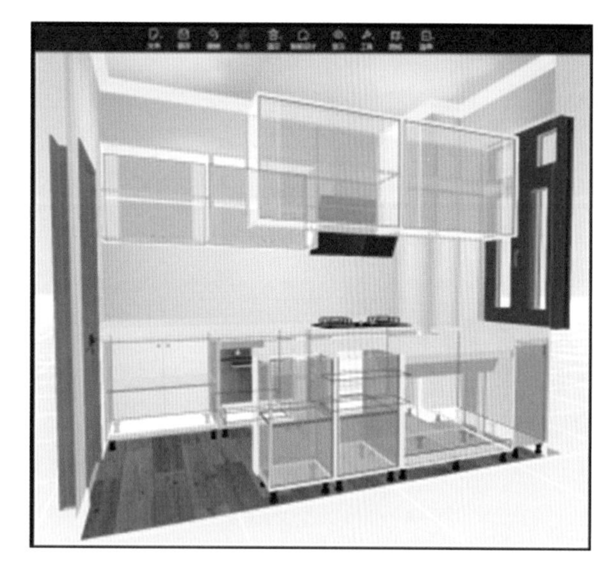

图6　数字化设计平台

图7　容差容错技术

3.通过适应性管线分离，实现后期维修改造方便快捷

该项目户内净高只有2.5m，不适宜采用架空地面和大面积吊顶方式实现管线分离。针对不同功能区域，通过木作、局部吊顶和采用装配式集成部品的方式实现了适应性管线分离，同时减少了对空间和层高的占用，提升房屋再次改造的便利性。具体实施：一是客厅和卧室区域采用管线与木作、边吊相结合的方式，将管线设置于家具、边吊空腔内；二是卫生间通过采用整体卫浴实现管线分离，并将原异层排水改为同层排水，在管线集中处设置检修口，方便后期检修(图8)；三是厨房区域采用管线设备与木作、吊顶结合的方式，将管线设备设置于木作和吊顶内，便于维护更换。

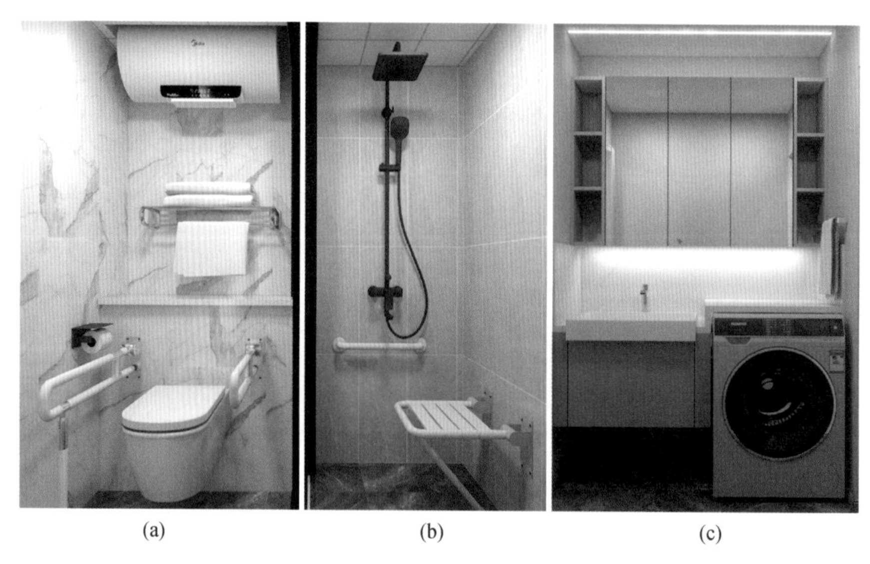

(a)　(b)　(c)

图8　卫生间空间效果图

4.通过室内空气环境模拟与预判技术，实现装完即住

该项目着眼于搭建室内空气污染物的散发模型，将材料产品的污染物散发性能信息转化为室内环境健康水平的模拟。综合多方面信息搭建初始预判模型，在设计阶段即对室内环境健康水平进行预判，以控制风险(图9)。施工过程中在重点区域布置监控仪器，追踪污染物浓度变化，发现、监控高散发材料产品，实验室送检进行结果比对和模型迭代优化。最终，项目验收时实验室送检结果显示，全部测点甲醛浓度仅为0.015～0.038mg/m^3，远低于国标0.10mg/m^{3}的要求，装修完工后一周内业主即搬家入住。

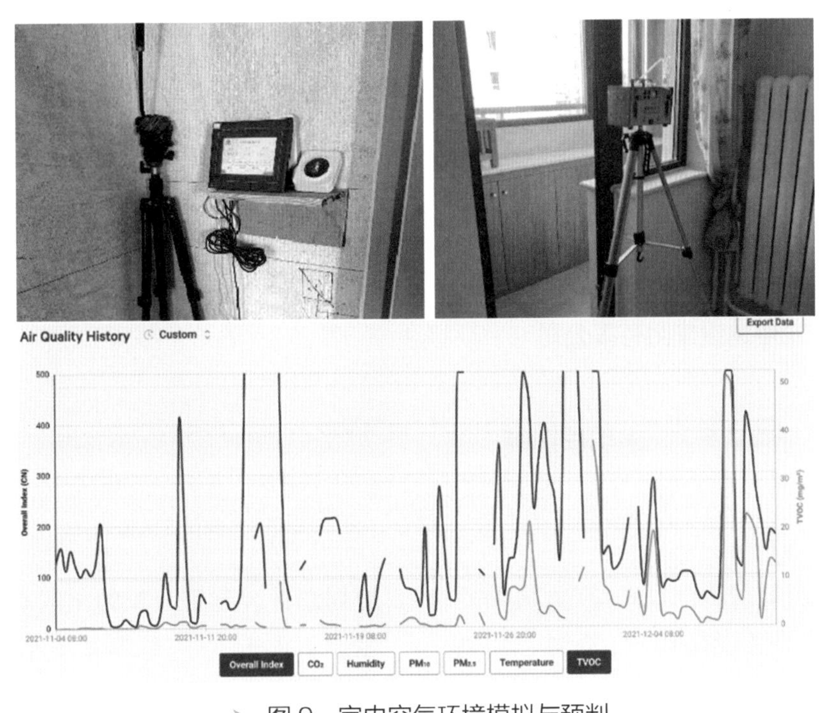

图9　室内空气环境模拟与预判

第一主创设计师简介

冯一恒

北京国标建筑科技有限责任公司，产品设计中心副总监，室内设计工程师。设计的项目2021年获得第九届CBDA(中国建筑装饰协会中国建筑装饰设计奖)装饰设计办公类工程一等奖，2022年获得第十二届中国国际空间设计大赛金奖，2023年获得中国建科科技进步奖2项，获得实用新型专利5项。参加工作10年来，他始终秉持将服务意识放在首位的理念，深知作为设计师，不仅要创造出美观、实用的室内空间，还要深入了解业主的需求，确保设计方案能够完美地满足业主的期望。因此，他始终与业主保持密切的沟通，及时了解行业变化，确保设计方案能够与时俱进。他善于从设计方案的细节入手，寻找降低成本、提高人效的可行方案。在项目实施过程中，不仅关注设计方案的实施效果，还十分注重施工单位的实际操作。设计方案的成功实施离不开施工单位的配合与支持，因此，他始终与施工单位保持紧密的配合，及时协调解决施工过程中的各类问题，确保项目能够顺利实施，赢得了业主和施工单位的一致好评。

海门骏园 120m² 户型

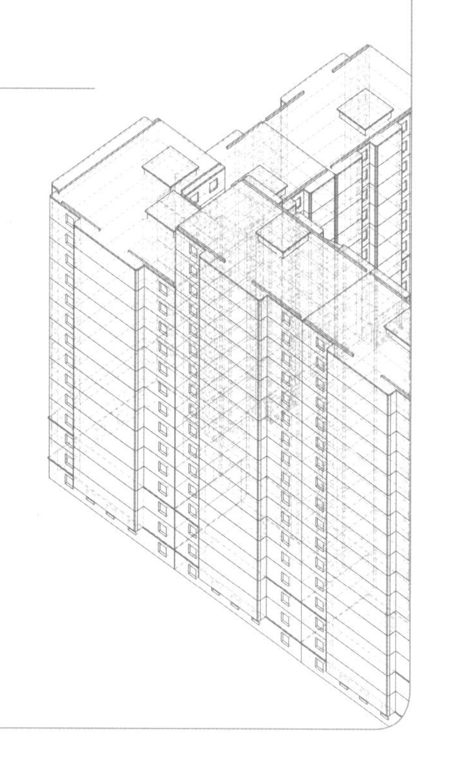

开发单位：南通海悦房地产开发有限公司

设计单位：龙信建设集团有限公司

主创人员：蔡勇、黄凯华、袁征兵、范海英、张文鑫

项目工期：2020 年 7 月—2022 年 12 月

户型面积：120m^2

楼 层 数：26 层

项目规模：总建筑面积 19.13 万 m^2

所在城市：江苏省南通市海门区

所在气候区：夏热冬冷地区

知识产权所属：龙信建设集团有限公司

项目介绍

江苏省南通市海门区南京路南、江海路西侧地块为住宅及服务设施用地，规划总用地6.26万 m^2；容积率为2.0~2.2，其中住宅建筑占规划总计容建筑面积的比例不超过98%；建筑密度不大于30%，绿地率不小于35%。地块东西长约330m，南北长约186m。

户型设计说明

动静区域分开，能够提高所有人居住的舒适度和便利性，还能够提高做事的效率。布局合理，居住在房屋当中会觉得更舒服、更有安全感，还能够保证足够的私人空间(图1、图2)。

百变的空间区域既可以打造成书房作为房屋主人办公、静读空间，又可以做成一间卧室供照顾孩童的父母居住，可以根据不同的需求改变空间功能属性。

户型创新点

户型设计既要根据现实，又要超前考虑，以满足人们对高质量、高品位生活的需求。户型的朝向、通风和景观尽量具备均好性，全明化设计，使空间通透、阳光充足，同时兼顾舒适性、经济性、安全性、私密性和整体性。户型的布局要结合使用功能和人的居住习惯，注重尺度的把握，符合人的行为要求，套型设计强调功能空间的合理划分，结合本地居民的生活特点，努力做到“内外有别”，使休息空间与起居空间相对独立，满足对空间不同程度的私密性要求；套型设计合理分配住宅的有效使用面积，追求各功能空间的尺度与人的活动需求以及家具布置等相适应；争取客厅和主卧良好的朝向和开阔的景观视野；每户均有良好通风、采光，并保证具有南卧室及南阳台，满足充足日照的要求(图3~图5)。

图1　室内效果图一

图2　室内效果图二

图3　项目户型图一（单位：mm）

图4　项目户型图二

图5　项目户型图三

南京 · 珑熹台租赁社区 98m^2 户型

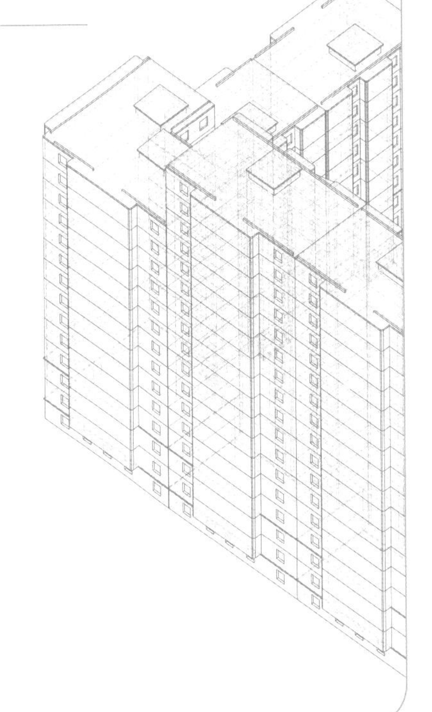

开发单位： 南京安居建设集团有限责任公司

设计单位： 南京长江都市建筑设计股份有限公司

主创人员： 董文俊、卞俊卿、肖涵、郑晓娟、陈奇福岛、杜磊、陈靖、陈泉吉、郑伟荣、孔远近、黎思琪

项目工期： 2018—2022 年

户型面积： 98m^2

楼 层 数： 18 层

项目规模： 总建筑面积约 16 万 m^2

所在城市： 江苏省南京市

所在气候区： 夏热冬冷地区

知识产权所属： 南京长江都市建筑设计股份有限公司
南京安居建设集团有限责任公司

项目介绍

南京 · 珑熹台租赁社区是南京市首个社会化租赁社区，项目规划总建筑面积约16万m^2。为了贯彻中央租售并举的政策，项目由南京安居建设集团有限责任公司完成土地摘牌，建成后不得出售，完全依靠租金收益来平衡项目的投资。项目设计在控制成本的同时，需要对市场和客群做详细调研，尽量提高租金的收益(图1、图2)。

图1　项目实拍图

图2　项目鸟瞰图

户型设计说明

98m² 户型可以拆分成3个33m²的单室套，提高租赁社区每平方米的租金收益，提高租售比。通过模块化、标准化设计，提高租赁户型建造效率，同时降低建造和维护成本。

可变化的设计，适应未来租赁住宅的需求变化。平面可通过大空间结构体系进行户型拆分组合，实现三口之家、二人模块、单室套、两代居、特殊情况隔离模式等不同需求(图3、图4)。

采用分离式核心筒，电梯厅全明设计，加强自然通风、采光，并可以作为防疫缓冲空间。连廊贴近北侧户型，便于后期改造户型入户，连廊通过挑板花池和1.8m玻璃栏杆，在确保入户通道满足通风采光的同时，避免雨雪飘入连廊(图5)。

室内管线和结构分离，同时区分永久性管井和改造管井，结构设计预留改造洞口；拆分后户型厨房未设烟道，集中通过原始户型固定烟道走管进行排烟通风。管井隐藏设计，考虑可拆分户型灵活的功能空间，利用隐藏性的空间设计手法，结合家具布置或家装设计隐藏管井位置，提升空间视觉效果和空间感受(图5)。

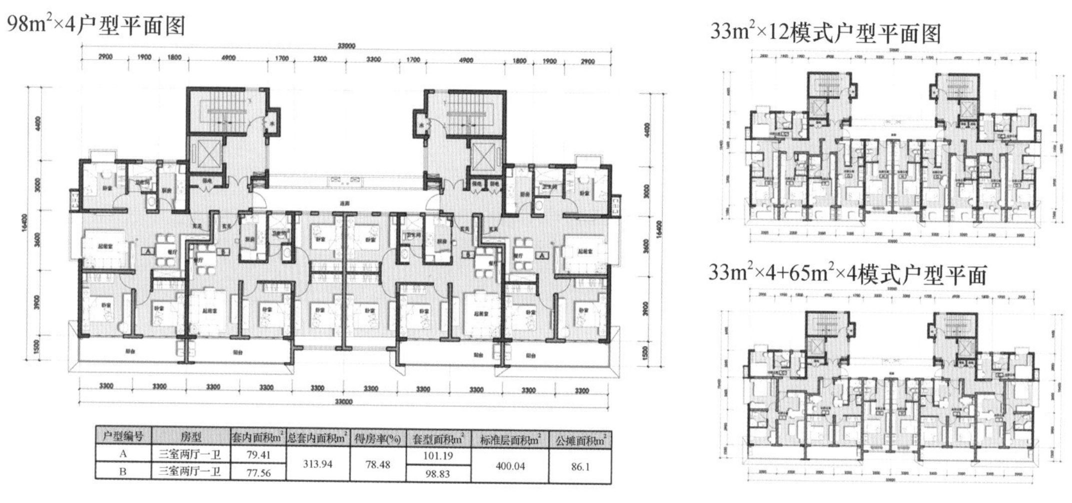

户型编号	房型	套内面积m²	总套内面积m²	得房率(%)	套型面积m²	标准层面积m²	公摊面积m²
A	三室两厅一卫	79.41	313.94	78.48	101.19	400.04	86.1
B	三室两厅一卫	77.56			98.83		

图3　改造户型平面图（单位：mm）

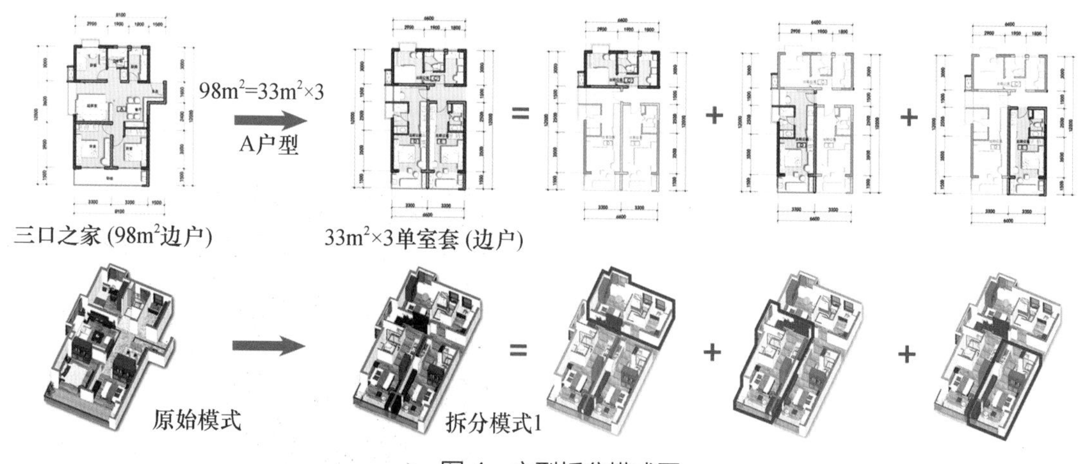

图4　户型拆分模式图

注：当客群画像为稳定三口之家时，采用98m²三室两厅一卫户型，满足两代人独立生活空间需求；客餐厅一体化设计，端厅飘窗延展室内空间，北卧室可作为书房，满足学习工作需求。当客群画像为年轻独居工薪阶层时，可拆分为3个33m²单室套间，入户玄关走廊结合开敞厨房，配备独立卫浴，充分保留私人空间，满足城市青年独居生活需求。

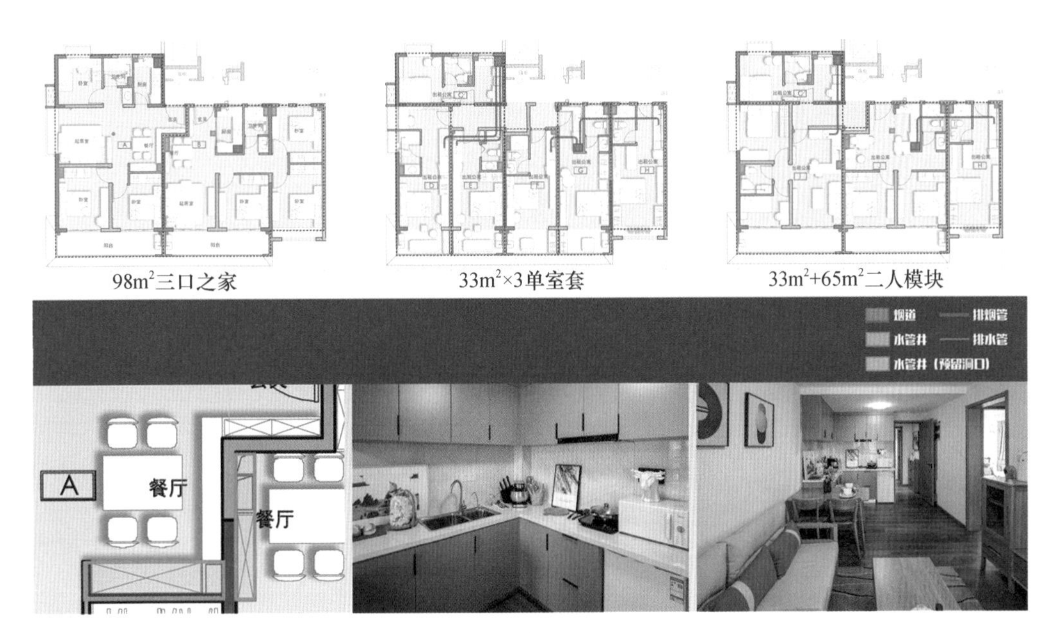

图5　管井隐藏设计图

户型创新点

(1) 采用户型可变设计，满足住宅全生命周期使用和不同租赁群体需求。

(2) 装配式装修与户型模块化设计相结合。

(3) 室内管线和结构分离，同时区分永久性管井和改造管井，结构设计预留改造洞口。

(4) 整体式卫生间设计，采用微降板同层排水技术，结合整体式防水底盘，加强建筑隔声，实现卫生间灵活布局；

(5) 采用三大技术体系，通过大空间结构体系、外围护＋管线分离体系、装配式装修体系三大技术体系实现空间灵活布局，实现三口之家、二人模块、单室套、两代居、防疫隔离模式等不同时期需求(图6)。

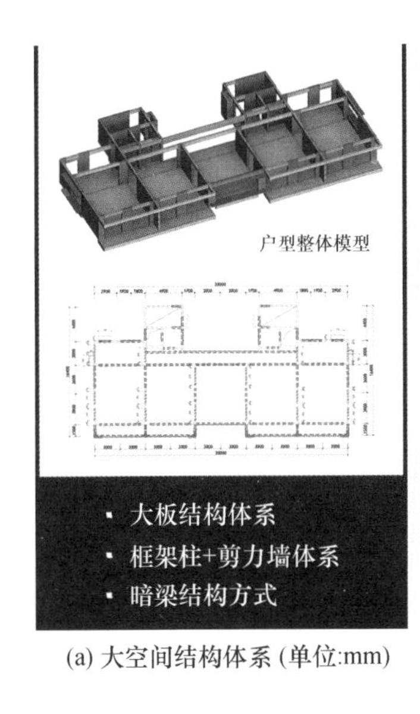

(a) 大空间结构体系 (单位:mm)

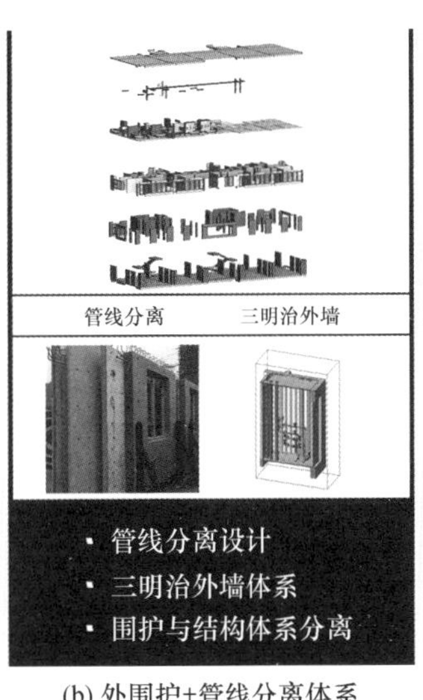

(b) 外围护+管线分离体系

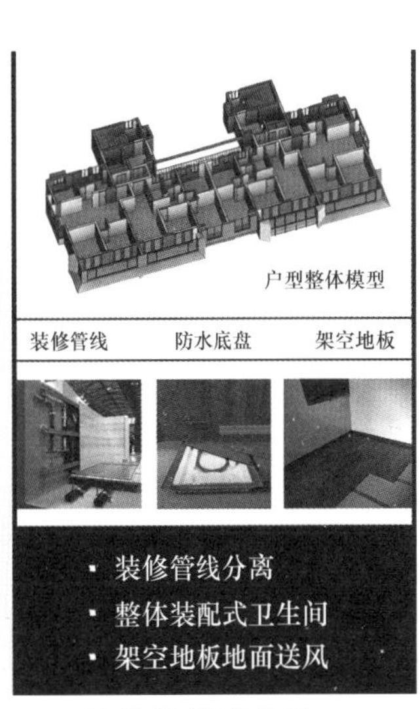

(c) 装配式装修体系

图6　三大技术体系图

董文俊

南京长江都市建筑设计股份有限公司总经理、研究员级高级建筑师。长期从事住区规划与建筑设计、绿色建筑设计与研究，设计的项目曾获得华夏建设科学技术奖一等奖、全国标准科技创新奖一等奖等奖项。主编江苏省《住宅设计标准》(DB 32/3920—2020)、参编江苏省《绿色建筑设计标准》(DB 32/3962—2020)等。

兴龙紫云府 $109m^2$ 户型

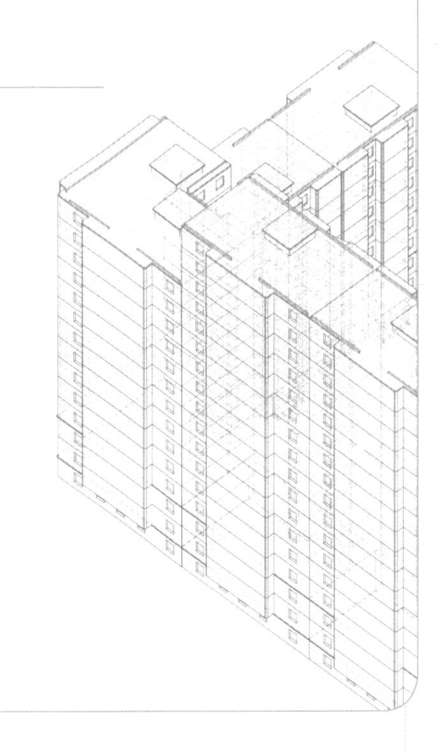

开发单位：秦皇岛兴龙房地产集团有限公司
设计单位：中国建筑技术集团有限公司
主创人员：杨小艳
项目工期：2020 年 3 月—2023 年 10 月
户型面积：$109m^2$
楼层数：16 层
项目规模：总建筑面积约 25 万 m^2
所在城市：河北省秦皇岛市
所在气候区：夏热冬冷地区
知识产权所属：秦皇岛兴龙房地产集团有限公司

项目介绍

兴龙紫云府项目由秦皇岛兴龙房地产集团有限公司开发，项目位于秦皇岛市海港区，北临秦皇西大街，南临纬一路，西临南岭东路，东临横断山路，设计单位为中国建筑技术集团有限公司。项目用地周边资源优越，成熟社区多，且教育配套完备，具备高品质住区的先天条件。

该项目以可持续发展、节约型的设计理念为主导，在满足基本住宅功能和环境需求的前提下，充分考虑居住者的生活习惯、精神需求，该项目将成为创意新颖、技术合理并与自然环境相融合的高品质低投入住宅小区，为人们创造文化上、心理上的居住新体验，打造绿色健康新社区(图1、图2)。

图1　项目鸟瞰图

图2　楼型图

户型设计说明

优秀户型以67.90~79.50m²的高层住宅为主，属于一类高层住宅。户型面积在78~112m²。项目采用两梯四户+北连廊的模式，每栋楼为1个单元，每个单元4户，每户均能达到南北通透的效果。78~95m²户型设置在中间户，109m²户型设置在边户。项目优化了住宅平面功能划分，动静分区，增强住宅室内空间趣味性，强调住宅平面紧凑性、实用性，尽最大努力让住户感到物有所值。住宅的日照、采光、通风等，要求与室外空间景观相互融合，保证百分百户型南北通透(图3)。

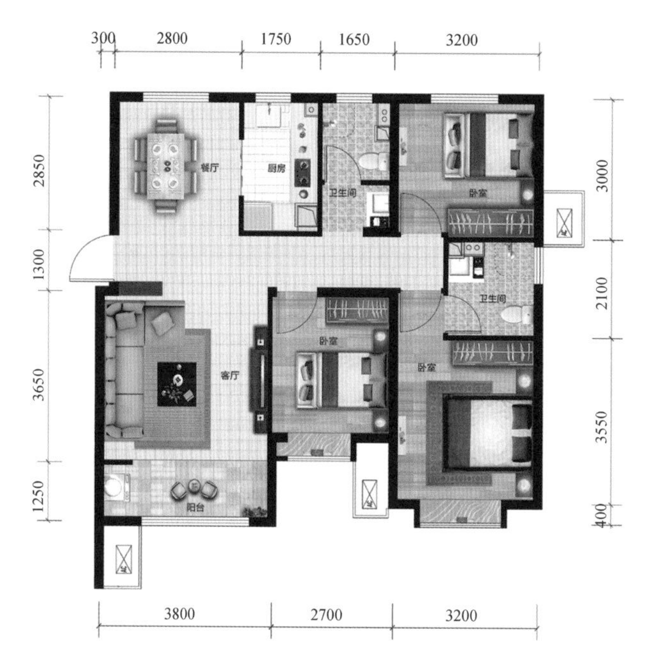

(a) 三室两厅两卫平面图(109m²)(单位：mm)

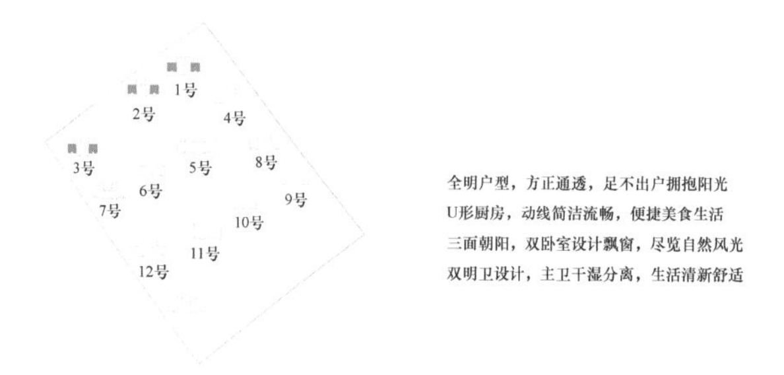

(b) 户型解析

图3　户型平面图

户型创新点

C1户型(109m²)：户型南北通透，南向三面宽设计，客厅及两卧室均为南向设计、独立的玄关设计、洗晒区独立设计、南侧两卧室均采用飘窗设计、两个卫生间均为明卫。户型动静分区明显，在有限的面积内让居住者获得更好的体验(图4~图6)。

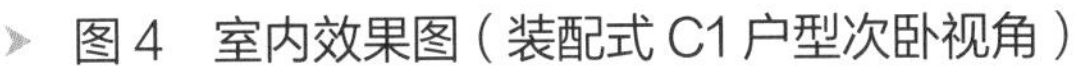

图4　室内效果图（装配式 C1 户型次卧视角）

图5　室内效果图（装配式 C1 户型走廊视角）

图6　户型创新点

第一主创设计师简介

杨小艳

秦皇岛兴龙房地产集团有限公司设计管理部经理，本科学历，全国注册城市规划师、全国一级注册建造师，从事建筑设计行业近16年。

金泰山河砚项目 116.3m²

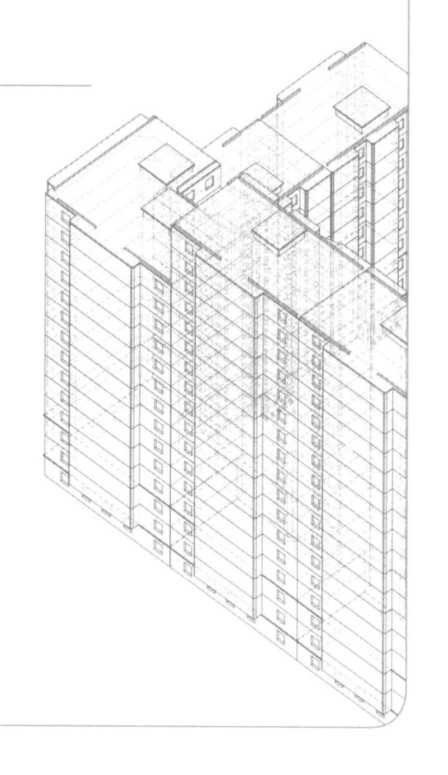

开发单位：陕西金泰恒业房地产有限公司
设计单位：中国建筑标准设计研究院有限公司
主创人员：刘东卫、卢建伟、张娟、于弘、藏振清
项目工期：2021—2022 年
户型面积：116.3m²
楼 层 数：6 层 / 9 层
项目规模：总建筑面积约 40 万 m²
所在城市：陕西省安康市
所在气候区：严寒和寒冷地区
知识产权所属：中国建筑标准设计研究院有限公司
陕西金泰恒业房地产有限公司

项目介绍

金泰山河砚项目位于陕西省安康市高新区新安康大道与高新大道交会处，其地理位置具有三大优势。景观优势：西侧及北侧紧邻富家河生态公园；交通优势：周边交通网络发达，并临近安康高铁新站；教育优势：南侧紧邻安康高中高新校区。项目规划用地面积17.08hm²，匠心精筑合院、低密度景观洋房与小高层围合式高端社区，社区绿地率35%，容积率1.8，开创“2个城市广场、2条景观大道、6个岛式组团”复合多层次人居规划理念，打造三重园林空间。项目以健康科技、优质景观、精品宜居的形象理念，打造全生命周期、全配套、高品质宜居住区，实现绿色环保、智慧科技、社区可持续(图1)。

图1 项目效果图

户型设计说明

优秀户型为120m²四室两厅两卫户型，适用于33m以下高度的住宅建筑，该户型主要探讨在小面宽的条件下，满足三代人及三代人二胎时代的房体需求。户型可与其他套型拼接，可在场地整体面宽受限的情况下，充分利用东向或西向的采光条件，节约用地(图2)。

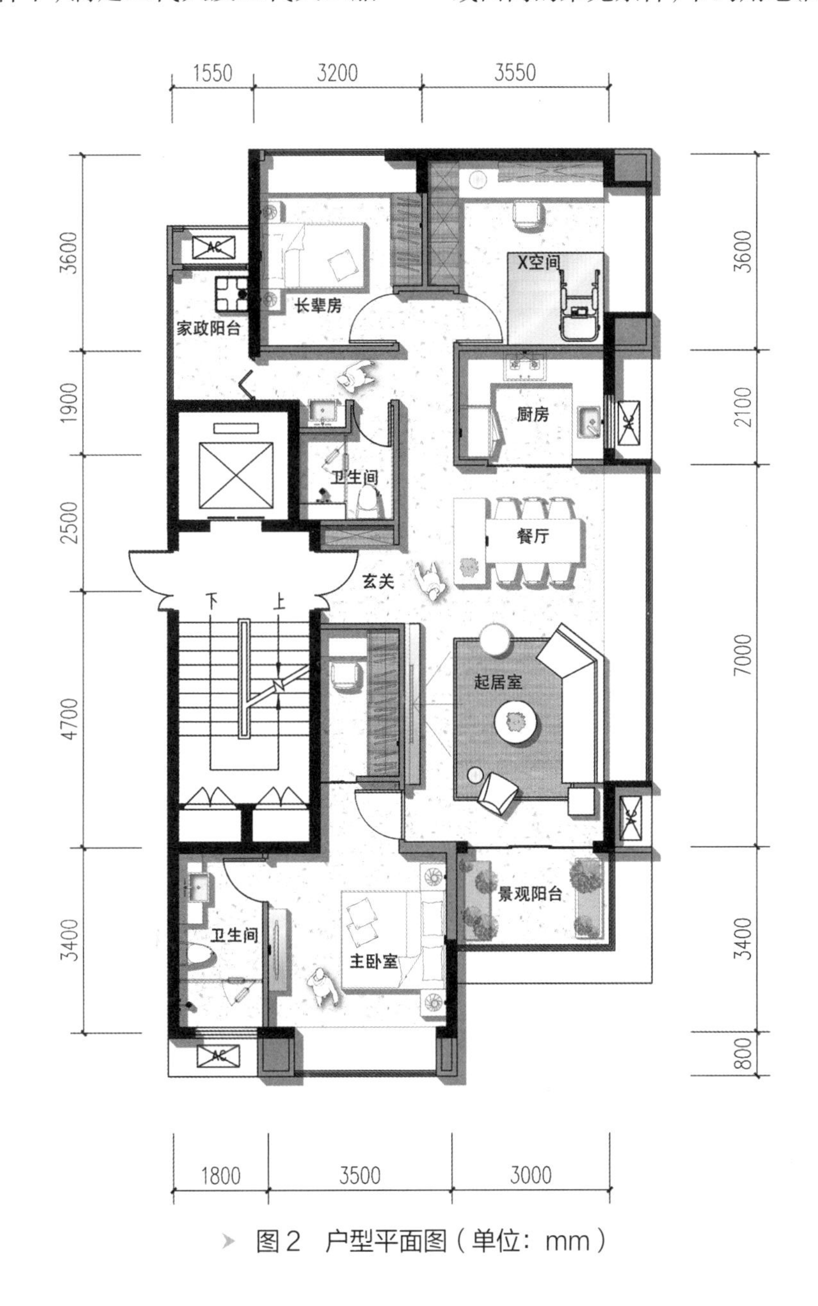

图2　户型平面图（单位：mm）

玄关空间独立，不与其他空间有交叉，很好地实现了洁污分区。玄关空间配套充足的收纳空间，以满足家庭多口人的需要；安放玄关凳，体现了对老人及儿童的人性关怀；配套洗消功能，满足消杀、防疫需求。

LDK一体化设计，餐厅配西厨台，在提高日常使用效率的同时增加了全家人的生活场景。四间卧室在起居厅南北布置，动静分区，同时又能保证相互的私密性。四间卧室仅有一间为纯北向卧室，其他三间卧室均能获得充足的日照(图3)。

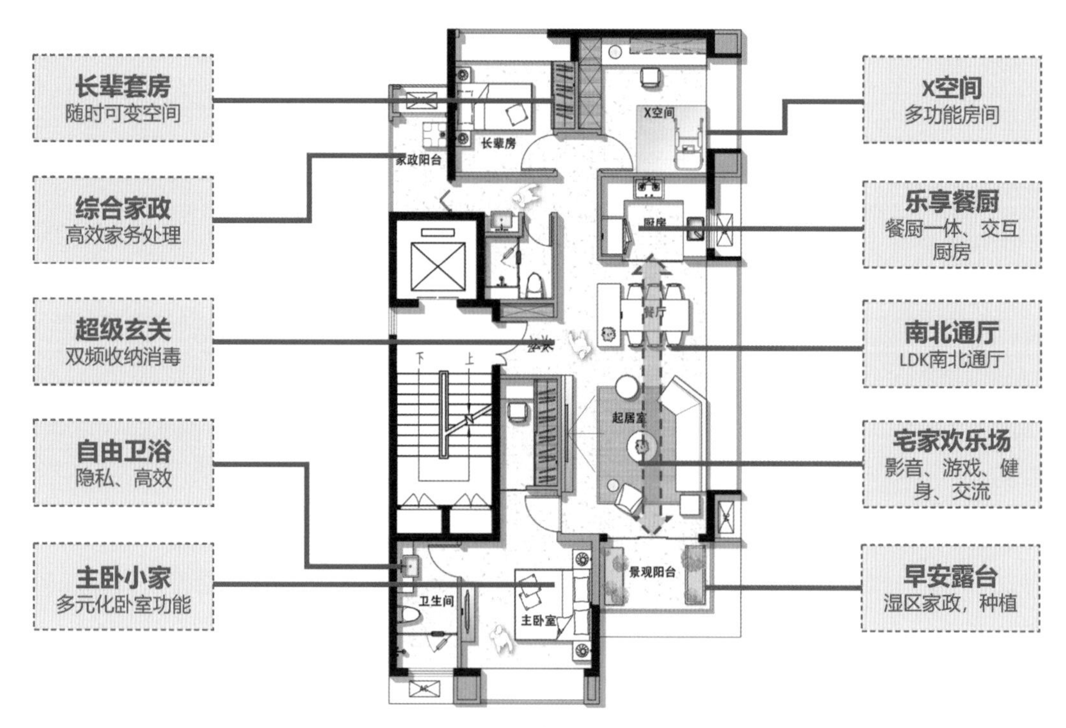

图3　户型解析图

公共卫生间做干湿分离以提升日常使用效率，并且卫生间独立，可以减少对卧室的影响。

独立的生活阳台形成独立的家政空间，减少了家政空间对家人日常起居空间的噪声影响。

每个居室空间均设计了飘窗，增加了居室的使用空间，特别是客餐厅的接近6m宽的飘窗，不仅增加了起居的使用空间，在视觉上及心理上，也给居住者提供了一个明亮愉悦的生活交流空间(图4、图5)。

设备平台不仅考虑了隔绝曝音对生活空间的影响，同时还考虑了安装维修的便利性，体现于首层平面图。

图4　室内效果图一

图5　室内效果图二

户型创新点

1.超级收纳

收纳空间采用“三七原则”，隐藏70%的乱，展露30%的美。通过合理利用空间和对空间的集约利用，提高室内容积率、划分功能动线。通过设备的合理布局和操作流程梳理，提高家政的工作效率、注重人体工学，对尺度的调整，对细部结构的优化以及对功能的进一步分析等，形成卧室衣物收纳、家政阳台家政收纳以及餐厨收纳体系。收纳涉及五大储物空间，即玄关柜、橱柜、公共储物柜、浴室柜以及衣柜，同时对收纳空间的特性以及收纳特性进行设计分析，整理得出的收纳特性有充分性、合理性、全面性、专业性和特殊性等，再根据不同收纳属性进行收纳设计。最终户型收纳面积达到15.2m^2，其中展示型收纳4.5m^2，隐藏型收纳10.7m^2，在满足收纳需求的同时兼具部分展示收纳功能，提升收纳水平与属性(图6)。

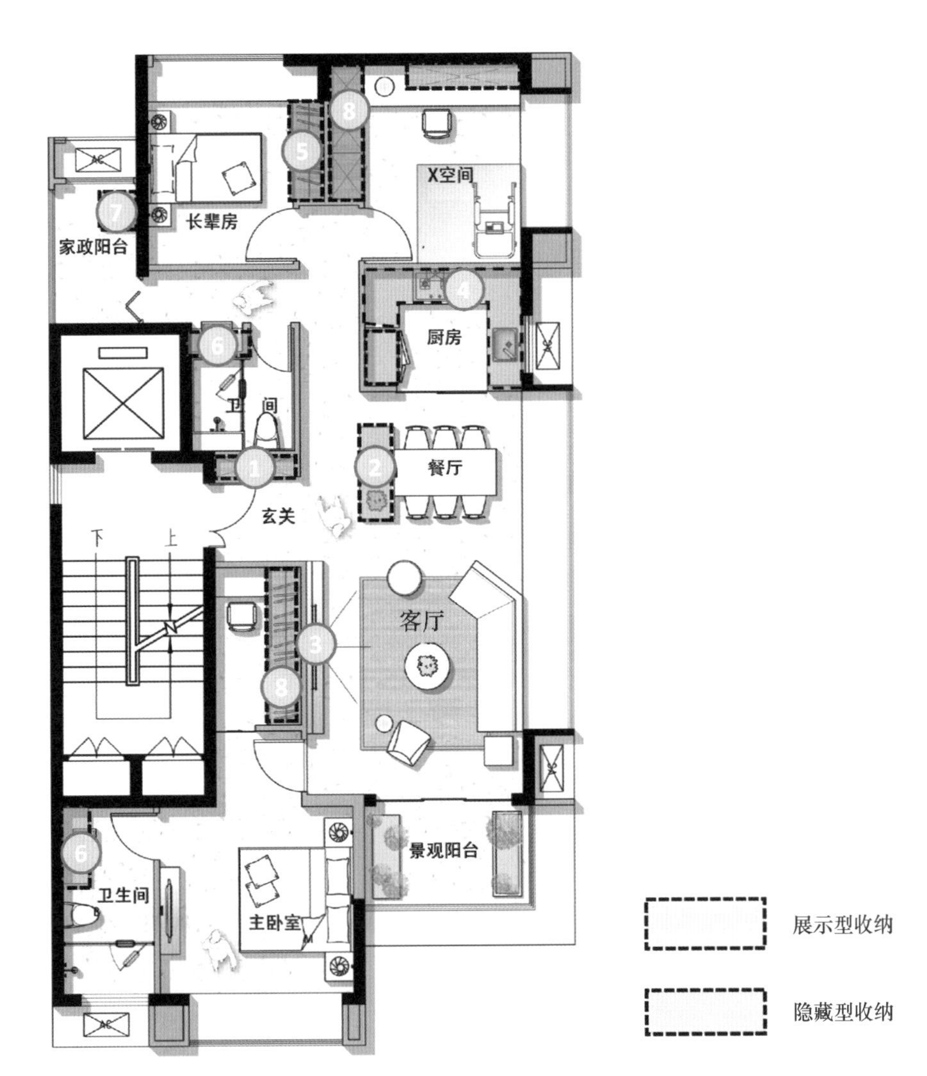

图6　户型收纳说明

2.智慧住宅

基于深度学习的智能产品、算法，助力社区服务提升，打造科技生活空间，让人享受无感通行、掌机生活。提供智能家居服务体系，室内外打通，各物联系统无缝连接智能协作，构建数字体系，助力集约化管控变革，提升管理效率、异常事件预判预防、紧急情况快速响应等，打通原有业务系统，变革组织模式，优化决策机制，从而构建科技舒享社区，全面提升社区品牌力(图7)。

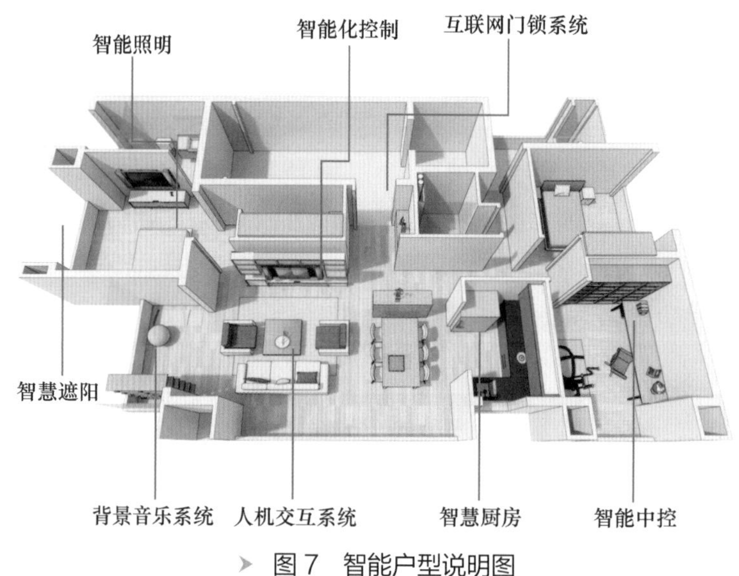

图7　智能户型说明图

第一主创设计师简介

刘东卫

中国建设科技股份有限公司副总建筑师，中国建筑标准设计研究有限公司总建筑师，2010年获得“中国房地产最具创新力领军人物”称号，2013年入选“国家百千万人才工程”并获得“有突出贡献中青年专家”称号，2014年获得“2014中国工程建设标准化年度人物”称号，2015年获得政府特殊津贴，2019年获得“中央企业劳动模范”荣誉称号，2021年获得中国工程建设标准化协会“标准科技创新奖标准大师”称号。工作30余年来，他始终爱岗敬业、拼搏奉献，奋斗在国家住房建设和居住建筑领域第一线，从国家可持续发展战略和住有所居的建设目标出发，以促进建筑行业住宅科技进步为己任，长期专注于该领域的建筑工程建设标准化、保障性住房、高龄居住建筑与养老设施、可持续住区与绿色低碳住宅和新型工业化住宅建筑等。主持设计了大量民生福祉类工程项目，围绕“卡脖子”技术，主持承担了一系列国家与行业科研课题研究，为推动新时代首都发展贡献力量。

锦绣雅著

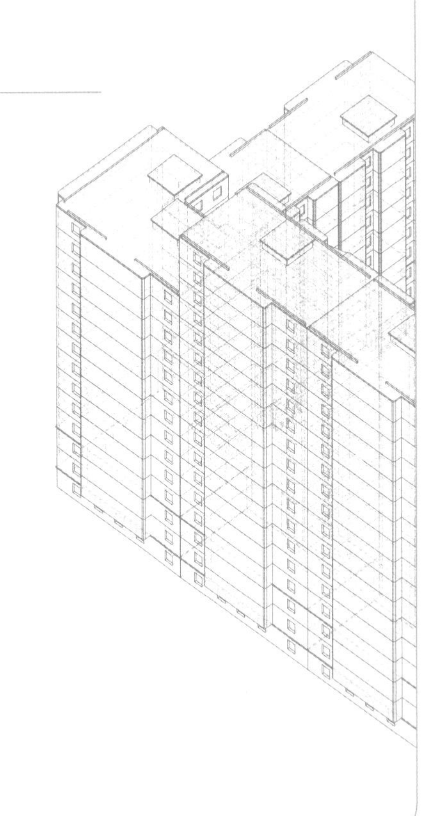

开发单位：苏州中元锐房地产开发有限公司

设计单位：上海尤安建筑设计股份有限公司

主创人员：王磊、王柏、夏洪兴、王影、温雷刚、曾锐胜、谈广成、李俊魁、张渲一、宋刚、黄泓蛟、邱志亚、葛友彬、顾道志、刘长青、牛恩招

项目工期：2021 年 6 月—2023 年 12 月

户型面积：107m^2、118m^2

楼 层 数：17 层

项目规模：总建筑面积 14.22 万 m^2

所在城市：江苏省苏州市

所在气候区：夏热冬冷地区

知识产权所属：苏州中元锐房地产开发有限公司、上海尤安建筑设计股份有限公司

项目介绍

项目位于苏州市相城元和街大区，周围河道纵横，水景资源丰富，区位优良，交通便捷，配套资源成熟完善，医疗资源丰富，商业配套齐全。片区具备旺盛的城市活力及良好的发展潜力。锦绣雅著由河道分为南北两个地块，产品分布以景观资源的精细化定制为原则。建筑外观采用石材、金属板、大面积玻璃等建筑材料。在立面划分、层次关系、虚实结合以及材料做法、排列形式中体现建筑现代典雅的气质(图1、图2)。

图1 项目效果图

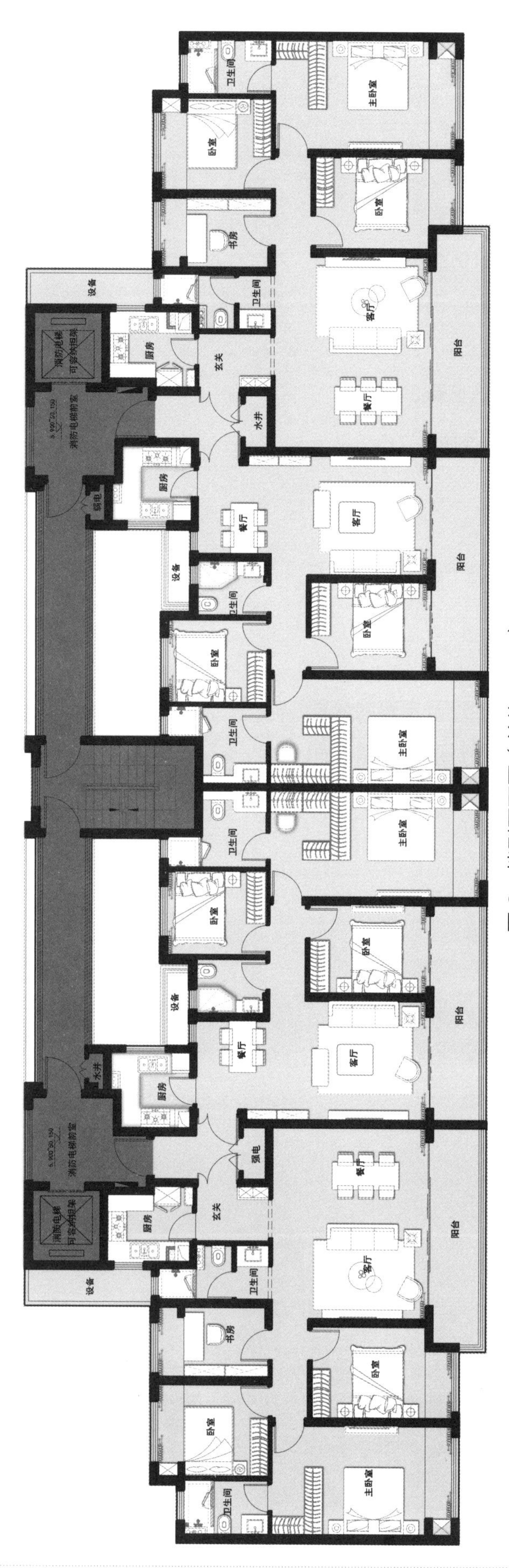

➤ 图2 楼型平面图（单位：mm）

户型设计说明

方案以定制产品来解决规划层面的难题，规划产品一体化定制，全区大比例四面宽宽厅设计，充分考虑了苏州地区的气候特点及传统居住方式，采用了大开间、短进深、南北通透的布局，保证了良好的采光及景观视野的最大化。户型设计从客户理想的生活场景出发，展现梦想中的“家”，不再是简单提供生活居所，而是创造一种新的理想化的居住模式(图3、图4)。独立玄关，餐客一体化设计；豪华主卧套房，附带独立衣帽间；明厨明卫；主次卧全飘窗赠送，飘窗进深800mm，可利用空间极大拓展。玄关收纳、卧室收纳、走道收纳，三重收纳提供充足的收纳空间。营造N种居家场景，将多种功能植入其中，使客厅、餐厅、书房、吧台及宽景阳台全部连通，客厅不再只有单调的沙发、电视，而是成为集接待空间于一体、起居空间于一体、聚会空间于一体、宴请空间于一体的四维复合空间(图5~图7)。

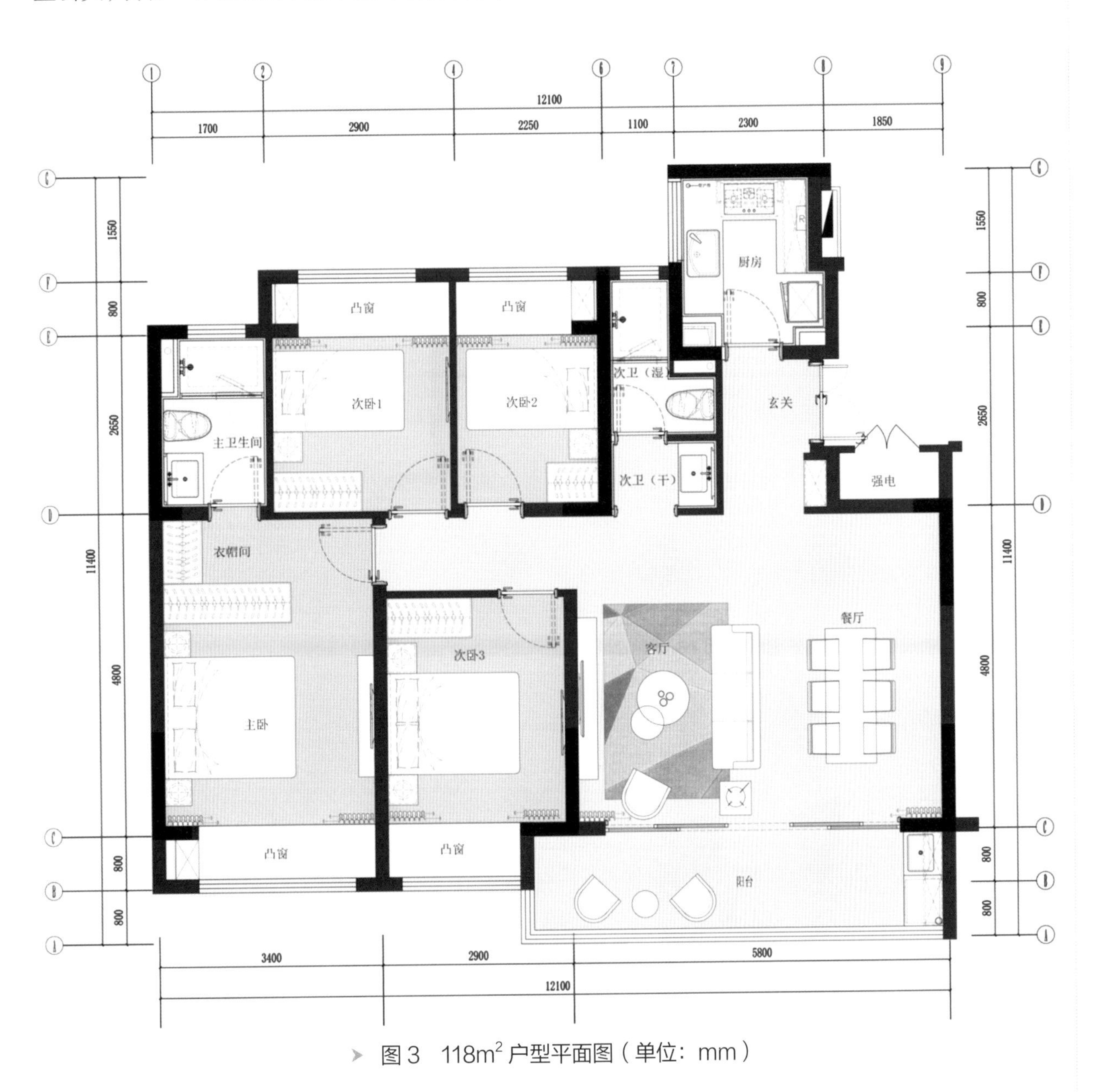

图3 118m² 户型平面图（单位：mm）

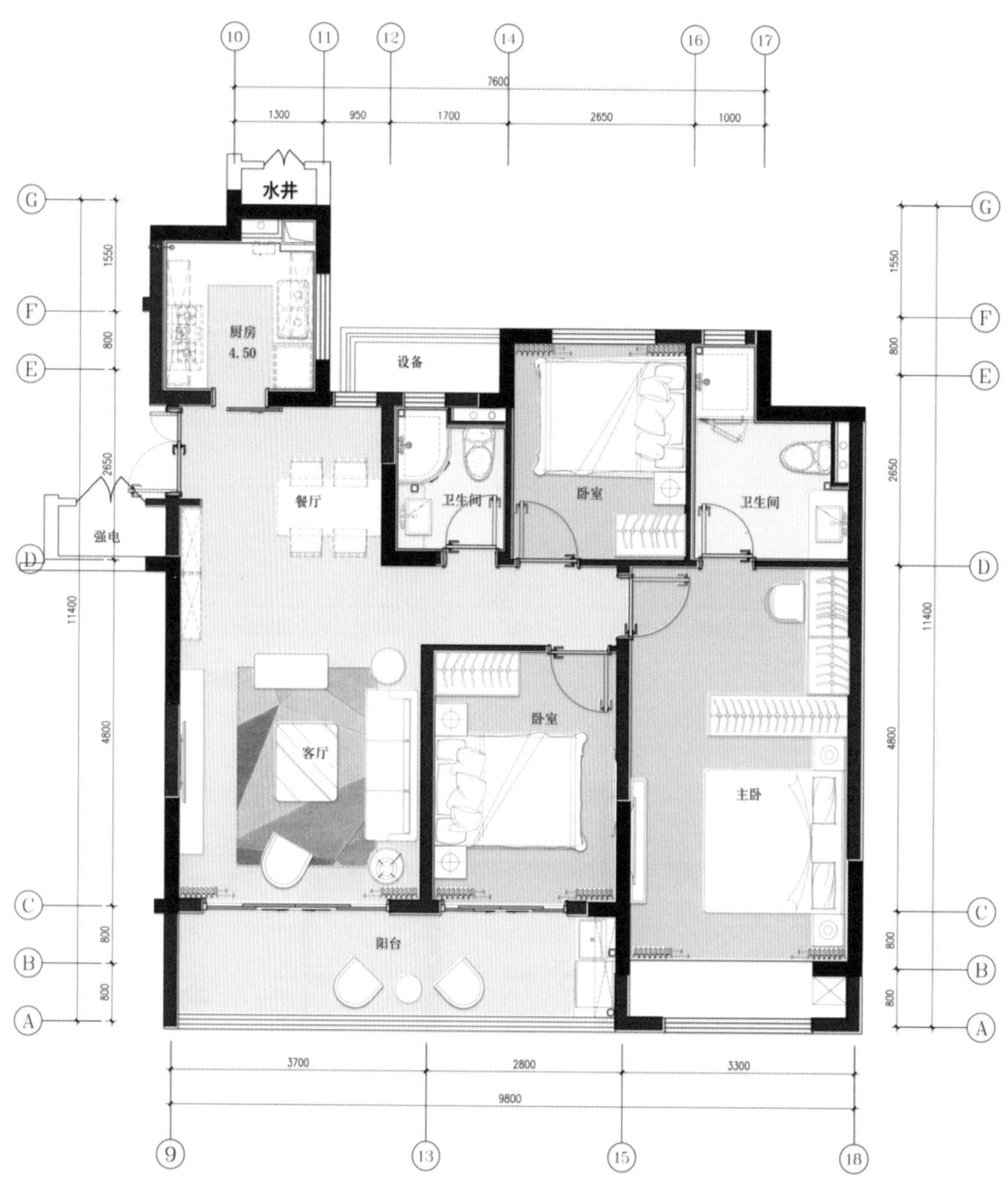

图 4　107m² 户型平面图（单位：mm）

图 5　室内精装图一

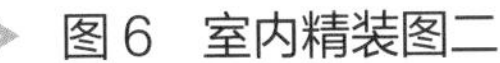

图6 室内精装图二

图7 室内精装图三

户型创新点

(1)“十二道锋味”可随时在家开启，全明餐厨、多导轨玻璃移门，既是早餐台也是西厨空间。

(2) 5.8m面宽的阔绰宽厅+南侧大面宽景观阳台，9.3m超大视距，满是豪宅风范。

(3) 泡澡和观景的五星级豪华主卫三件套；3.6m主卧面宽，饱览水色天光，尽享自然包围。

(4) LDKB一体化设计，厨房、餐厅、客厅、阳台全部连通。打破传统限制，放大空间视线，增加亲子互动。

(5) 公区社交化，宽厅，餐厅、客厅一体化空间，呈现新生活方式。

(6) 跃级套间化，奢华主卧套，独立豪华衣帽间。

(7) 高效的收纳方式是好户型的基本需求，我们将收纳方式划分为居家型收纳、家政型收纳和展示型收纳，实现储藏空间最大化。

第一主创设计师简介

王磊

毕业于同济大学，在近20年的职业生涯中，先后就职于境外设计事务所和一线民营设计公司。带领设计中心人居创作中心团队主持了上海、南京、杭州、宁波、广州、武汉等多个一、二线城市的中高端项目，建成作品获得甲方及市场的高度认可，以革新的人居设计理念屡次获得住房城乡建设部全国优秀工程勘察设计奖一等奖，以及地产类设计大奖金银奖。其致力于多个引领市场的地标人居项目的设计探索，将自身设计经验与用户思维结合，以全模全景设计为人们带来更美好的人居空间和健康的生活方式。

安居回龙雅苑

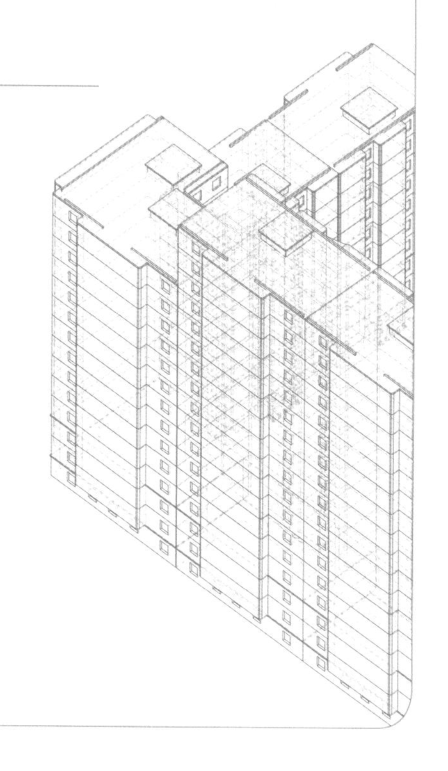

开发单位：深圳市龙岗区住房和建设局

设计单位：深圳华森建筑与工程设计顾问有限公司

主创人员：朱婷、郭智敏、陆洲、赵杨、唐萌勐、何嘉颖

项目工期：2017 年 12 月—2022 年 2 月

户型面积：65m^2、80m^2

建筑高度：100m

项目规模：总建筑面积 5.81 万 m^2

所在城市：广东省深圳市

所在气候区：夏热冬暖和温和地区

知识产权所属：深圳华森建筑与工程设计顾问有限公司

项目介绍

安居回龙雅苑项目，位于深圳市龙岗区龙城街道平安路与盐龙大道交会处，为人才安居型商品房项目。该项目建设用地面积为1.08万 m^2，总建筑面积5.81万 m^2，容积率4.0，由2栋住宅楼及1栋幼儿园建筑组成，其中住宅塔楼建筑高度为95.1m，属于高层住宅建筑（图1）。

建筑设计依据深圳华森建筑与工程设计顾问有限公司制定的户型库的标准体系，同时验证了标准体系的合理性和可持续性，体现了户型设计的先进性和人性化。户型库的标准体系遵循低碳生态理念，力求把该项目打造成低能耗、环保、宜居的绿色生态社区，使之成为具有示范效应的绿色城市细胞，打造绿色健康、充满活力的都市生活。

图1　总鸟瞰图

户型设计说明

“十三五”期间深圳市提出建设筹集保障性住房和人才住房40万套的目标。设计团队为响应这一目标，特根据政府文件需求，落实户型库的标准体系以及精装修设计体系，在满足不同人群的空间使用要求的同时，为居住者提供社会关怀和人文关怀，以求建筑产品具备户型合理、功能完善、定位准确、细节周全、使用方便等特征，为“十三五”建设的顺利推进提供强有力的保障。

既有项目在户型库的标准体系中，采用65m^{2}以及80m^{2}两种户型，验证平面标准化的可行性，同时为预制构件拆分设计的少规格多组合提供了基础条件(图2)。

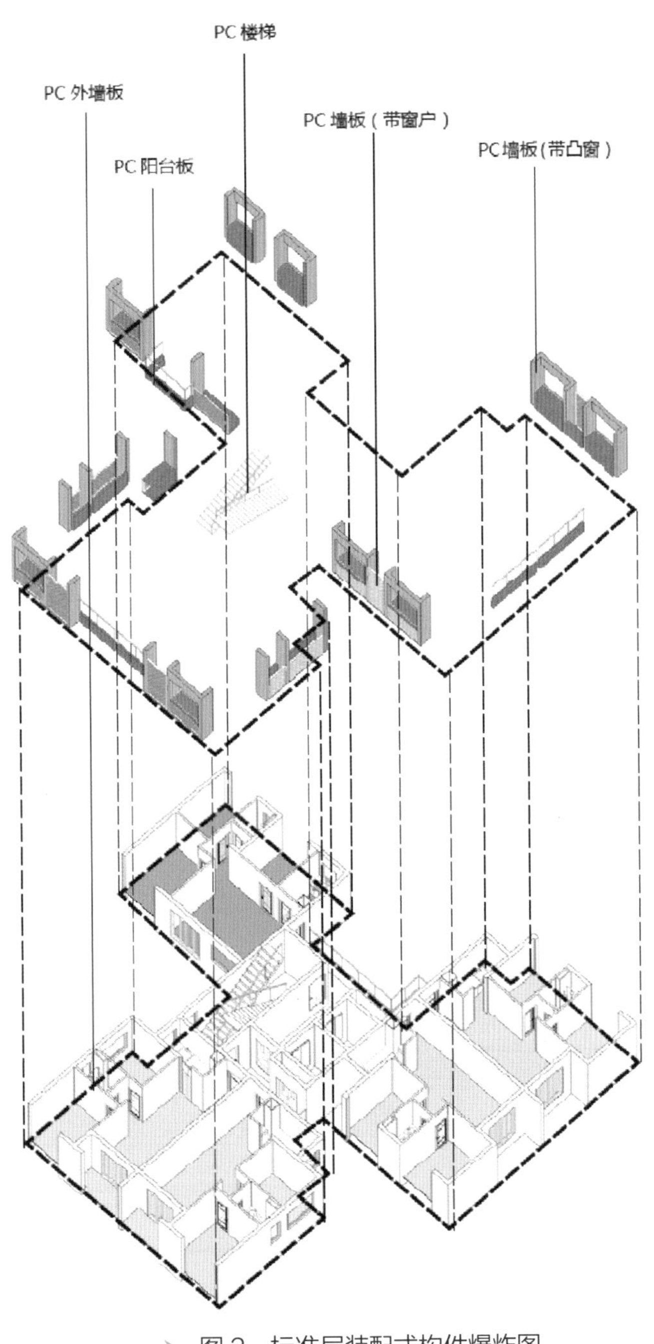

图2　标准层装配式构件爆炸图

户型创新点

（1）住宅户型方正、具有舒适均好性，$65m^2$和$80m^2$的户型，满足各层次人员的住房需求。每户的各功能房间方正适用，客厅与餐厅在空间上相互贯通，空间视觉感更为开阔；厨房、卫生间设置外窗，可实现自然通风、采光；厨卫、阳台等辅助空间采用标准模块组合，可以进行工厂预制、现场装配，减少施工程序，提高住房工业化程度。客厅外设计阳台，在增大室内空间的同时使视野更加开阔，创造舒适的居住环境（图3、图4）。同时$80m^2$户型主要面向一孩、二孩家庭，户型设计主要考虑多样适应性，实现可多项选择的套内设计。

图3　$65m^2$户型平面图（单位：mm）

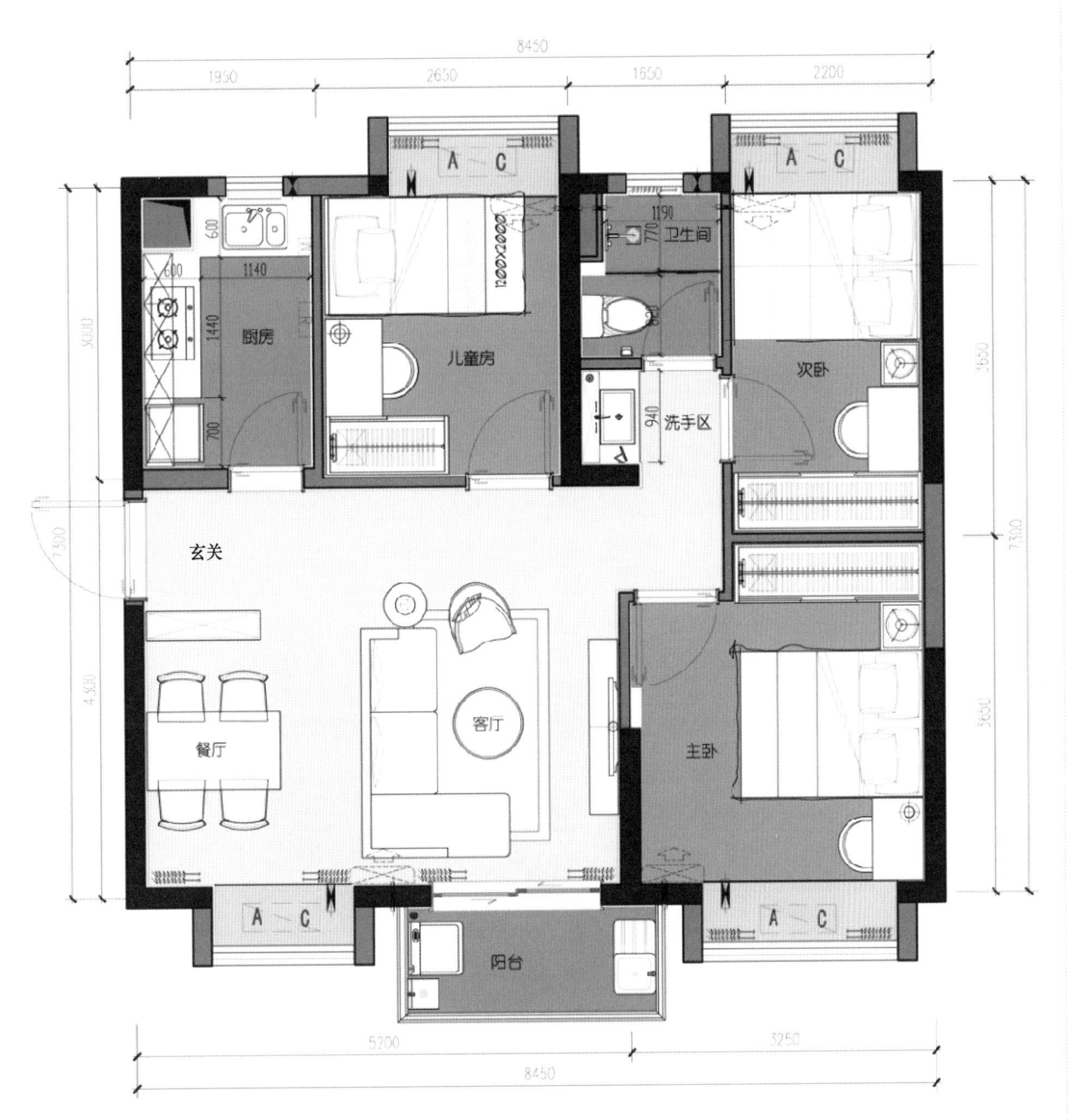

图4　80m² 户型平面图（单位：mm）

(2)住宅布局满足日照需求，且通风条件好。规划采用板塔结合布局，住宅外立面展开面大，凹槽较小，有利于日照和通风，能够保证较好的景观视野。西侧点式设置，更大程度地增加了景观视野的范围，达到了观景最大化的目的。

(3)室内一体化设计，如预制飘窗，窗檐高度及净宽要满足室内空间要求，以及空调摆放位置要求和排水位置要求；预制内隔墙满足机电专业线盒及管线预留预埋要求，包括结合机电专业预留管道等要满足内装设计要求；建筑结构等构件加工时管线、线盒按装修图精确预埋、安装到位，确保建筑、机电、装修一次成活(图5、图6)。

图5　65m^{2}户型室内装修

图6　80m^{2}户型室内装修

第一主创设计师简介

朱婷

毕业于深圳大学建筑学院建筑设计专业，学士学位。就职于深圳华森建筑与工程设计顾问有限公司，现任主任建筑师。2019年获得深圳市建筑产业化协会“优秀装配式建筑设计师”荣誉称号。工作10多年来，担任过各种类型项目的负责人，擅长高端住宅以及人才住宅的施工图设计工作，熟知装配式设计的要点；擅长项目工程总承包设计管理，有着丰富的项目管理经验。主要作品有东莞厚街万达广场、深圳招商太子广场、招商局历史博物馆、西方美术馆、贵州白酒交易中心、深圳市华侨城香山美墅花园、佛山市华侨城顺德云邸、深圳市佳兆业金御佳园、深圳市深汕合作区深耕村住宅项目等。

大连金地城项目

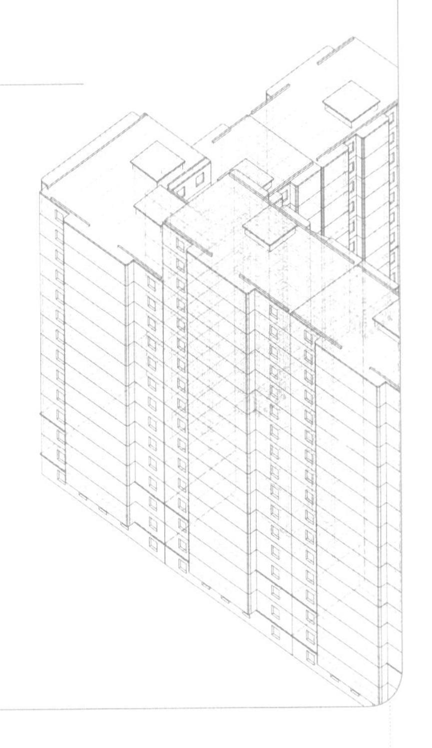

开发单位：大连金亦泓房地产开发有限公司

设计单位：大连金亦泓房地产开发有限公司

主创人员：索麟、于雅娜、高歌、于刚、赵巍、赵珊珊

项目工期：2022—2023 年

户型面积：113m^2

楼 层 数：7 层

项目规模：总建筑面积约 43 万 m^2

所在城市：辽宁省大连市

所在气候区：严寒和寒冷地区

知识产权所属：金地集团东北区域地产公司

项目介绍

大连金地城项目是金地集团深耕大连市的跨时代之作，择址于虹城路与规划河周路交会处，北近渤海海岸线、南临北山公园、西至牧城驿湖，拥有山林湖海四大自然资源，全域森林覆盖率高达60%。同时，项目依托轨道交通的发展打造新一代TOD大城社区，以高质量TOD项目勾勒出“轨道+”高质量发展新图景。“纵览天赋资源，执掌城市精粹”，择居于此，享商业、交通、教育等千亿元配套资源，内拥纯正优雅褐石建筑与园林风光，引领新一代生活梦想(图1)。

图1　项目效果图

户型设计说明

优秀户型为113m²三室两卫两厅户型，一梯两户的设置。户型主要探讨在使用空间有限的情况下有效提高利用率，结合不同梯级客群需求打造亮点空间。通过客户生活状态分析及对户型构建的探讨，拉通户型共性模块，打造产品特色。打造新一代适合全生命周期成长型家庭的居住生活空间，重塑多元化生活场景(图2)。

玄关设置大量储物空间，打造出一个既实用又不占地方的收纳区域。满足日常清洁消毒需求，设计防疫消杀区，提升生活整洁度。采用智能门锁、红外线防盗系统等智能化系统，以守护人居环境的细节(图3)。

LDK一体化设计，客厅、餐厅、吧台一体连通，形成一个以合厅为中心的居家空间，符合中国传统人居理念。让整个空间显得更加开阔，彼此互通的空间也更利于通风。

约6.2m宽景客厅，采用大面宽短进深的设计，在兼顾采光通风的同时连通阳台，纵享“超大银幕”级观景视野，四时之美尽收眼底。

阳台设计了专门放置洗衣机的区域，洗衣晾衣同区域进行，不用卫生间、阳台两边跑，缩短家务动线。

U形厨房，按照储藏区→洗菜区→切菜区→烹饪区→出菜区流线布置，烹饪动线通畅合理。

行政级主卧套房设计，配有超大容量的L形衣帽间及独立卫浴，舒适度高且私密性强；次卧设有飘窗，在提升空间灵动性的同时，为居住者多提供了一处愉悦生活的空间(图4、图5)。

图2　户型平面图

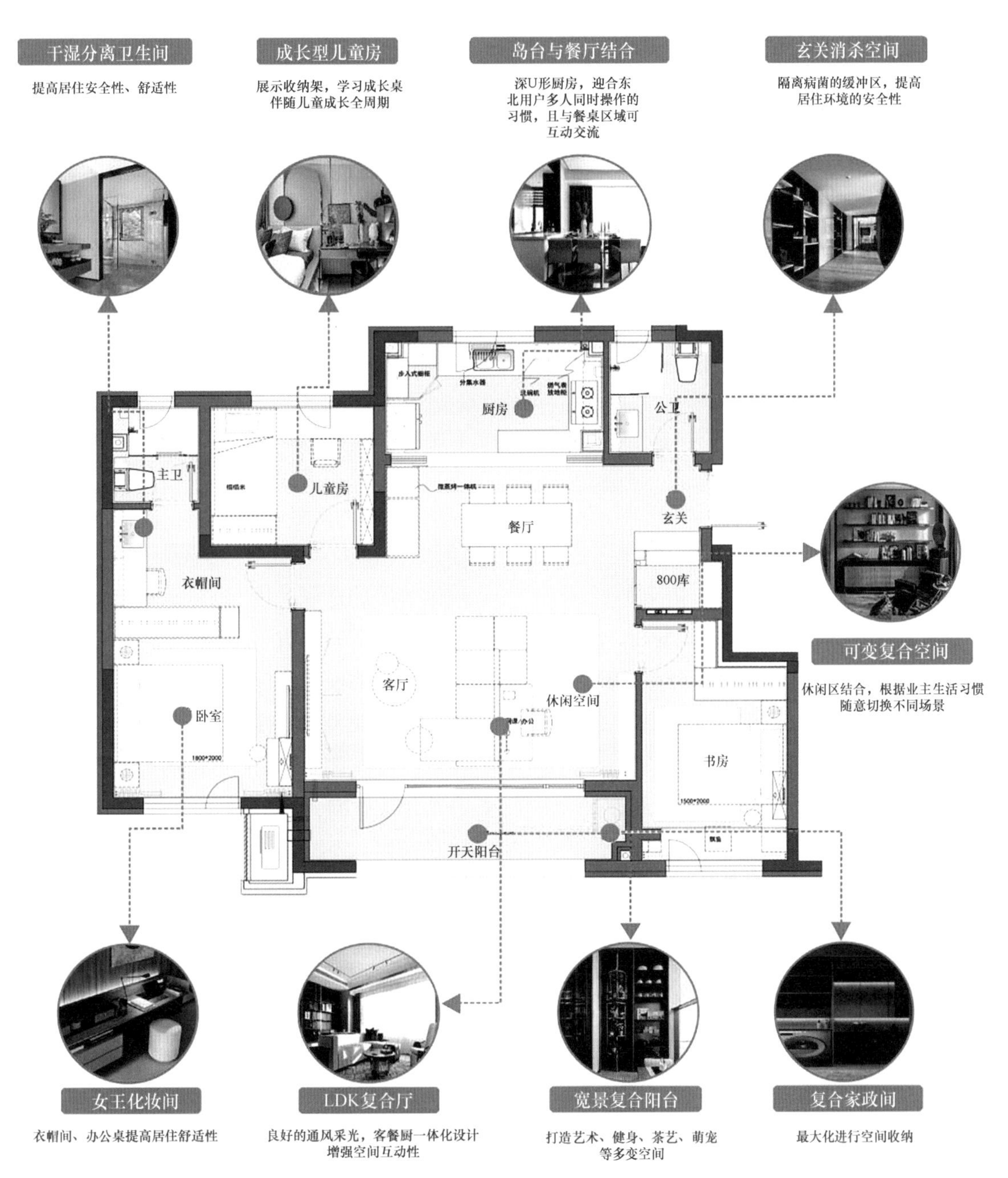

图3　户型解析图

图4　室内效果图一

图5　室内效果图二

户型创新亮点

1.G形交互餐厨

推拉门巧妙分隔中西双厨，需要时封闭中厨，不需要时合并为全开敞空间，餐厨、餐客形成有效互动，打造家庭核心区(图6)。餐厨空间，打开厨房，与餐厅相连，是越来越多现代家庭的选择。厨房不应是一个人战斗的场地，而应是家庭成员之间传递美食、传递亲情的地方。

2.主卧小家化

传统主卧主要满足睡眠需要，收纳有限，颜值普通。该项目经过创新实现梳妆、办公、育儿辅助、休闲喝茶等多功能场景体验，有效延展收纳细节等的进深尺度，进行颜值提升，让居家场景更具格调和高级感(图7)。

3.可成长儿童房

通过对亲子关系的深入思考，打破亲子书房传统的固有印象，以有意识的引导行为，打造复合型功能空间，让场景拥有更多可能。陪伴孩童成长的每一个瞬间，欢声笑语是美妙的音乐；生活在动静切换中，充盈着弥足珍贵的幸福感，充分给予孩子不同成长阶段需求的功能满足(图8)。

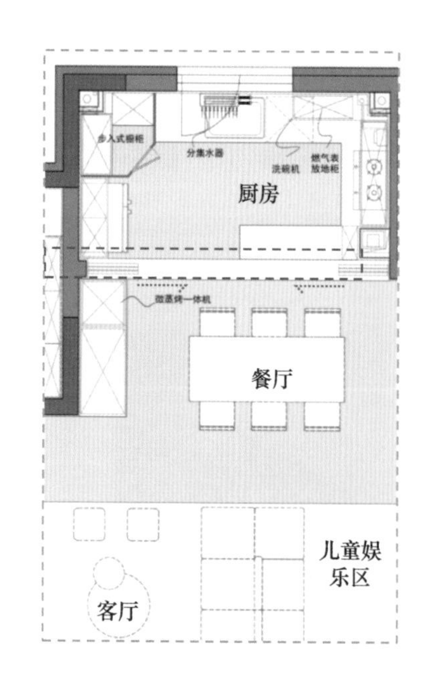

图6　G形交互餐厨

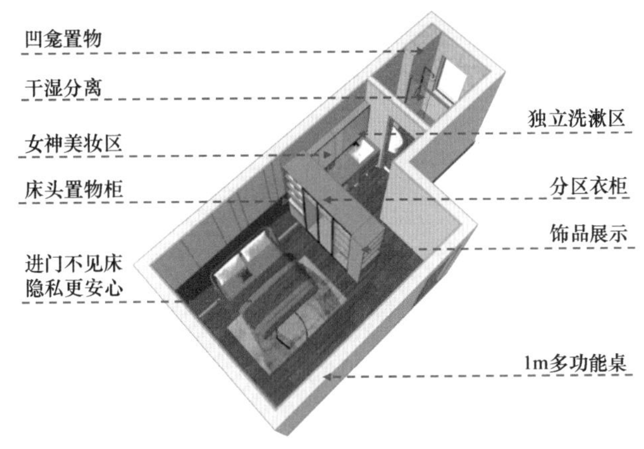

图7　主卧小家化

婴儿期

婴儿的语言、动作、听觉能力养成

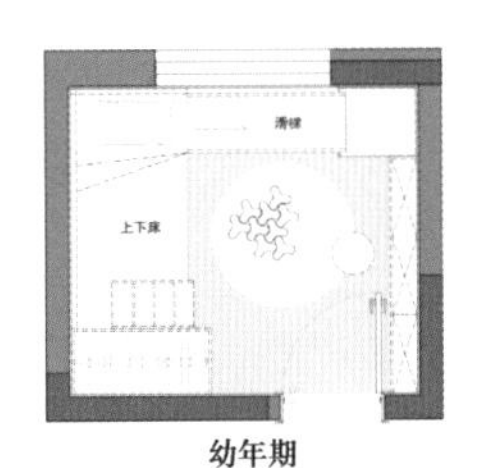

幼年期

幼年的感知、表达、观察能力养成

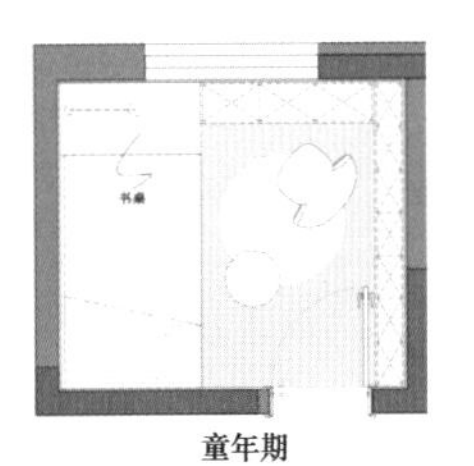

童年期

童年的记忆、学习能力养成

成年期

成年的思维、自主能力养成

意向示意

意向示意

意向示意

意向示意

图8　可成长儿童房

户型设计团队简介

大连金地城项目113m²户型设计团队，由金地集团东北区域地产公司总经理索麟及区域、城市骨干力量组成。团队各成员均毕业于清华大学、大连理工大学等名校，均拥有15年以上房地产开发设计管理操盘经验。主要设计管理项目获得国际及国内多个奖项，专业水平稳居上游。团队对新生代生活模式进行深入研究，推出全生命周期户型设计，针对便捷玄关、多功能客厅、全能厨卫、舒适卧室等空间提出了全面提升的设计主张。

济南雪山万科城 $110m^2$ 户型

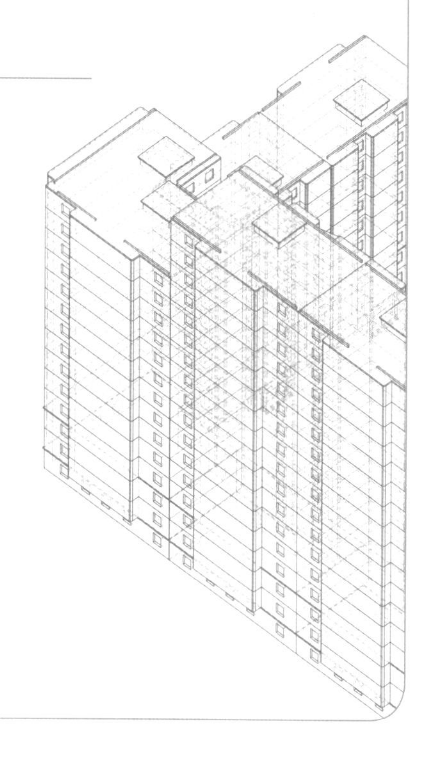

开发单位：济南万科企业有限公司
设计单位：上海原构设计咨询有限公司
青岛彦邦环境艺术设计有限公司
主创人员：王龙飞、籍浩然、王娟、张正岳、于政坤、石东
项目工期：2022 年 11 月—2025 年 6 月
户型面积：$114m^2$
建筑高度：54m
项目规模：总建筑面积约 6.5 万 m^2
所在城市：山东省济南市
所在气候区：严寒和寒冷地区
知识产权所属：济南万科企业有限公司

项目介绍

项目位于济南市历城区凤岐路以东、绕城高速以西、世纪大道以北、飞跃大道以南。

雪山万科城是位于济南城市东部的百万平方米综合住区，项目共8宗土地，总建筑面积约122万 m^2。其中，A5地块是雪山八宗住宅地块的最后一宗，项目规划五栋小高层住宅楼，依山就势打造舒适低密度形态(图1)。

图1　总鸟瞰图

(1)住宅产品：规划97m²、114m²两种面积的产品，住宅均为精装修。

(2)社区资源：成熟景观序列模块，A5地块南向视野绝佳，无遮挡，日照时间长，可享受阳光生活。同时，该地块地势较高，地基坚固，内可观小区园林，外可享城市风光。

(3)外部资源：有约30万m²的将山公园美景，以及2.4km韩仓河景观带贯穿项目。雪山万科城A5地块项目以其优越的地理位置、完善的周边配套、高品质的住宅产品和良好的社区规划，为居民打造舒适、便捷的居住小区(图2)。

图2　楼型图

户型设计说明

该户型为雪山万科城项目主力户型产品，A5地块户型在原户型基础上迭代升级，提高产品性价比和市场竞争力。户型产品经过市场检验，销售流速快、客户反馈较好(图3、图4)。

(1)客户定位：30岁以内的新济南人，在济南东部工作，单身或夫妻二人首次购置婚房，具备一定的生活经验，预期未来同住人员数量显著增加。

(2)主力客群：三代一孩，常住人口3~5人，常住老人1人为主。

(3)户型格局：18层小高层，三室两厅两卫三面宽双阳台，选择双明卫配置，重点发力空间细节尺度推敲，高得房率，装修升级。房间总面宽10.2m，进深13m。

(4)户型配置：独立玄关、六人长桌、双阳台外挂飘窗。

(5)装修配置：济南万科企业有限公司首发全装修产品，以新材料、新工艺打造面向年轻客群的原木风整装产品，提升收纳功能，配置家具，可拎包入住(图5、图6)。

图 3　户型平面图

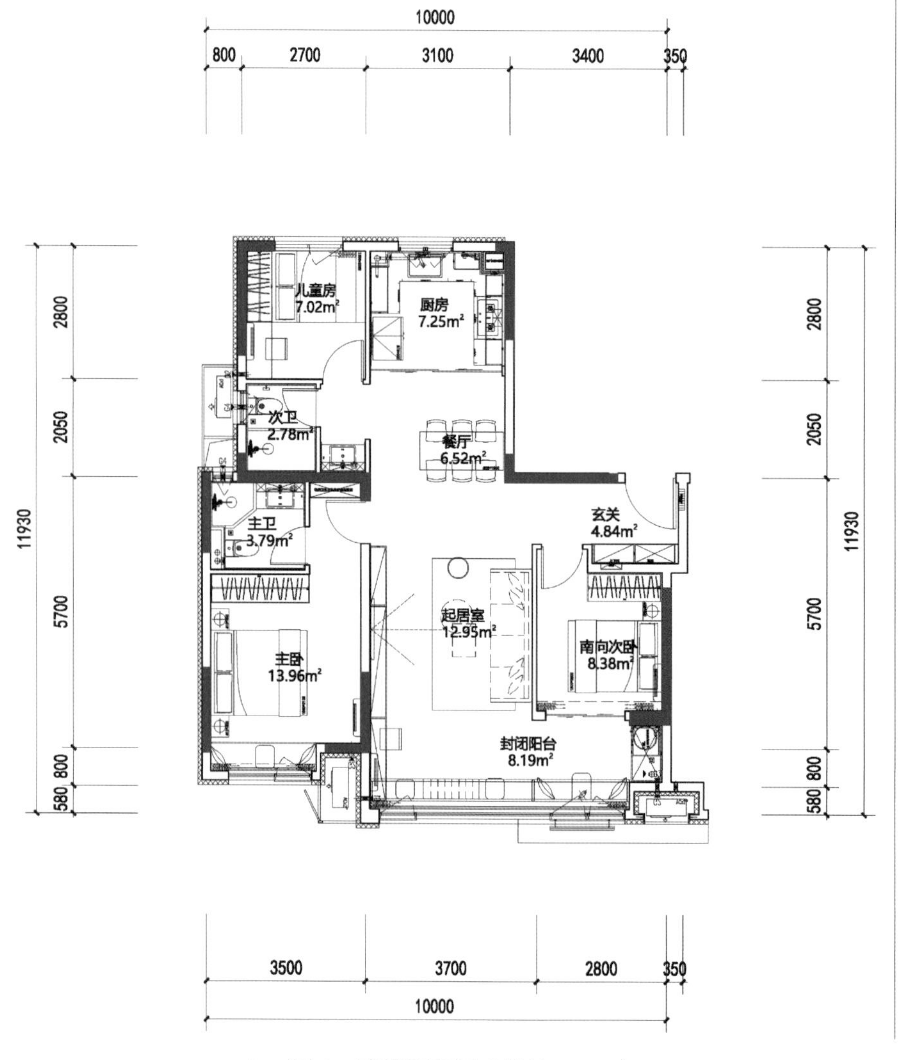

图 4　建筑平面图（单位：mm）

图5　室内装修：墙面地面采用石塑复合材料（SPC）、覆铜板板材（XPC）新材料

图6　室内装修：云光顶

户型创新点

(1)空间创新：追求极致的得房率，研究在遵循当地相关地方规范法规的前提下，核心筒的不同组合策略，实现极小交通核，提升每户套内面积2m^2。阳台外挂飘窗，增加客厅使用面积。

(2)装配式：五板产业化(楼板、楼梯、ALC非砌筑内隔墙、空调板、阳台)，结构采用预制剪力墙，落位全装修。

(3)建筑信息模型(BIM)应用：精细建模，实现全构件精细建模叠图，形成可复制的稳定标准栋型。

(4)全装修：体现整装房的概念，意味着交房即可入住，能够实现“提早入住”。家电和软装费用可以计入贷款，月供仅轻微增加，从而减轻每月的现金压力。交付时提供全屋收纳解决方案，全屋照明系统以及主要电器，致力于持续提升品质。交付后，只需考虑增添部分电器和软装。全装修的核心价值主张是提供一个舒适、物有所值的居住环境。房内具有：①宽敞好用的6人餐桌；②宽敞厨房，洗切炒各有其位，配双门冰箱；③体面实用的超级主卧套；④独立三房两卫，具备全功能；⑤空间可变，多种生活场景随性选择；⑥超级阳台，迭代巨幕视野。

(5)收纳：20组收纳柜，应收尽收，设置了玄关柜、洞洞板、中橱柜、背景柜、水吧柜、家政柜、洗衣机柜、储藏柜、主卧衣柜、主卧包柜、主卫手盆、主卫镜柜、次卫手盆、次卫镜柜、次卧衣柜、儿童书桌、儿童床柜、儿童衣柜等。

(6)新工艺新做法实践：室内照明采用软膜

灯箱，可根据客户实际需求对照度和色温进行控制。地面取消传统湿贴工艺，采用更为环保的软石无缝砖材质(SPC)。墙面装饰采用SPC进行装饰，提高了施工效率(图7)。

图7　室内装修：客厅

第一主创设计师简介

王龙飞

济南万科企业有限公司合伙人，分管公司运营和产品研发。全景操盘百万平方米城市综合住区雪山万科城、城市典型改善型综合住区项目市中万科城、烟台顶级豪宅大盘、中央商务区(CBD)核心片区甲级写字楼大都会万科中心。雪山万科城项目产品定位精准，匹配首置类客户，连续3年实现40亿元级销售金额。市中万科城项目基于城市发展趋势和居民对建筑品质的需求，在第一代大院洋房和第二代住区洋房的基础上进行迭代，是万科济南第三代洋房。大都会万科中心室内设计获“2023年伦敦杰出地产大奖”。在战略规划和市场推广方面，其多次参与健康住宅相关的发布会和活动，彰显了万科在健康住宅领域的努力和成就。

南京 NO.2023G05 地块项目（朗拾·雨核）

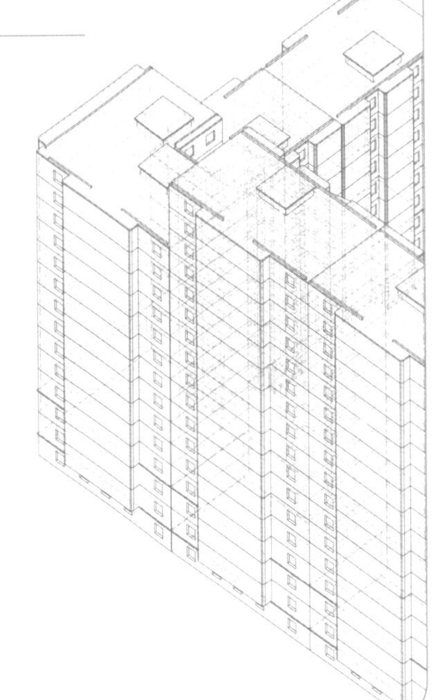

开发单位：南京万科企业有限公司
设计单位：深圳市华汇设计有限公司
南京金海设计工程有限公司
主创人员：金宏、严晨、陆萌、王洪书、左耘宁、严国栋、张岩
项目工期：2023 年 4 月—2025 年 10 月
户型面积：99m^2
建筑高度：100m
项目规模：总建筑面积约 13.7 万 m^2
所在城市：江苏省南京市
所在气候区：夏热冬冷地区
知识产权所属：南京万科企业有限公司

项目介绍

项目地处南京中部雨花数字核心区域。南京万科朗拾·雨核从城市设计的角度，实现在产品规划上的大胆突破。项目以营造城市生态可持续性社区空间、充分发挥品牌影响力打造区域居住标杆、充分完善精细化设计打造雅奢住宅三点为愿景，营造仪式感十足的前场空间和超大尺度落客院，凝练隐而内奢的空间精髓，使之超越形式语言，在时间和空间的双重维度中呈现价值。总体采用多组团式布局，在规整的用地内找有规律的排布，创造出有序的组团规划。整个项目有三种不同户型，每种户型均有景观及采光良好的景观窗、生活阳台等，且充分考虑了自然通风、采光、观景，让功能分区合理、动静分开，提高居住者的舒适性；全金属板外立面和落地阳台相结合打造现代简约的立面设计风格(图 1)。

图 1 总鸟瞰图

户型设计说明

该户型的客户多为自主改善生活型，且多为首套购房的年轻客户，更注重户型的实用、多样收纳等方面。从客户的生活观念考虑，在追求风格、潮流、品质的同时，让住户能够更多享受多元化的生活品质和空间的多元化融合，故此户型的设计不仅考虑在有限面积内，完美满足生活功能需求，又能呈现可多样性演变的生活空间，满足客户在不同人生阶段的成长需求，打造复合型住宅户型(图2)。

厨房采用透性厨房，增加餐厨的趣味关系。侧面墙体利用S墙做冰箱外置，解放厨房空间。餐厅增加卡座功能，卡座内设置储物功能，提高空间利用率。阳台、客厅、餐厅串联起来，打造共享灵动岛空间。双面宽大阳台，为串联客厅和次卧的虚空间，可根据客户的不同人生阶段，针对客厅和次卧中间墙体进行多样拆改，满足客户的多样性需求。北侧书房为多功能房间，同样可针对客户自身的生活需求，来演变成不同的生活空间。主卧考虑小家化设计，可结合飘窗，设置休息、品茗等功能。双卫生间的设置，满足了主卧小家化的功能需求，划分出户型的公区与私区，同样可增加户型的价值感和体验感(图3)。

户型整体可打造多样化生活场景，根据客户自身需求，可定制具有不同生活品味和调性的空间。房屋在具有足够强大的收纳功能的同时，又可满足客户对外对内的不同精神展示需求(图4~图6)。

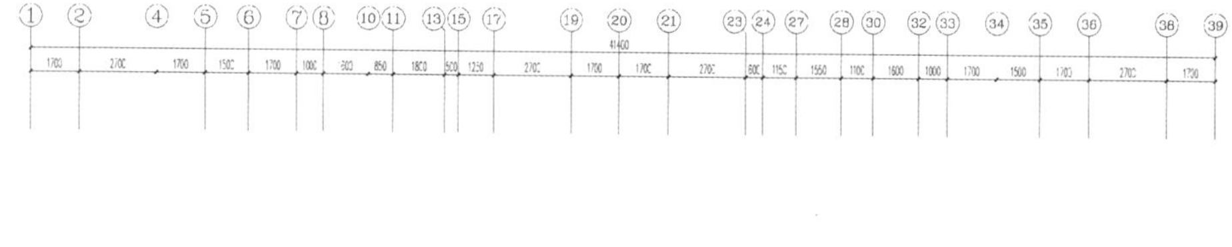
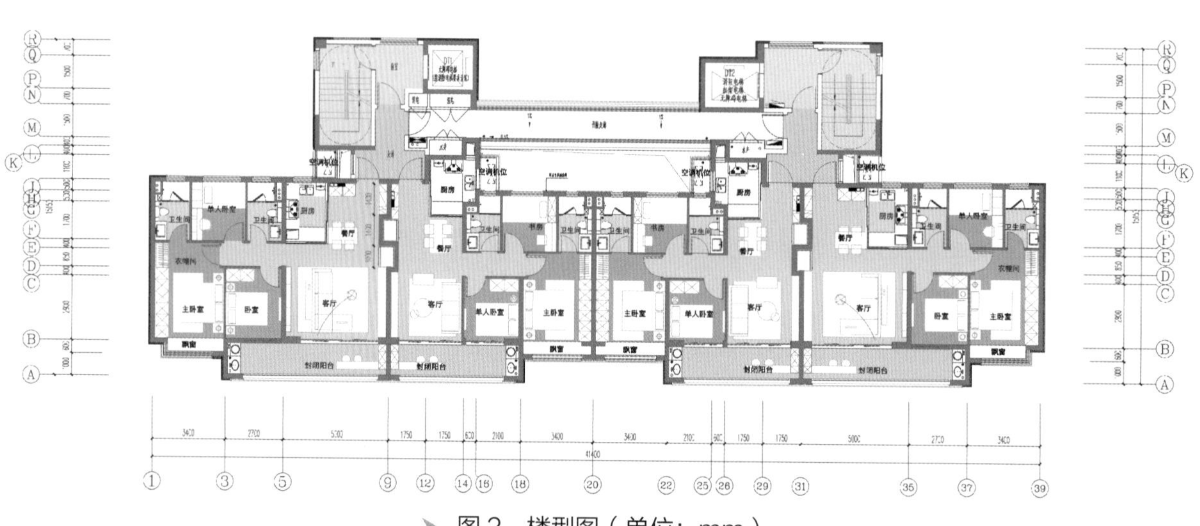

图2 楼型图（单位：mm）

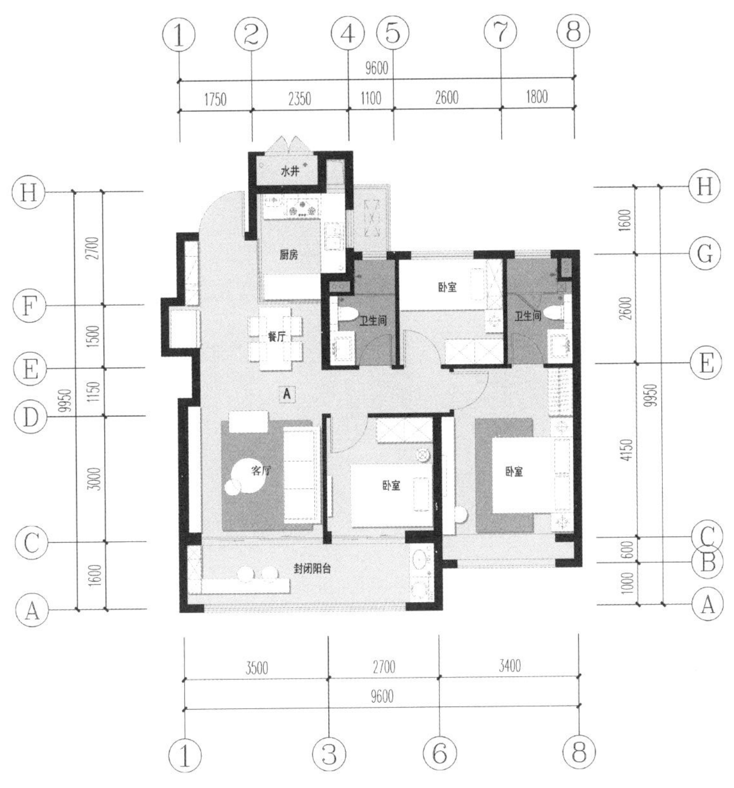

图 3　户型图（单位：mm）

图 4　室内效果图一

图 5　室内效果图二

图6 室内效果图三

户型创新点

(1)首次创新引入S墙设计：S墙的设计理念是通过将两个空间之间原本笔直的隔墙弯曲成S形左右咬合，形成深浅不一的设计。这种设计不仅简洁实用，还能在墙体内嵌入柜子，提升空间的存储能力和整体美观感。这种设计，解决了偏小户型厨房空间局促与冰箱位的矛盾问题。

(2)重新定义社交型厨房：用通透的玻璃实现厨房视线的开敞，结合阳台和卧室墙体的打开进一步实现LDKB一体化互动。

第一主创设计师简介

金宏

南京万科企业有限公司产品策略与规划设计部负责人。他在住宅研发设计领域深耕多年，始终坚持以客户的真实使用需求为中心，不断向住宅市场注入品质领先、理念领先，同时客户也认可的住宅产品。其代表作品有苏州万科玲珑湾、南京万科翡翠滨江、南京万科朗拾·小行及朗拾·雨核等项目，在户型、社区功能流线、装修风格、景观手法等方面的创新做法为住宅产品不断向前发展做出了自己的努力。

上海万科天空之城租赁式服务公寓

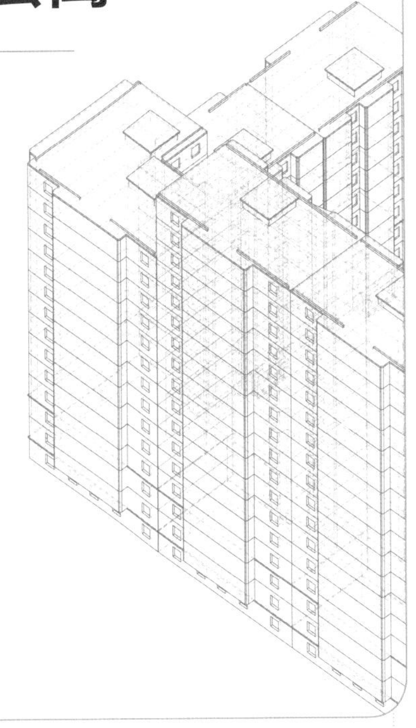

开发单位： 上海万科企业有限公司

设计单位： 乃村工艺建筑装饰（北京）有限公司

松下电器设备（中国）有限公司上海第二分公司

主创人员： 郑巍、虞嘉泉、刘舒情、潘芷萱

项目工期： 2020 年 3 月—2021 年 12 月

户型面积： 60m^2

楼 层 数： 15 层

项目规模： 总建筑面积 6752m^2

所在城市： 江苏省南京市

所在气候区： 夏热冬冷地区

知识产权所属： 上海万科企业有限公司

项目介绍

上海万科天空之城@HOME是万科位于上海大虹桥板块的租赁式公寓(图1、图2)。大虹桥板块区域，已入驻上百家优质企业总部及上市公司，未来将成为“面向世界、面向未来、引领长三角区域高质量一体化发展的国际开放枢纽”。区域站位能级高，故针对该区域目标客群定位，确定项目的价值理念，即为居住者创造以人为本的生活空间。项目是上海万科企业有限公司与松下电器设备(中国)有限公司上海第二分公司共同研发的，根据租赁式公寓结构紧凑但又追求舒适的特性，力求为居住者创造安心、舒适、环保的生活方式。项目从空间布局、效果、功能配置、收纳等维度进行产品提升，打造简约自然、富有质感的日式智能服务式公寓(图3、图4)。

图1　总鸟瞰图

图2　楼型实景图

图3　室内实景图一

图4　室内实景图二

户型设计说明

该户型主要应用在上海万科天空之城@HOME租赁式公寓项目，其为两户合一的改造户型。该项目通过分析和设定居住者实际的生活行为和生活场景，追求相对应的最适合的设计。创造能够让人拥有良好身心状态，以人为本的设计。设计力求空间与家电融合价值最大化，避免无用动线，提高动线效率；创造高效合理的收纳空间，并通过色彩灯光及自然材质的选择，创造舒适的健康生活环境。在功能布局上实现，用餐会客、起居睡眠、卫浴收纳近乎1∶1∶1的空间分隔，在有限的空间中，让每一个空间都得以价值最大化。卫浴收纳也做到了极致的干湿分离，且有独立化妆区和衣物晾晒收纳区。整个功能动线对空间毫无浪费，每一个空间的使用都舒适自然(图5、图6)。

图5　室内实景图三

图6　室内实景图四

户型创新点

(1)空间布局：用餐会客、起居睡眠、卫浴收纳近乎做到了1∶1∶1的空间分隔，在有限的空间中，让每一个空间都得以价值最大化。

(2)合理动线：从独立的入门玄关开始，直至餐厨区域、起居空间和卧室，再到卫浴收纳空间，构成一个连贯的使用动线。

(3)极致收纳：整体收纳空间达到7.27m^2，独立的玄关收纳，包含换鞋换衣功能及共用大物存放功能，如入口挂伞处、清洁工具(手持吸尘器)、换季小家电等以及外衣、包、换季鞋盒的收纳。餐厨一体，强大的备餐储物功能，兼顾工作学习区设计，拥有书籍、文具、电子设备的收纳空间。设计了独立洗漱化妆区、洗衣区、衣帽间，让空间利用到极致。独立衣帽间配置松下I-shelf开放收纳系统，净味器为衣物除菌、除异味。洗护操作功能模块含洗护机、衣物晾架、可抽出式操作台(叠衣、熨烫)。结合日式功能的三分离卫浴格局，结合美容区和洗护的操作动线考量，设置可坐式美容桌、比普通高度略低的洗面台，让住户享受坐式放松的护理时刻，同时可在洗面柜底部预留体脂机存放处，各个功能收纳区的空间都规划得合理清晰。

(4)智能灯光照明：根据睡眠需求，光系统的调光调色变化联合电动窗帘、配合适宜空气和温度，为住户提供舒适的空间照明环境。

(5)健康材料：采用温暖舒适的原木色及米色系材料，营造健康舒适的体验。

第一主创设计师简介

郑巍

上海万科企业有限公司室内设计负责人，主持过上海万科多个重要住宅及租赁公寓设计。对于产品设计有着极致的追求，对产品的严谨态度，对生活的细微关注，成就每个项目的完美呈现。其所传达的生活理念是空间极致使用的效率最大化，给生活留有更多的时间与空间，使忙碌生活的人们归家后得以享受更多的放松时光。

万科西安四季花城项目

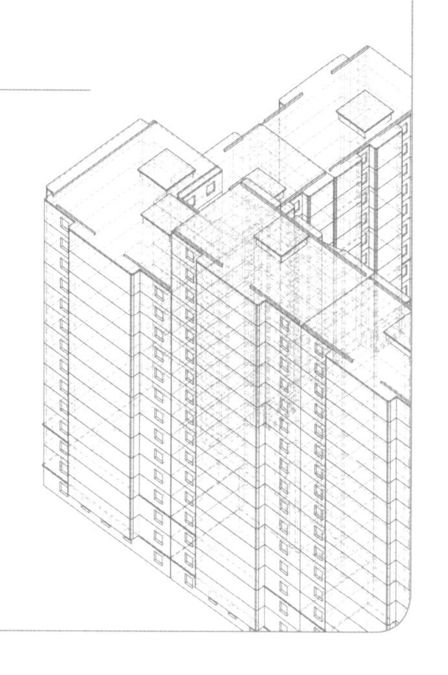

开发单位：西安万科企业有限公司

设计单位：上海正象建筑设计事务所有限公司

主创人员：荆哲璐、孔德恺、杨东明、孙麒麟、胡波

项目工期：2023 年 8 月—2024 年 12 月

户型面积：115m^2、95m^2

项目规模：总建筑面积约 15 万 m^2

所在城市：陕西省西安市

所在气候区：严寒和寒冷地区

知识产权所属：西安万科企业有限公司

项目介绍

项目地处西安市蓝田县华胥镇，新港大道以东、灞河大道以北，南临灞河、北临福银高速，紧邻灞河滨水景观带。该地块拥有丰富的自然河流景观，视野开阔，高层户型大都集中于北侧，南侧为低密度的叠墅产品，使得各产品之间的遮挡最小，都能拥有较好的观景界面(图1、图2)。

图 1　总鸟瞰图

图 2　项目效果图

户型设计说明

该项目主力户型为115m^{2}和95m^{2}两种。东西边户与中间户皆有独立电梯厅入户，同时保证有较高的得房率(图3)。端户115m^{2}配置舒适型三室两厅两卫，动静分区明确，主卧套房，双面宽景观阳台，尽览南侧滨河公园景观，同时也为住户提供了将来更宽阔的改造空间。户型内部拥有可变式厨房，LDK一体化，餐厨空间灵活多变(图4)。中间户95m^{2}配置紧凑型三室两厅一卫，动静分区明确，客厅阳台在能够解决日常起居需求的同时也拥有LDK一体化的可变式餐厨空间(图5)。

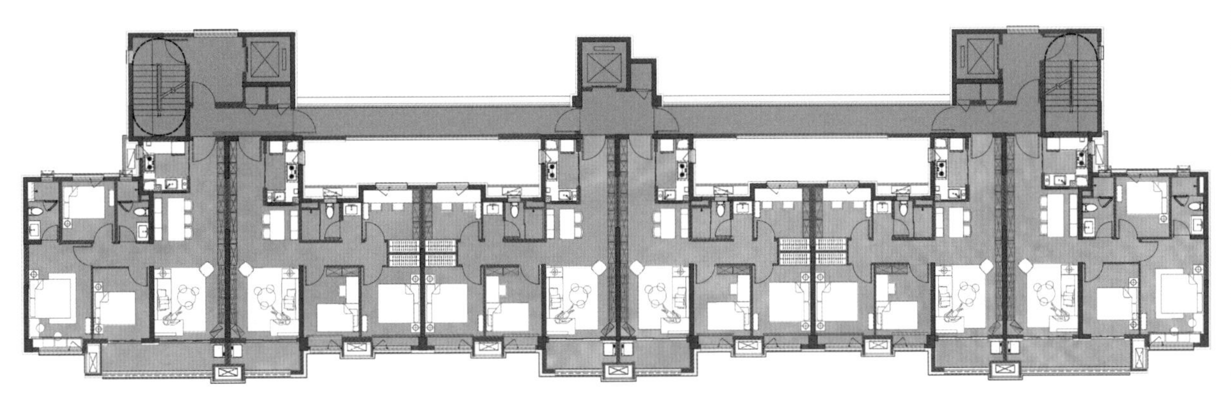

图 3　楼型图

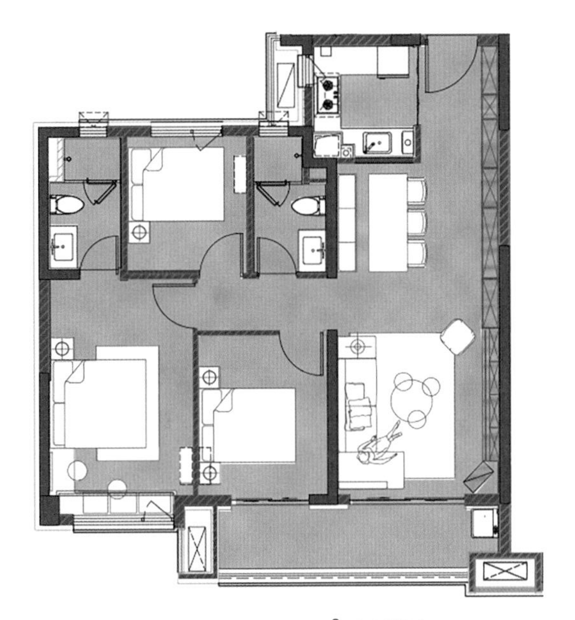

图 4　115m^2 户型图

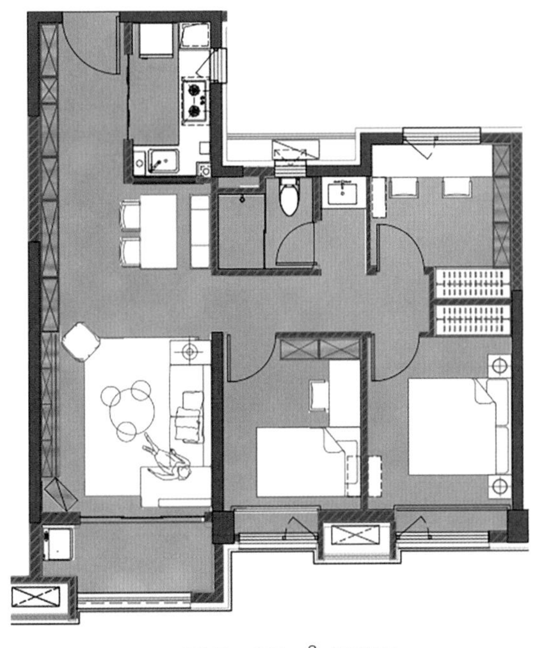

图 5　95m^2 户型图

户型创新点

项目采用装配式建造。全屋采用智能装修，通过以全屋分布式智控、全屋好空气、全屋好水、全屋珍贵洗护、全屋营养食趣等为核心的十二大系统，开启人居一体的“理享”生活新篇章。

户型合理且充分利用了各种空间作为收纳空间，最大化满足日常的存储需求(图6)。

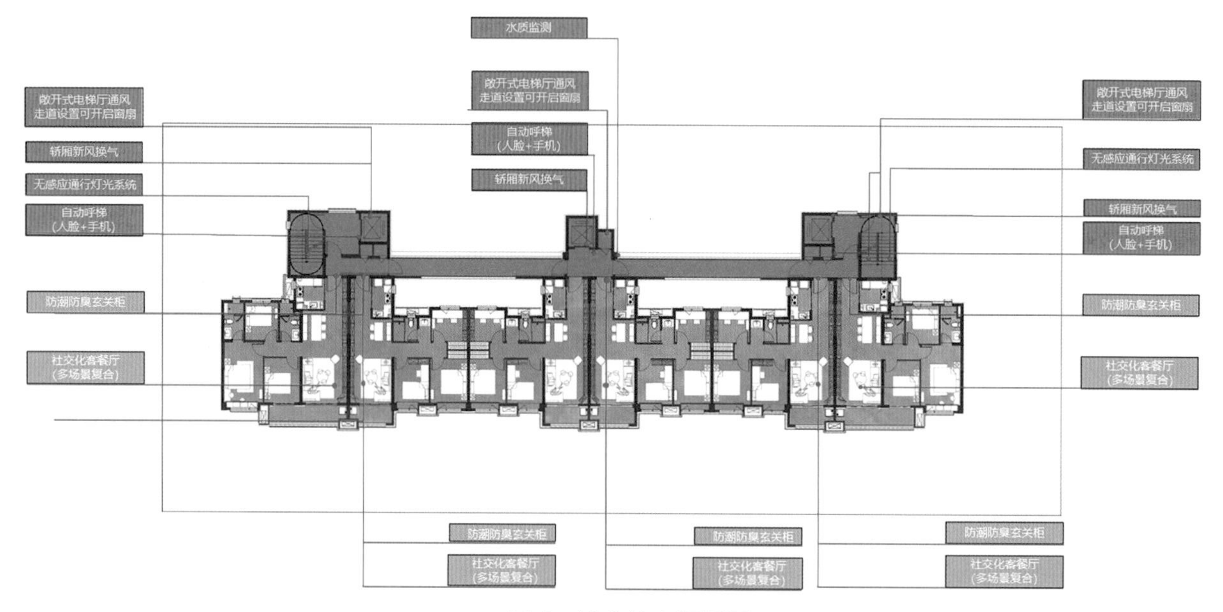

图6 健康住宅解析图

第一主创设计师简介

荆哲璐

西安万科企业有限公司合伙人，该项目负责人，毕业于同济大学建筑学专业，曾任天华集团副总建筑师、上海天华建筑设计有限公司执行总建筑师。从业以来，始终满怀对专业的热情，不停探索建筑创意设计，具有敏锐的思维和严密的行事风格，以激活城市活力、创造美好生活载体空间为理想，关心建筑功能和美观的结合。她参与并主导设计过众多优秀项目，在高品质住区、商业、文旅、城市更新等类型项目中积累了丰富的设计经验。

能建城发 · 江悦兰园

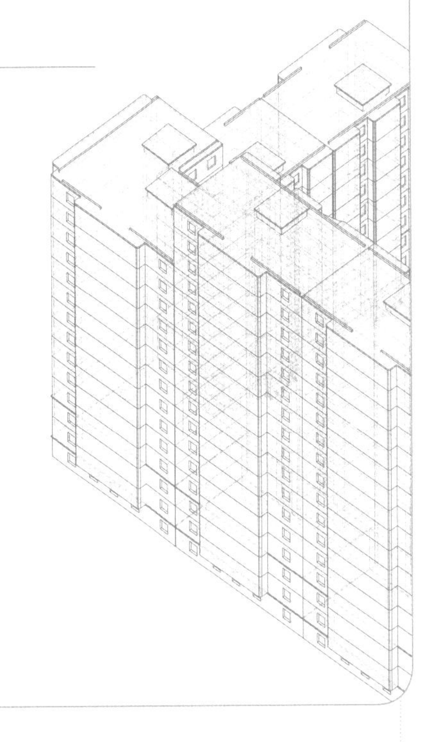

开发单位： 南京葛洲坝汀悦房地产开发有限公司
设计单位： 上海天华建筑设计有限公司
主创人员： 孙婷婷、秦淑岚、刘彬、喻海亮、薛飞
项目工期： 2021—2023 年
户型面积： 89m^2、103m^2、119m^2
楼 层 数： 8 层、11 层
项目规模： 总建筑面积 5.50 万 m^2
所在城市： 江苏省南京市
所在气候区： 夏热冬冷地区
知识产权所属： 南京葛洲坝汀悦房地产开发有限公司
上海天华建筑设计有限公司

项目介绍

能建城发 · 江悦兰园位于南京市江北科学城板块，南侧紧邻城市绿地公园，西侧为丰子河景观带，景观优势明显。东侧为南京师范大学实验小学及中学，教育资源一站式配齐。距离地铁S3号线兰花塘站直线距离仅300m，4站直达河西，交通出行极为方便。

项目规划8栋8~11层低密度洋房住区，容积率低至1.5，同时绿化率高达35%，将更多土地让步于自然景观，营造洋房沉浸式观景体验。从外观和景观来看，项目各方面都考虑周到，项目外立面横向舒展，构建出简洁大气的现代中式建筑风格，整体景观绿化围绕中轴展开，规整的楼栋排布让每户业主都能欣赏到四季的风景，让整个社区视野极佳。8栋低密度洋房分布距离适中，在保障了居住的私密性的同时，也保证了室内的采光度(图1、图2)。

图1 整体鸟瞰实景

图2 中轴景观实景

户型设计说明

建筑面积89m²的三室两厅一卫全龄户型，打造舒适三居。9.6m的南向大面宽搭配6.3m双开间大广角阳台设计，使房屋整体空间感得到提升。入户采用了小户型中较少见的独立玄关设计，客餐厨采用一体化设计。卧室采用了全飘窗设计，使住户日常生活更为舒适，属于刚需置业首选户型。

建筑面积103m²的三室两厅两卫户型，偏向刚改需求的大三房设计。独立的入户玄关，保证储物和私密性；6.8m开放式双联阳台，高级感满满，观景视野极佳；L形厨房，操作更灵活；主卧套房设计，独立卫浴和衣帽间，私密感增强。

建筑面积119m²的四室两厅两卫户型，偏改善四房设计，是有置换需求的客户的首选。朝南四开间设计，搭配13.4m的朗阔大面宽，采光充足。LDKB一体化，客厅、餐厅、厨房、阳台空间聚合，全屋配备飘窗设计，延伸了生活空间；超尺度主卧套房，采用步入式衣帽间与独立卫浴设计，私密性更强(图3、图4)。

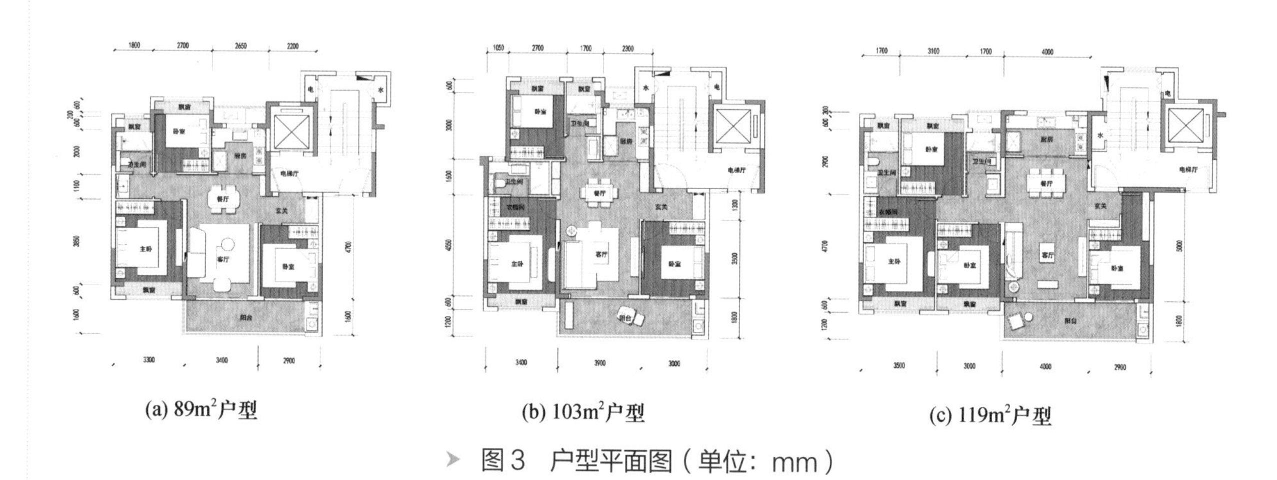

(a) 89m²户型　　(b) 103m²户型　　(c) 119m²户型

图3　户型平面图（单位：mm）

图4　室内效果图

户型创新点

1.智能化设计

设计团队融合10年智能家居研发经验，将AI学习算法、安全可靠的云平台与家居生活相关的各个子系统有机结合在一起，打造互联互通的智能家居系统平台，实现主流协议的全覆盖。以家庭网络通信全覆盖为系统构架底层入口，不同类型的智能设备能够快速地接入物联网，一个系统即可满足家庭信息化和智能化的所有需求(图5)。

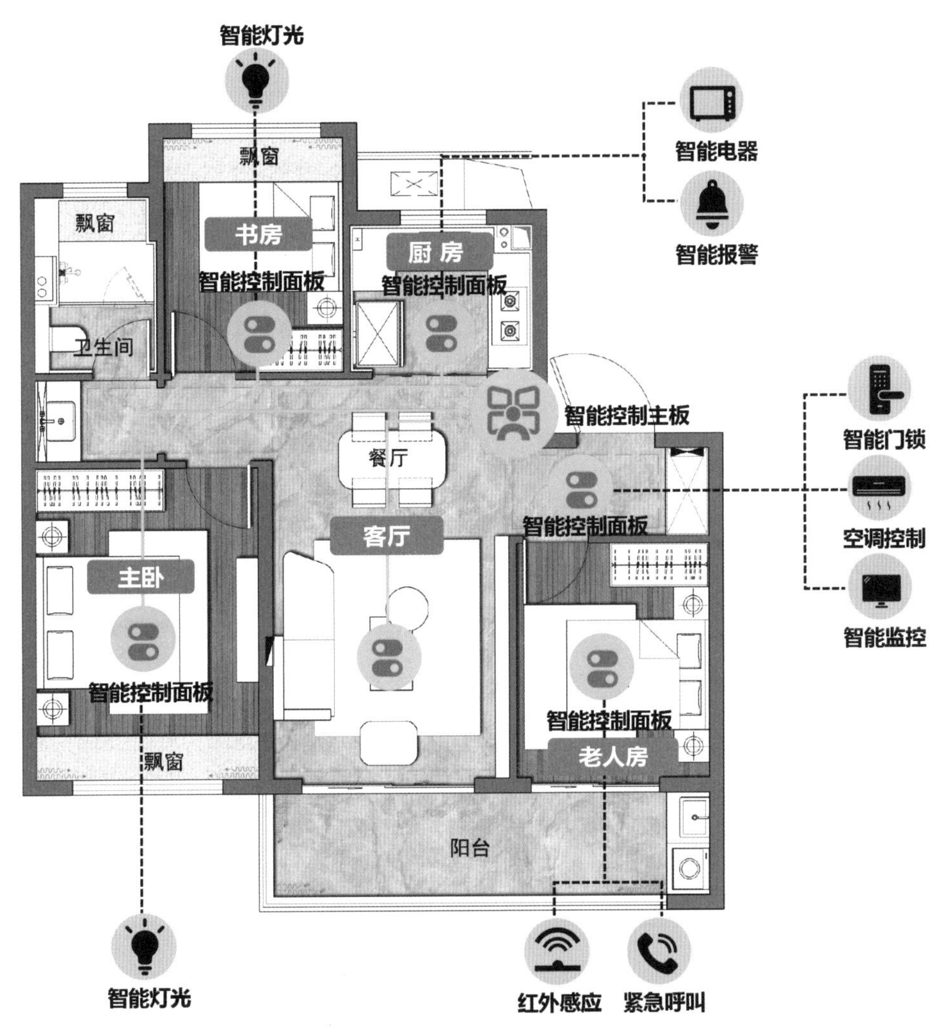

图5　智能家居说明图（以89m^{2}户型为例）

系统涵盖智能照明、可视对讲、空调暖通、电动窗帘、背景音乐、环境监测、视频监视、智能门锁、智能安防、集中控制和远程控制等。各子系统相互联系，融合为一个统一的整体。

12.6寸语音智慧屏：玄关处设置12.6寸语音智慧屏，集成一键离回家、灯光场景、空气检测、电动窗帘、Wi-Fi覆盖控制。

Wi-Fi覆盖：房间各个区域设置AP面板(一种无线网络接入点)，可实现全宅无线覆盖。

空气检测：房间顶部设置智能空气检测仪，可实时监测室内空气中PM2.5、温湿度、二氧化碳含量等。

4寸多功能语音智慧屏：主卧门口设置4寸多功能语音智慧屏，可控制主卧灯光场景、电动窗帘，兼备触摸和语音控制功能。

智能灯光面板：客厅过道、主卧床头设置智能灯光面板，实现对区域的灯光控制。

智能安防：入户门设置智能门磁，厨房设置智能水浸监测器。

电动窗帘：客餐厅、主卧双轨智能电动窗帘

(布帘+纱帘)。

2.极致收纳

对墙体进行合理规划，利用好每一面空墙，收纳空间占比达到20%，在保证大容量的同时，也符合就近收纳原则，让储物柜在全屋均布，使收纳内容和使用空间达到一一对应关系，取物、置物近在手边，一切尽在掌握(图6)。

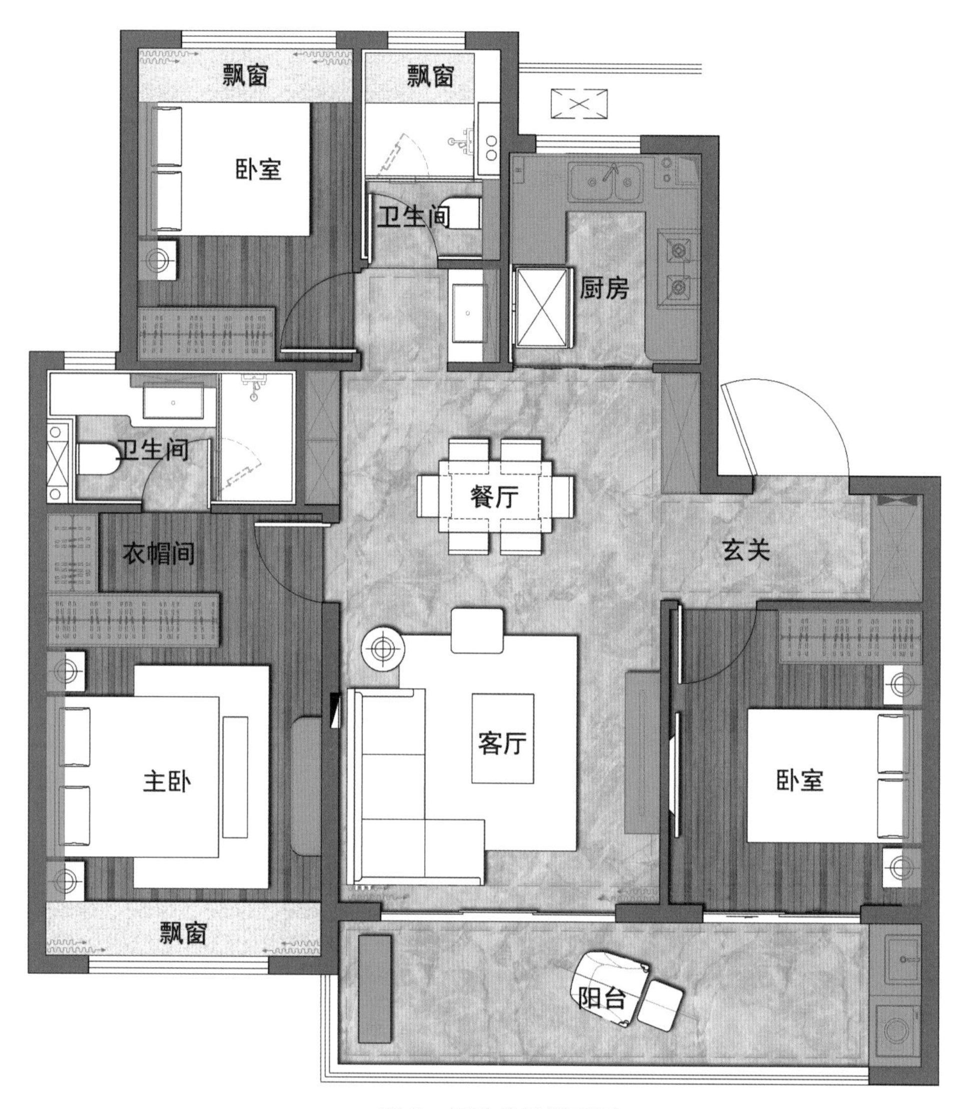

图6 极致收纳说明图

玄关柜结合了换鞋凳、鞋柜、次净衣收纳柜以及全身镜，实现了多种实用功能于一体，让玄关区域更加整洁有序，满足家庭出行的各种需求，真正做到了功能齐全。

餐厅两侧均设置餐边柜，增设水吧台，饮水、冲泡咖啡、清洗水果等日常操作都能在此轻松完成。增加展示属性，提升了家居的实用性及美观度。

厨房采用大窗设计，U形橱柜保证收纳空间的最大化。

客厅沙发墙也兼具储物功能，与电视墙的储物空间共同构成一个完整的收纳系统。

阳台结合家政空间设置底柜及吊柜，可让生活闲置物得到完美安置，带给生活更多整洁的环境。

主卧套间化，配备瞰景飘窗，并预留飘窗柜

的位置，可以根据需求打造成观景台、休息区、储物空间等。L形衣柜、电视柜，再次提升了收纳功能。

卫生间手盆下方设置收纳空间，上方设置镜柜，保证整个台面的整洁以及洗漱用品的有序摆放。

3.全生命周期成长户型

随着年龄的增长，我们家庭的人口结构也发生着很大的变化，从二人世界到三口之家，从与父母同住到陪伴子女成长，家庭是贯穿我们一生的主题。

那么随着家庭人口结构的变化，我们对房子的居住要求也变得多样起来，所谓全生命周期成长户型，就是让户型根据人生每个阶段的不同需求而改变，和家庭共同成长，此类户型能够减少换房波折，实现买房一步到位。

主卧套房设计，拥有独立的衣帽间，满足青年人追求高品质生活的需求，健身房、书房、休闲区可以根据自身需求设置，满足当代人对于社交娱乐空间、室内丰富活动的需求，舒适性与私密性皆有保障(图7)。

图7 二人世界

萌娃降生，主卧空间普遍有放置婴儿床的需求。主卧连通北侧次卧，两房变一房，时刻陪伴孩子左右，共同成长。南向次卧可以给来帮忙带孩子的父母一个温暖舒适的休息环境(图8)。

孩子慢慢长大后，需要有自己独立的空间，此时北侧次卧可以作为孩子卧室，书房则可以为孩子提供一个独立学习空间，能够培养孩子独立自主意识(图9)。

南向老人房，光照充足，满足了父母健康舒适的居住需求。另外两个房间改造成两间儿童房，一家人都有自己的独立空间，互不打扰，温馨而和谐(图10)。

随着年龄的增长，孩子们都在外边有了自己的小天地，有个舒适的家庭空间安度晚年是此阶段的主要需求，此时可以把南向次卧预留出来，留作孩子回来短期居住空间或保姆居住空间或储藏空间。除主卧外，其他空间均可改造成影音室、工作室等功能空间，可根据意愿进行改造(图11)。

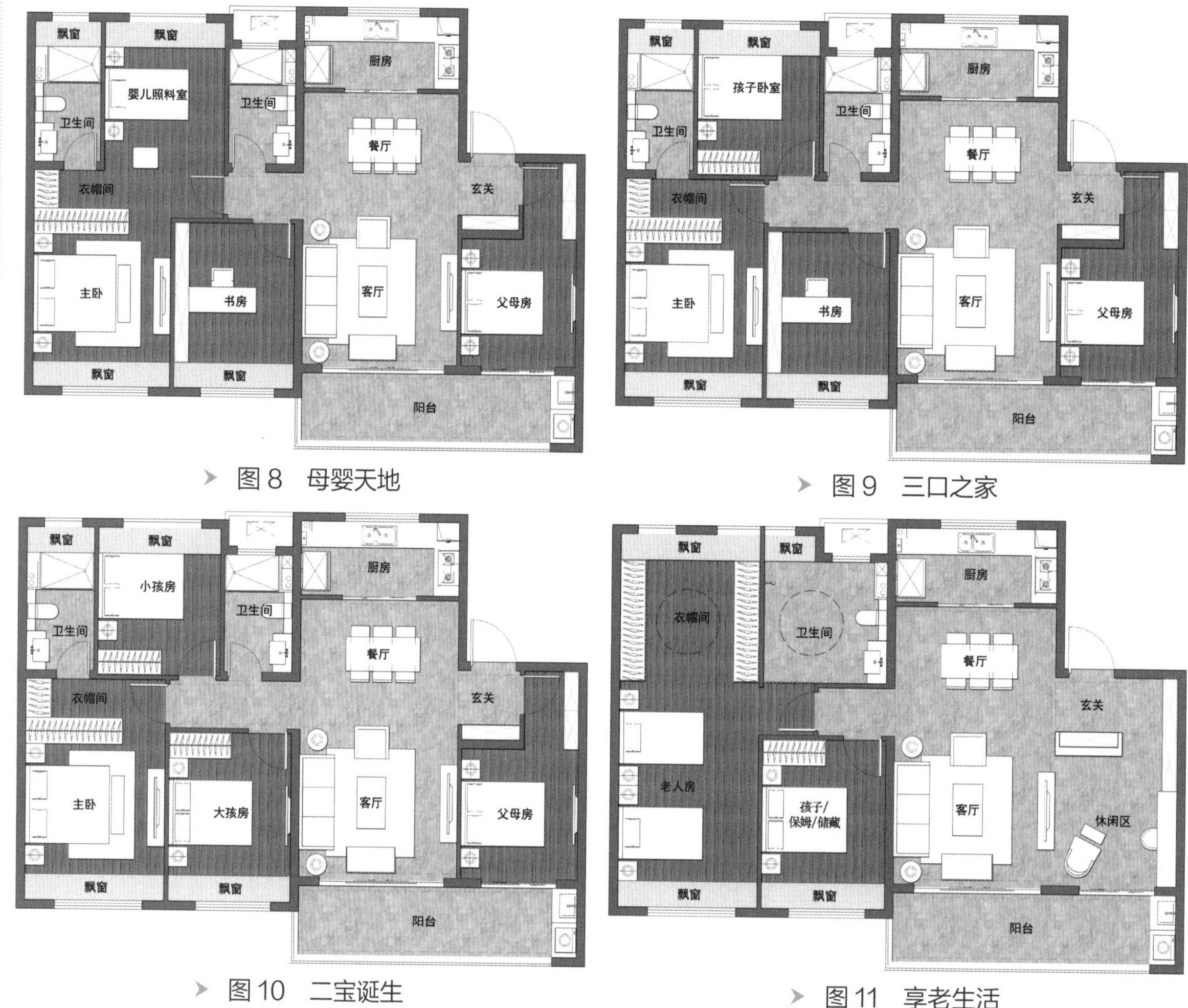

图8 母婴天地

图9 三口之家

图10 二宝诞生

图11 享老生活

第一主创设计师简介

孙婷婷

上海天华建筑设计有限公司居住研究中心合伙人，天华集团学术委员会副主任，上海天华建筑设计有限公司江南设计中心设计所所长。她以国家可持续发展战略和实现住有所居的建设目标为指导，致力于推动建筑行业住宅科技的进步。长期专注于该领域商品房、保障性住房、适老化居住建筑与养老设施、可持续住区与绿色低碳住宅的设计研究。倡导以建筑设计为基点，探索多学科整合、新技术、新材料对建筑边界的影响，希望通过跨学科的合作和技术创新，为未来多元空间实用场景提供更多的可能，为社会创造一个更加可持续和宜居的未来。

新创户型篇

新生活·云端绿院——恒通兰亭绿洲项目 101.56m² 户型

设计单位：扬州市建筑设计研究院有限公司
江苏筑森建筑设计有限公司
主创人员：陈有川、陈伟、谈德元、李晓金、赵会、郭长龙、朱爱武、万金翔、王鑫、刘国峰、林万全
设计年月：2022 年 3 月
户型面积：101.56m²
所在气候区：夏热冬冷地区
知识产权所属：恒通建设集团有限公司

户型设计说明

1.设计理念为立体绿化住宅

立体园林生态住房或城市森林花园建筑，其特征是，每层都有公共院落，每户都有私家庭院，人与自然和谐共生；层层有园林，户户有庭院，是一种比别墅更好的房子，更适宜人类居住，拥有中国原创自主知识产权，是中国智慧对世界住房产品的贡献(图 1)。

图 1　总鸟瞰图：西南角鸟瞰图

2.不同生活场景的户型功能分析

根据不同家庭的人员结构、知识水平、职业类别、文化属性、消费价值观等，分成新婚家庭、两代同堂与退休养老三种生活场景。

3.新时期居住方式的设计

满足对综合性独立玄关的新需求(洗手台、消毒区、外套收纳、口罩收纳等),以及大阳台、露台、空中花园的需求,进行多功能空间的场景转换设计(客厅、影音室、娱乐室、健身与书房、学习室、工作间),南北通透(图2、图3)。

图2 项目效果图一：西南角沿街实景人视图

图3 项目效果图二：小高层人视图

户型创新点

(1)满足家庭全生命周期需求,从新婚家庭、一孩家庭、二孩家庭,到最后退休养老(图4、图5)。

(2)应用新体系、新建材和新部品,如露台式新住宅体系、三玻两腔新节能材料、装饰材料等(图6~图8)。

(3)再生能源利用与建筑一体化设计解决方案(集热、储热、用热的空间分布设计)。

① 可再生能源利用：太阳能光热和地源热泵。

② 一体化的设计思想是由美国太阳能协会创始人施蒂文·斯特朗20多年前所倡导的,其主体思想是将能把太阳能转化为电能的半导体材料直接镶嵌在墙壁的外表面和屋顶上,取代在屋顶上安装笨重的太阳能收集装置。

在建筑的顶部采用建筑造型构件与太阳能热泵低温集热技术相结合的手法,把金属流道的太阳能热管模块化集热器做成合适的造型,并涂成与建筑顶面颜色相协调的颜色安插在建筑顶部预先留有的空位和预埋好的相应管道的构件中。

图 4　户型平面图

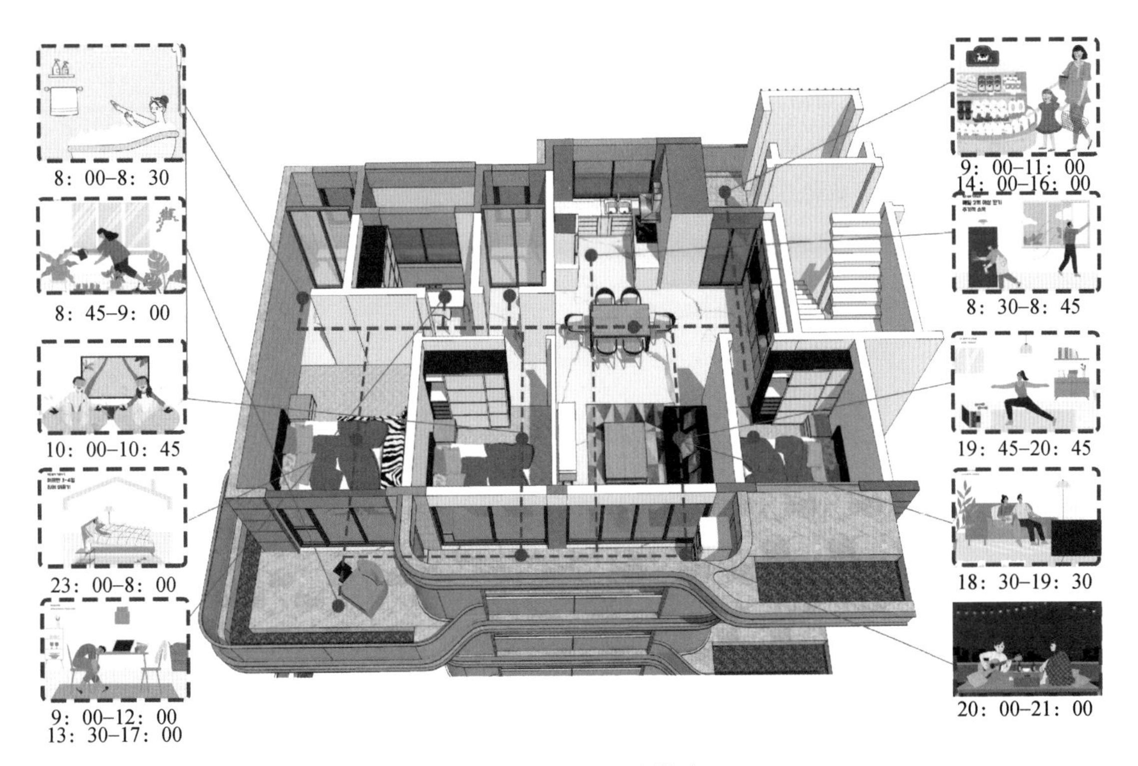

图 5　居家运动模式

图 6　主卧装修效果图

图 7　客厅装修效果图一

图 8　客厅装修效果图二

第一主创设计师简介

陈有川

恒通建设集团有限公司董事长，获得住房城乡建设部“劳动模范”、扬州市“十大功臣”以及“新华日报年度经济封面人物”等荣誉称号，从事建筑行业40余年，在户型设计方面，有其独到的见解与创新理念。

“成长”——住宅工业化，我在变它亦在变

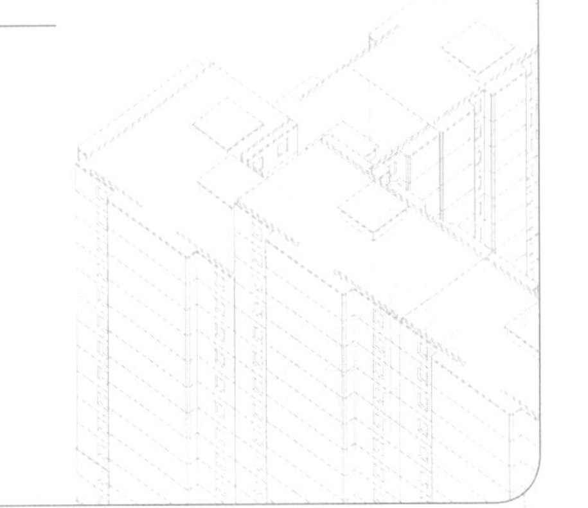

设计单位：山东大卫国际建筑设计有限公司

主创人员：申作伟、赵思聪、张科栋、邵明垒、高超

设计年月：2022 年 10 月

户型面积：119.75m^2

所在气候区：严寒和寒冷地区

知识产权所属：山东大卫国际建筑设计有限公司

户型设计说明

该新创户型从全生命周期角度切入，旨在为一套住房的不同时期赋予不同的功能，即随着家庭成员的变化，使户型具有适应性与可变性。同时为满足人们对洗消空间的需求，对洗消空间进行合理的布置，实现真正意义上的入户即可消杀，全方位保障家人的身心健康(图1、图2)。

该新创户型适应人口需求，通过探索科学合理的人体工程学尺度，做到住宅的精细化设计，包括动线合理、分区明确、功能独立，而且注重灵活的空间布局。通过功能布局、流线设计、干湿分离、餐厨一体、系统收纳等细致入微的设计，最大限度地满足居住者的需求，提升住宅的装修品质。

家庭人口因为时间发生改变，户型结构随家庭人口的改变而变化，亟须打造全生命周期产品，用于满足家庭不同阶段的居住需求。在全生命周期中，可以根据居住需求调整户型，其演变过程既是生长，也是一种循环(图3)。

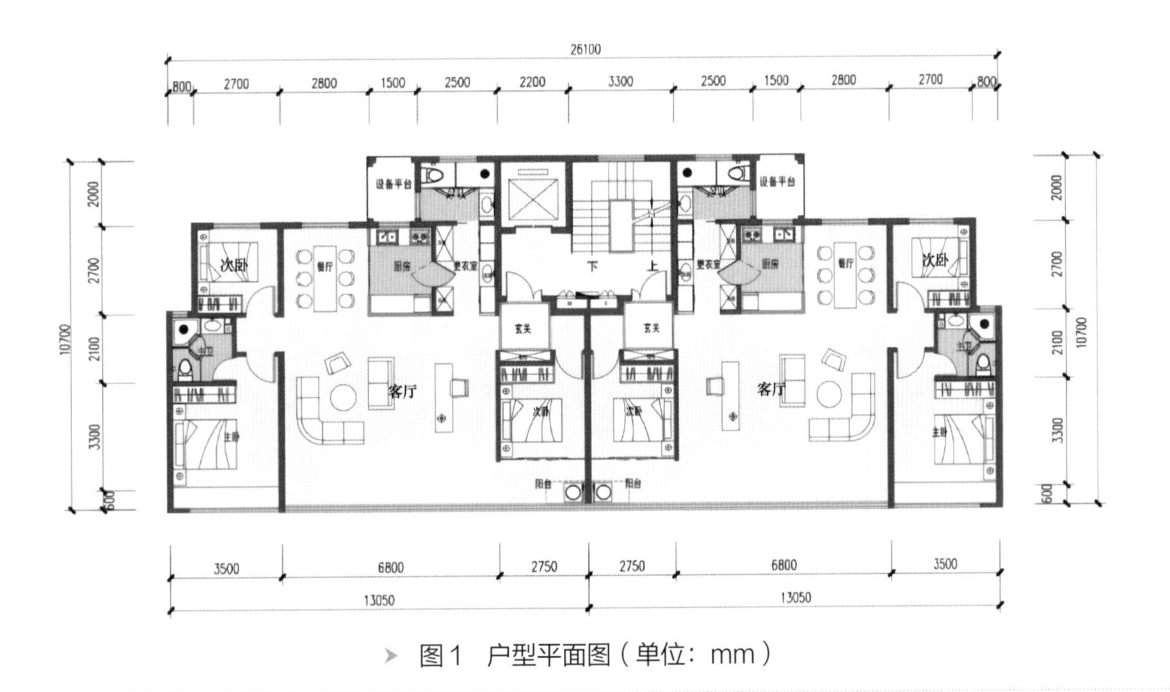

图1　户型平面图（单位：mm）

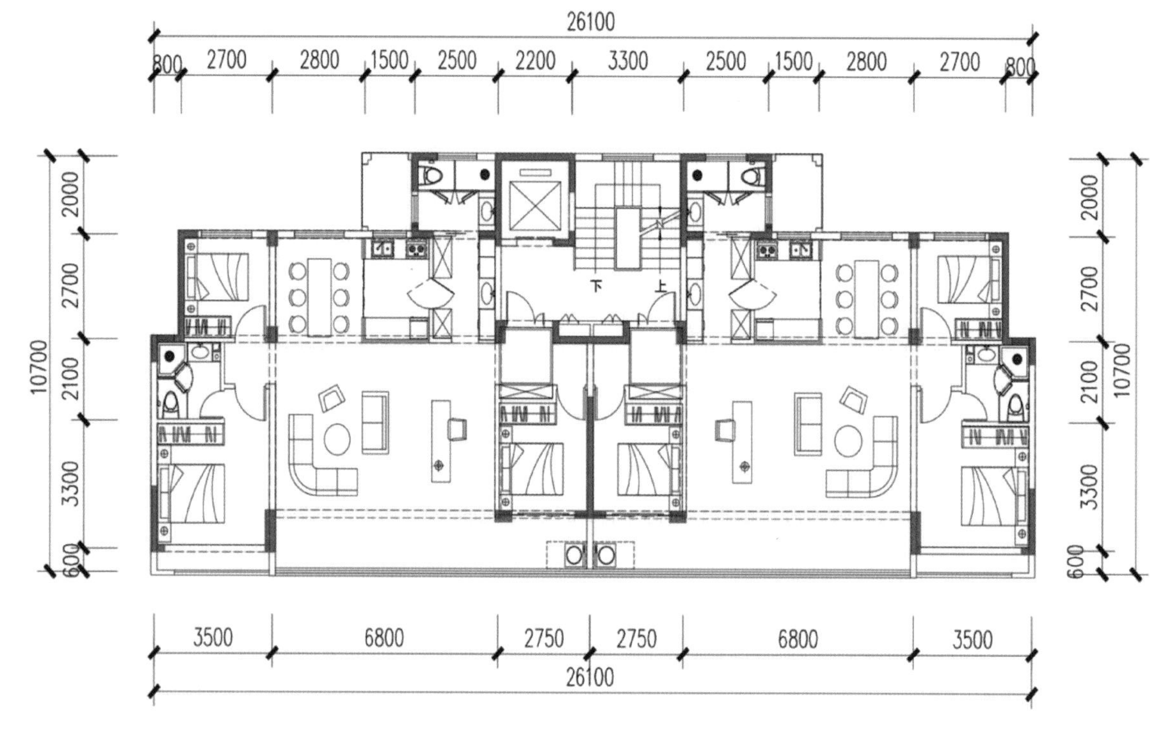

图 2　户型结构平面图（单位：mm）

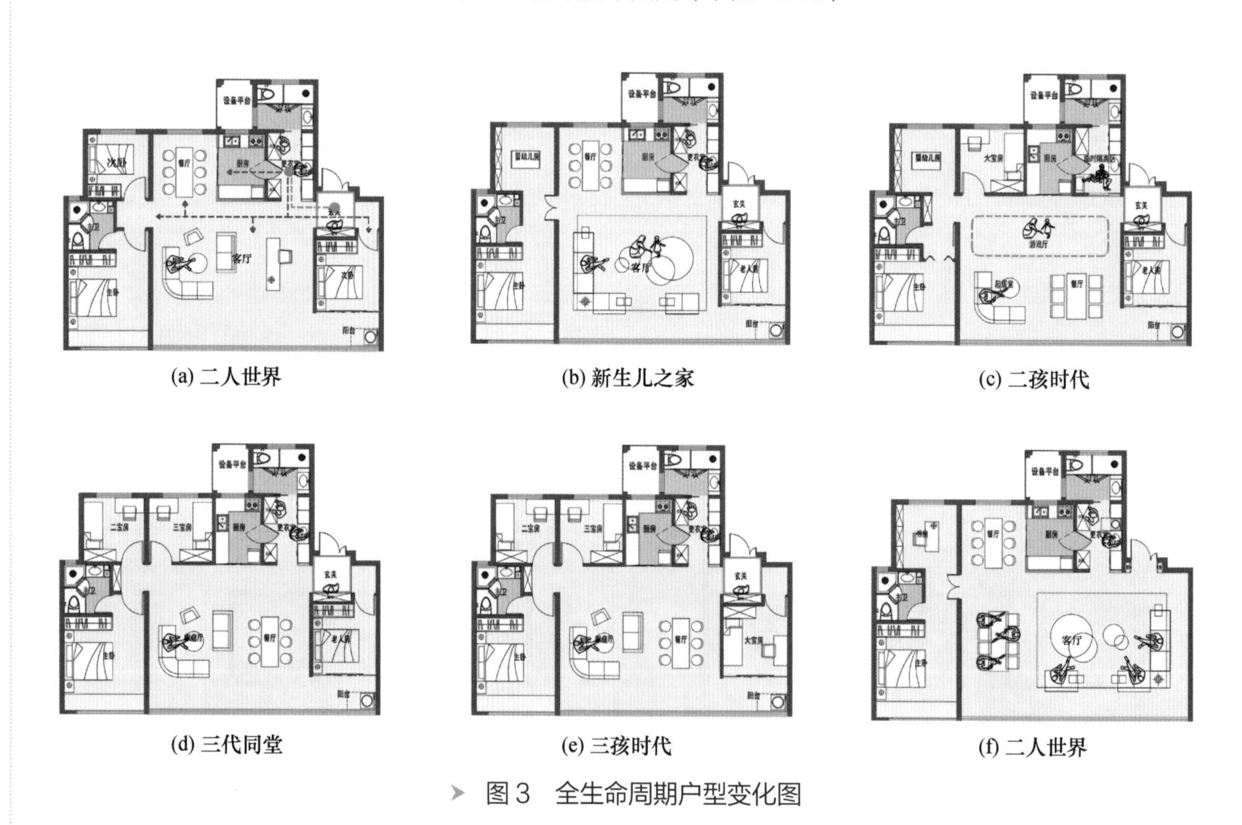

图 3　全生命周期户型变化图

户型创新点

该户型结构适应当下装配式建筑的要求，将承重墙沿外侧布置，内部仅留承重柱，户型方正，体形系数小，改造限定在方形可变空间内，改造成本低、历时短，仅用轻质隔墙和定制柜体就可适应住宅全生命周期不同阶段的需求。该户型结构具备较强的适应性与可变性，满足家庭结构变化的居住体验(图4)。

图4　模型效果图

1.户型特点

(1)户型内部布局随全生命周期不同阶段而变化，但是内部公卫、厨房、主卫是固定不变的，保障了生活的安静与洁净。

(2)入户双流线，其一为玄关洗消、更衣、入厕、再洗消、入室；其二为玄关洗消、更衣、厨房收纳备餐、餐厅布餐。

(3)户型内部布局随全生命周期不同阶段而变化，但客厅始终为横厅设计，满足当下及未来生活场景的空间需求。同时进行融入式阳台设计，在增大客厅空间的同时，进一步提高室内外空间的渗透性与通透性。

(4)明餐厅设计，真正的南北通透，满足北方人的生活偏好。

2. X空间变换

(1)空间适应性强，客厅为横厅设计，为可拓展空间，后期可根据需求自由分割。

(2)独立于生活区的公卫及更衣间，在特殊时期可以立刻转变成一处配备有独立卫生间的隔离区，在保证病人在此休养的同时亦能保障其他家人的自由生活与健康。

(3)户型结构成熟，可及时随家庭结构的变化而变化，给住户中的每个人提供相对隐私的空间。

(4) LDKB一体化设计，既保证了户内家人之间交流互动空间的完整，同时客餐厨-更衣室-玄关洄游动线保证了交通流线和餐厅流线的互不打扰。

3.施工

建筑主体和内装水电暖信分离，从而可以实现内部空间的局部拆改，随着家庭居住成员和生活需求的变化，可以快速实现户型布局的改变，为产品的全生命周期提供技术保障。

4.户型全生命周期变化

二人世界：新婚夫妻，追求个性与时尚，假日邀请三五好友相聚，好不惬意。户型具有入户双流线、玄关洗消间、客餐厨-更衣室玄关洄游动线、超大客厅。

新生儿之家：第一个孩子降临，为方便照看，北侧次卧改为婴幼儿房间，形成主幼套房；同时为构建温馨的生活场景，将客厅改为家庭厅(图5、图6)。

图5　洗消区效果图

图6　家庭厅效果图

二孩时代：二孩来临，需兼顾大宝与新生儿，因此将原本的餐厅空间改为大宝房，两个儿童房相邻，方便照看，将主卫共享，方便两个孩子如厕。为满足孩子对游艺空间的需求，将起居室与餐厅南移形成游戏厅，方便双孩娱乐。预留南侧老人房，兼顾老人来照看孩子的需求。

三代同堂：双孩茁壮成长，将双孩房通过可推拉的门扇进行有机分隔，在为双孩提供相对私密的个人空间的同时，可为孩子提供一个共享娱乐空间。

三孩时代：三孩慢慢长大，需独立成长空间，可将南侧老人房改为大宝房，同时主卧紧靠二宝房与三宝房，以方便照看和陪护。

二人世界：孩子都已成家立业，家庭又回归到两口之家，男女主人也应该享受自己的生活、发展自己的乐趣，增加与朋友们的交流。因此将北侧次卧改为书房，形成主卧套房，南侧次卧取消，形成面宽近10m的极致客厅，夫妻二人可慢慢享受生活。

第一主创设计师简介

申作伟

全国工程勘察设计大师、俄罗斯自然科学院外籍院士、教授级高级建筑师、享受国务院政府特殊津贴专家、国家一级注册建筑师、国家注册城乡规划师、香港执业建筑师、当代中国百名建筑师之一。曾在山东省城乡规划设计研究院任院长，现任山东大卫国际建筑设计公有限司董事长兼总建筑师。

从业40年来，获得行业内国家金奖和全国行业优秀设计奖50余项。他的成就与贡献，得到业内和学术界的充分认可与高度评价，先后被聘为山东大学、山东建筑大学等高等院校特聘教授、博士生导师，被授予“山东省优秀共产党员”“全国住房城乡建设系统劳动模范”“十佳”注册建筑师、中国勘察设计协会“全国建筑行业国庆60周年创新人物”等荣誉，先后担任住房城乡建设部部级优秀设计评委会专家委员、住房城乡建设部“广厦奖”评委会专家委员、中国勘察设计协会传统建筑分会副会长、山东省勘察设计协会副理事长。

嘿，新房客

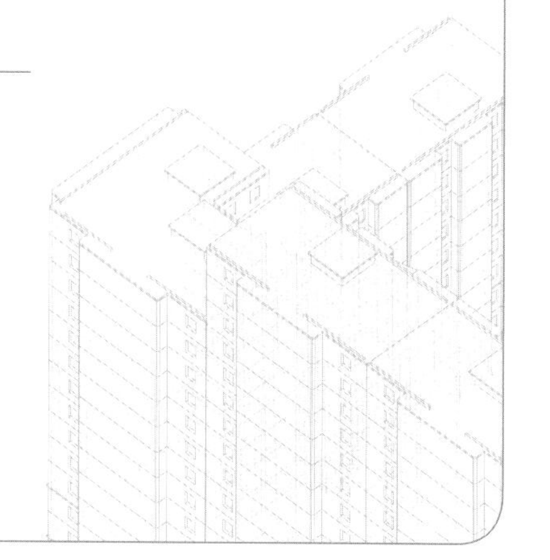

设计单位：中国建筑标准设计研究院有限公司

主创人员：曾彦玥、马立、刘纪坤、郑婉琳

设计年月：2022 年 10 月

户型面积：37.52m^2

所在气候区：寒冷地区

知识产权所属：中国建筑标准设计研究院有限公司

户型设计说明

近年来，猫逐渐超越狗成为中国第一大宠物类别，年轻人也成了养宠主力军。如果把宠物的生活习性和保障类住宅设计相结合，可以推出更加适合年轻人生活方式的优秀保障类住房户型。作为长期在北京生活的设计师，我们决定把实验性的“猫宅”设置在北京(图1、图2)。

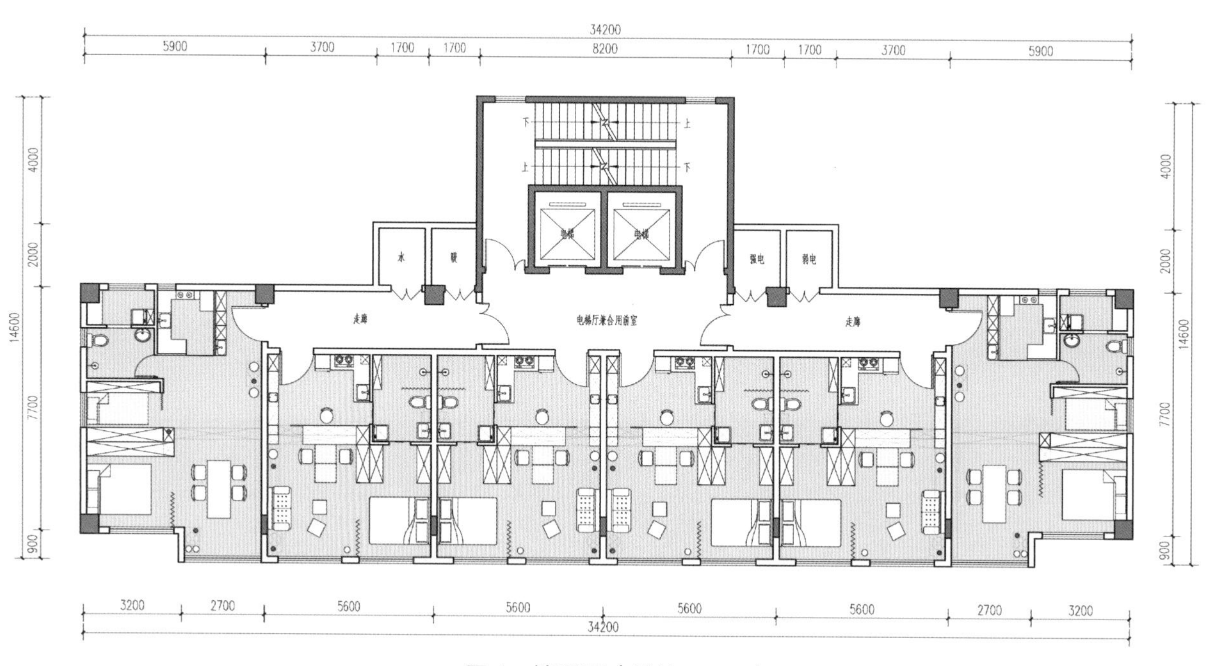

图1 楼型图（单位：mm）

猫通常24小时待在家里，它是对居住环境最挑剔的宠物之一。一个适宜养猫的公租房，可以把年轻人养猫这一流行趋势，转换成一种新的生活方式，让年轻人们在孤独的城市里感受到宠物带来的温暖。相同的爱好会让人与人之间更容易彼此理解，在“猫宅”里，人与人之间的关系会更加亲密，以消解现代社会人与人之间的疏离感。通过灵活可变的家居设计和猫的专属流线设计，解决人动线和猫动线互相冲突的问题。利用空间上的变化，来实现狭小户型的最大化利用，在保障卫生的前提下，最大限度地保障了合理的采光、消毒和通风需求。此外，该设计采用预制单元和支撑体住宅(SI住宅)体系，家具一体化，也控制了建造的成本。

我们希望都市里孤独的年轻人，能在“猫宅”迎来自己可爱的新房客，与之共度一段美好的时光。

图2　室内效果图

户型创新点

1.猫的尺度和行为分析

在分析了猫和人的24小时活动周期之后，我们发现人和猫每天共处的时间大约只有1小时，从而确定了户型设计的基本原则：人猫共处高质量陪伴，人不在家猫安全自由，人休息工作时减少猫的打扰。从而让人和猫在公共时间能够和谐共处。同时通过小户型的多空间复合利用，满足人和猫的基本需求(图3)。

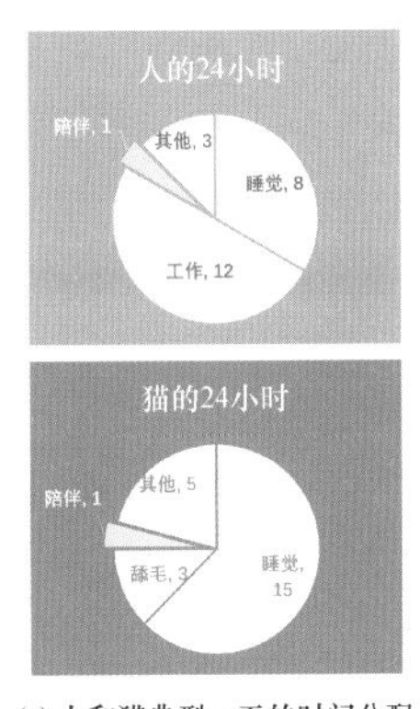

(a) 人和猫典型一天的时间分配

数据参考：网易数读《中国人养猫行为调查报告》、果壳《猫的一天：你不在的时候，猫都在干嘛？》。

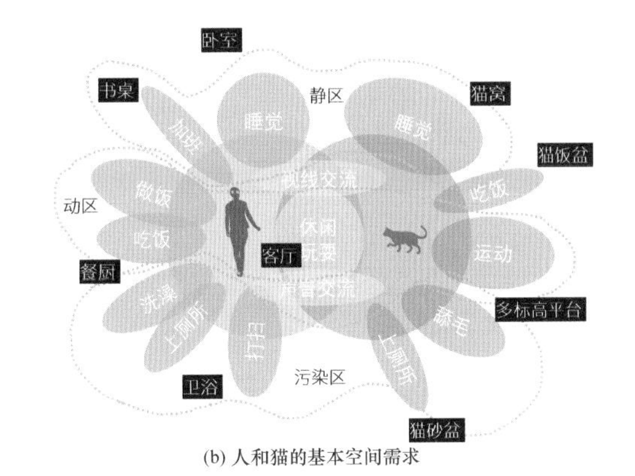

(b) 人和猫的基本空间需求

图3　人猫时空分析

为了实现目标，我们进一步研究了猫的身型比例、活动尺度和行为习惯。例如，猫团成一团的时候身型尺寸约为300mm×400mm；猫在被驯化成宠物之前生活在大森林里，所以身上仍然留有“夜猎者”的习性，在晚间活动频繁；猫也喜欢登高望远，白天经常站在玻璃窗前远眺(图4)。

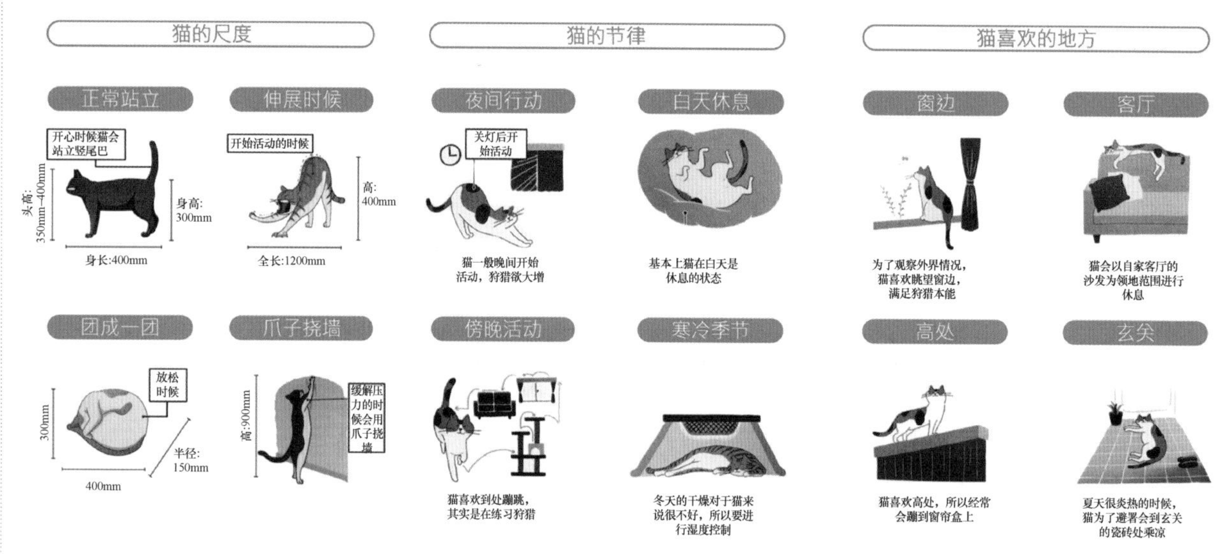

图4　猫咪尺度及习性分析

2.充分考虑居住舒适度

该项目的基础户型分为一居室和两居室。标准层面积360.96m²，一居室建筑面积55.52m²，两居室建筑面积68.92m²。其中，一居室的布局呈现“四分型”，室内设计充分考虑人与猫的生活舒适性，在住宅全生命周期内对室内布局和家具进行了精细化设计(图5)。

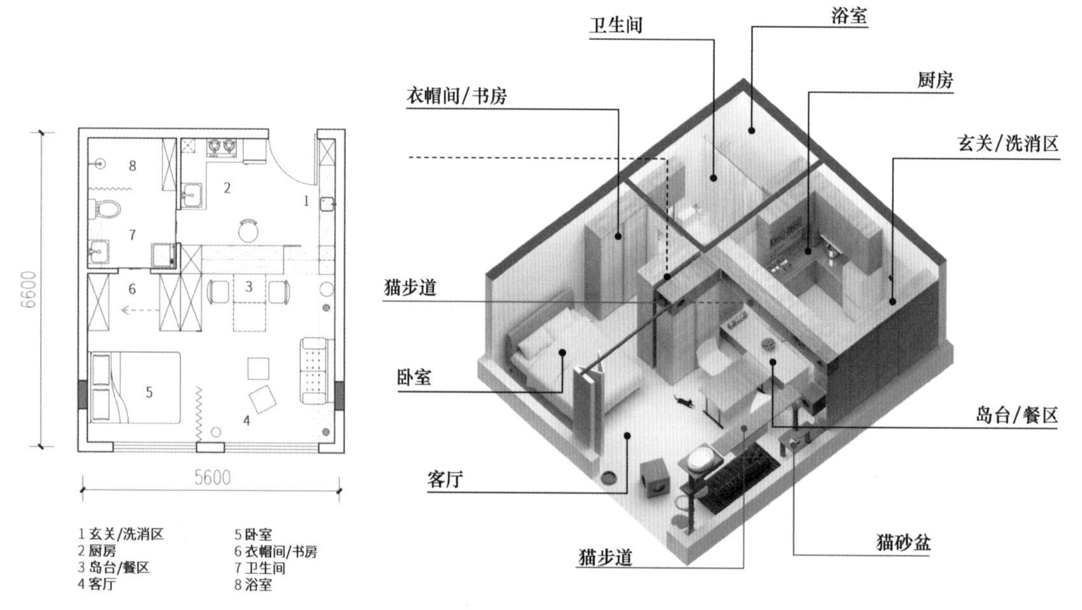

图5　户型平面图及设计详解（单位：mm）

卧室：空间设计紧凑，可通过带有顶滑轨的折叠门打开，与客厅空间连通。柜体通过顶部滑轨左滑，柜子中的可折叠书桌放下后可以形成不被打扰的书房区。之所以选择顶部滑轨，一是避免积灰，二是避免宠物猫用爪子挠滑轨，造成对滑轨的破坏。

玄关/洗消区：洗手台面、穿衣镜与收纳柜体进行组合，方便住户入户后放置物品及洗手消毒，同时也作为宠物用品的收纳和清洁区。猫砂盆被设计在客厅可通风的位置，靠近洗消区，便于清洁且具有一定的隐蔽性。

客厅：客厅中的沙发是人和猫高频率互动

的场所，设计师根据猫团成一团的尺度设计了一组座椅模块，模块可以自由拼接，兼作茶几和凳子，让空间的使用更加灵活。

岛台/餐区：室内中心位置的岛台与折叠餐桌一体化，既能从功能和视觉两方面联系厨房与客厅，又能在必要时起到分隔的作用，防止猫进入厨卫区。

猫步道：室内设计了猫步道(CatWalk)路线，充分利用高处布置猫的专属活动空间。猫步道与卧室及客厅视线的连系，既能满足猫登高远眺的习性，又能够让主人随时观察宠物的状态。考虑到大多数成年猫的体重为8kg，猫步道(CatWalk)的荷载设置为15kg(图6)。

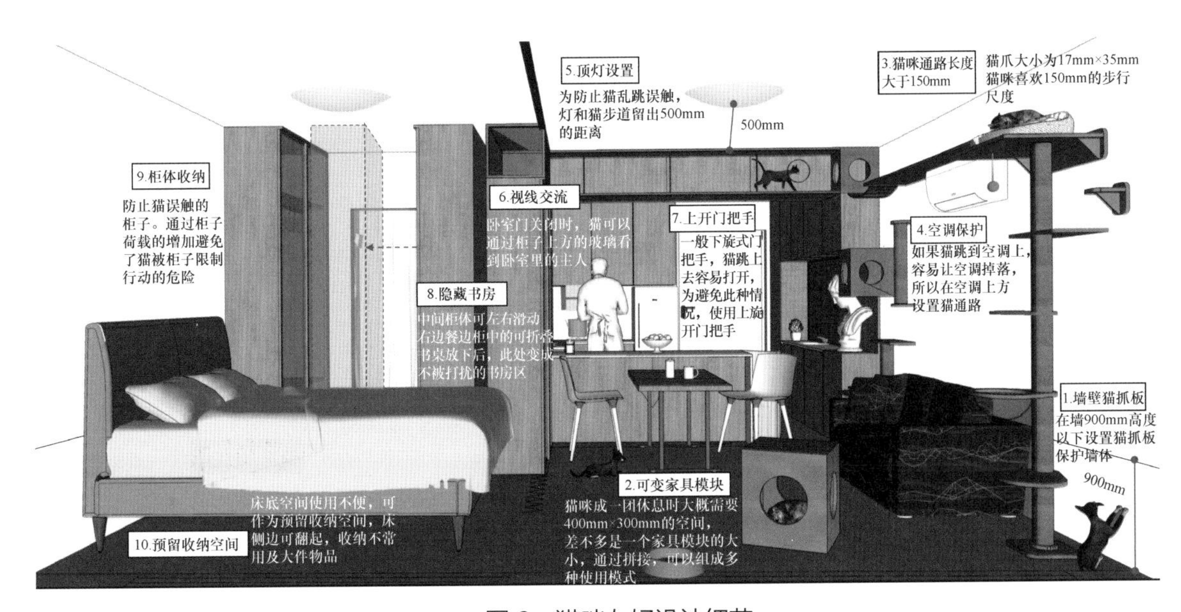

图6　猫咪友好设计细节

3.解决人猫共用空间的矛盾

我们尝试通过灵活的空间划分，来解决人和猫共用空间时的使用矛盾，进行分时、分动静的分区设计，共有四种模式：

第一，全开放模式。空间完全打开，形成洄游动线，人和猫可以自由活动，没有开窗条件的厨卫也可以享受自然通风。

第二，厨浴/清洁模式。设计师通过推拉门或折叠门将猫咪活动区域限制在一侧，避免人在做饭、洗澡、清洁消毒时被猫打扰或对猫造成伤害。

第三，睡眠/工作模式。由于人与猫的生物钟不同步，人在卧室休息和工作时，将猫活动区域限制在客厅和厨房区，减少猫对人的打扰。

第四，私密模式。通过折叠隔离门将猫的活动区域限制在客厅，其余空间满足人的私密活动需求。

整体采用SI住宅体系，室内填充体与主体结构分离，保障住宅的长寿化、灵活可变化和装配标准化。

4.为“同温层”青年设计公区

公租房首层人流量较大，通勤潮汐现象明显，比较热闹。设计师在首层公区提出了“C+++”的设计理念，把猫咖啡厅(Cat Cafe)、寄猫屋(Cat Case)和猫诊疗室(Cat Care)结合在一起，为居住者提供一个舒适安心的养猫环境。具有相同经历和兴趣爱好的“同温层”青年可以在猫咖啡店里共同交流娱乐，猫诊疗室可以提供24小时诊疗服务，寄猫屋可以为临时外出的住户提供寄存服务(图7)。公区的临街部分向社区开放，作为住宅和城市的柔性过渡空间，消弭二者之间的界限(图8)。

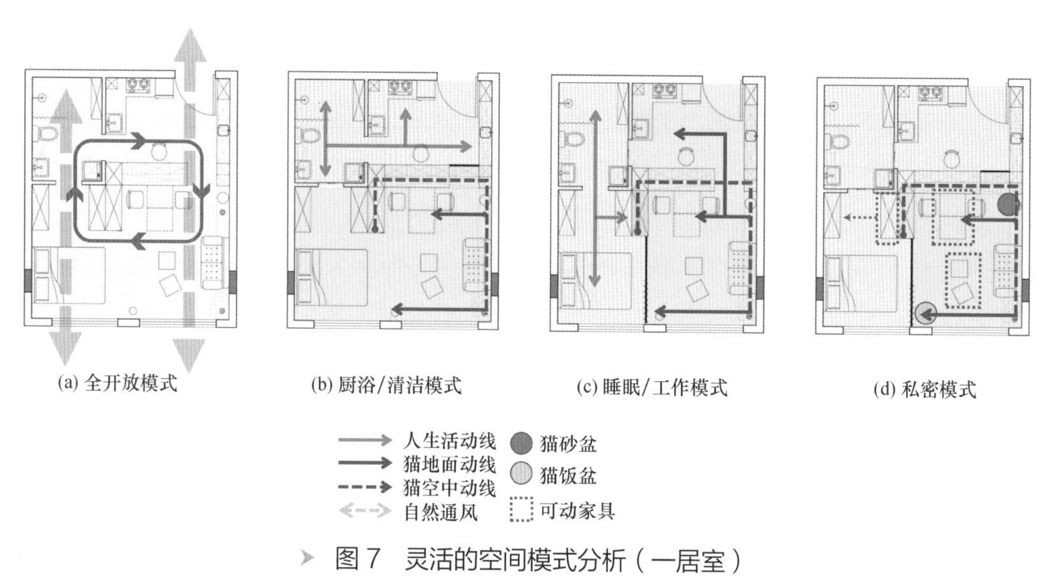

图7　灵活的空间模式分析（一居室）

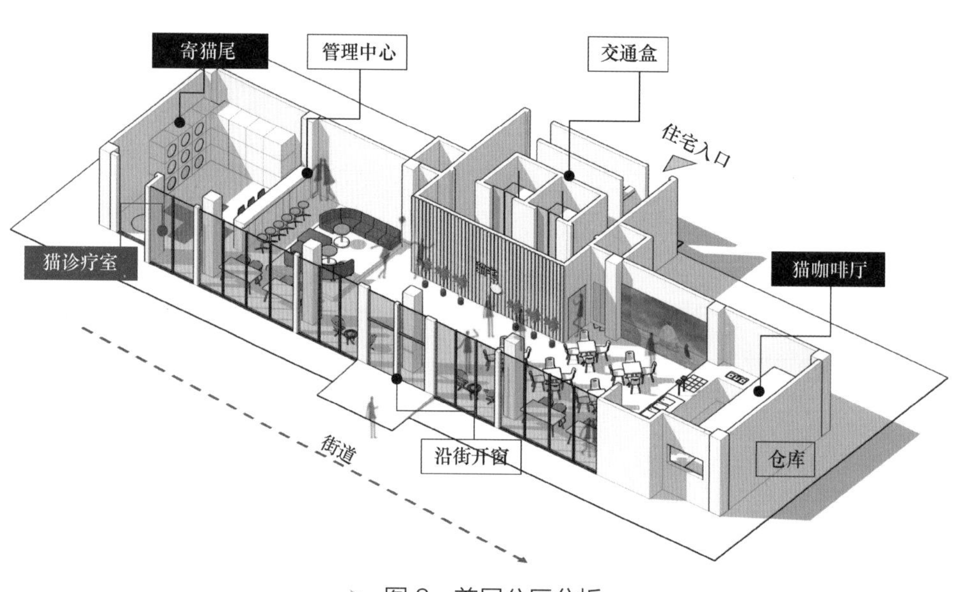

图8　首层公区分析

第一主创设计师简介

曾彦玥

中国建筑标准设计研究院有限公司青年设计师，自踏入建筑领域以来持续关注人居问题，2018年本科毕业设计研究老旧小区户型适老化改造，2020年研究生毕业设计探讨深圳城中村“白石洲”更新的多样可能性。成为职业建筑师以来，参与大量公建项目，类型涉及中小学校、大学规划、社区服务建筑、体育建筑、科研建筑、会展建筑以及旧建改造等。参与过的项目如中国农业大学作物分子育种创新中心、河北雄安新区雄东片区B单元公共服务设施社区中心、重庆长江生态环境学院、第十四届中国(合肥)国际园林博览会园博小镇二期项目、河北体育馆改造提升、上海高桥中学森兰校区、巴哈马妇女儿童医院等。公共建筑与住宅建筑一样，都是社会建成环境的重要组成部分，可以视作泛人居环境。在大量实践中，她始终坚持思考建筑的社会价值，与不同的使用人群共鸣，全身心投入每一次设计，努力为创造健康舒适的建成环境贡献自己的力量。

让幸福来敲门——$95m^2$以下的四居共有产权房设计

设计单位：北京城建设计发展集团股份有限公司

主创人员：王冠一、王霄舸、穆巧莲、范文博、蔡湘鑫、刘丰易、庞宏宇

设计年月：2023年12月

户型面积：$95m^2$

所在气候区：严寒和寒冷地区

知识产权所属：北京城建设计发展集团股份有限公司

户型设计说明

项目选择区域为北京市，北京市的气候为暖温带半湿润半干旱季风气候，夏季高温多雨，冬季寒冷干燥，春秋短促，建筑的防寒和隔热性能尤为重要。根据《北京市共有产权住房规划设计宜居建设导则(2021年版)》版规定，18层(含)以下的住宅建筑，套型总建筑面积不大于$95m^2$；18层以上的住宅建筑，套型总建筑面积不大于$100m^2$；其他区新建项目套型总建筑面积原则上不超过$120m^2$；严格限制套型总建筑面积在$60m^2$以下的套型比例。

此次设计对象为一梯两户的多层板楼，设计类型为多层，层高3m。户型为四室两厅两卫(二+二居室)，套型面积为$94.41m^2$，套内建筑面积为$77.53m^2$，标准层使用率为82.12%。

此次设计以120m×160m的用地为模拟用地，规划总用地面积为$18515m^2$，规划计容面积为$37240m^2$，容积率为约为2.01。规划总户数为420户，其中$95m^2$户型为180户，户数比为42.86%；$83m^2$户型为240户，户数比为57.14%(图1、图2)。

该项目户型设计的背景为：无数青年人来到北京，追寻自己的事业和幸福，这些人被称作新市民。新市民住房的最核心痛点主要有三个。一是房价过高导致无法拥有自己的固定居所，进而降低个人幸福感和安全感；二是家庭居室数量不足；三是儿童娱乐空间不足。

针对新市民住房的三大核心痛点，提出以下五点。

(1)以共有产权房为设计切入点，结合共有产权房单价较低的特点，降低城市新市民购房门槛。

(2)提高产品的普适性，配合同系列产品，将模拟规划容积率控制在2.0以上，提升土地经济性。将建筑高度控制在33m以下，层高3m，符合北京市总体规划“严控建筑高度”的要求。同时，将套型的建筑面积控制在$95m^2$以下，符合《北京市共有产权住房规划设计宜居建设导则(2021年版)》中18层(含)以下的住宅建筑，套型总建筑面积不大于$95m^2$的规定。

(3)设置4个居室(二+二居室)，其中南向两个双人居室，北向一个可分可合的儿童房，孩子小的时候可以作为公共儿童成长天地，孩子独

立时可以分为两个儿童房。

(4)打造宽敞的公区，以居室使用时长为依据，确定夫妻房为家庭使用率最低的居室，将客厅和夫妻房的隔墙设置为折叠式可变墙体，在夫妻房不使用时作为家庭公区使用，提升儿童游戏场所面积。

(5)通过增强户型的可变性，满足住户个性化使用的需求，通过不同的空间变化，满足不同家庭的需求，以及同一家庭不同阶段的需求。

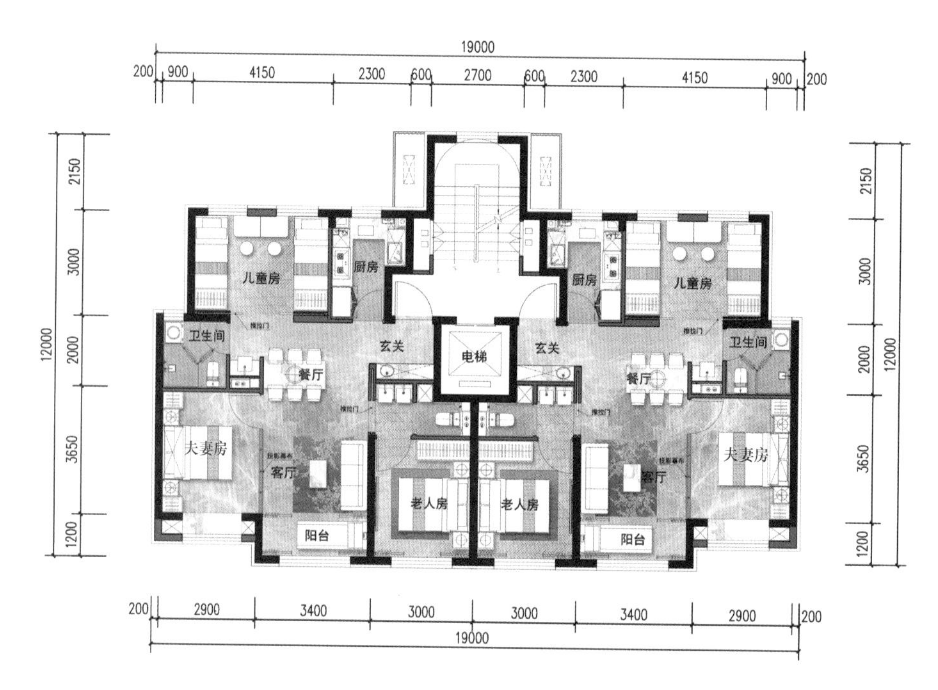

户型面积	套内建筑面积（不含阳台）	套内建筑面积（含阳台）	阳台面积	标准层使用率
94.41㎡	73.51㎡	77.53㎡	4.02㎡	82.12%

图1　户型平面图（单位：mm）

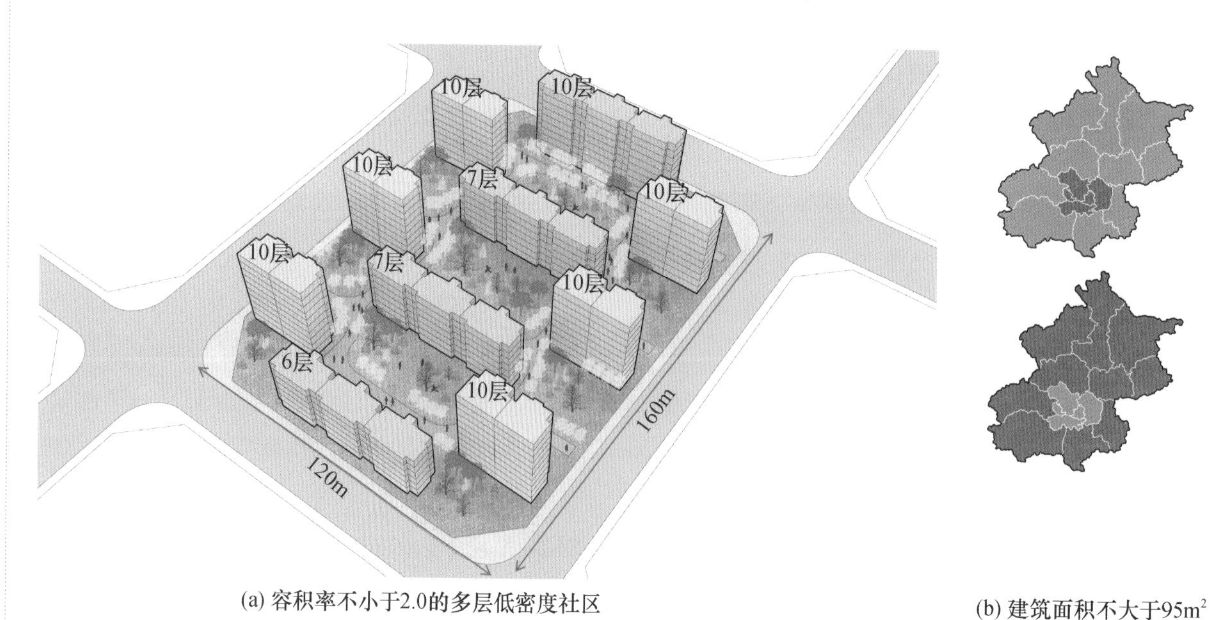

(a) 容积率不小于2.0的多层低密度社区

(b) 建筑面积不大于95m²

图2　规划总平面图户型

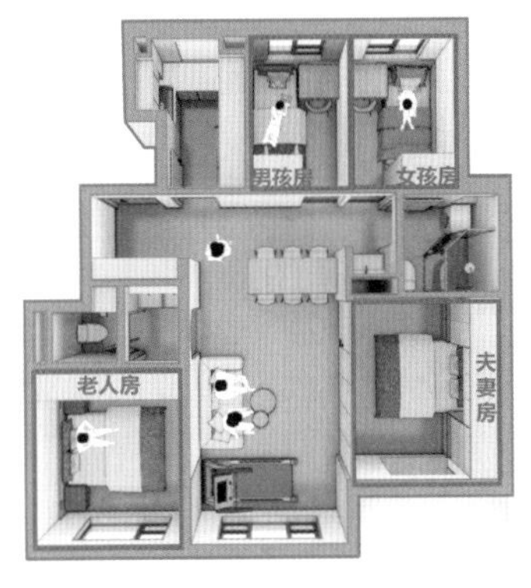

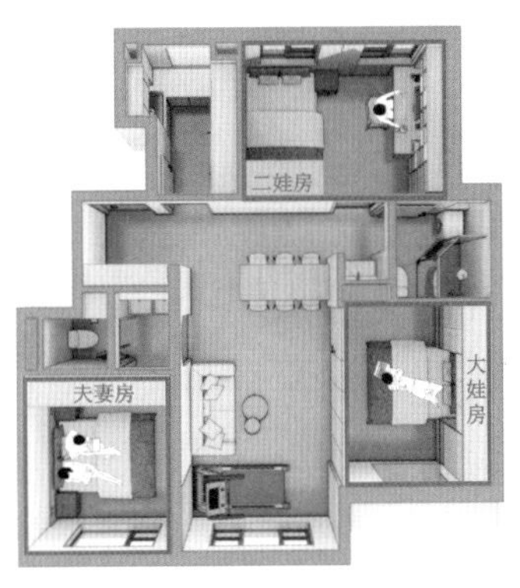

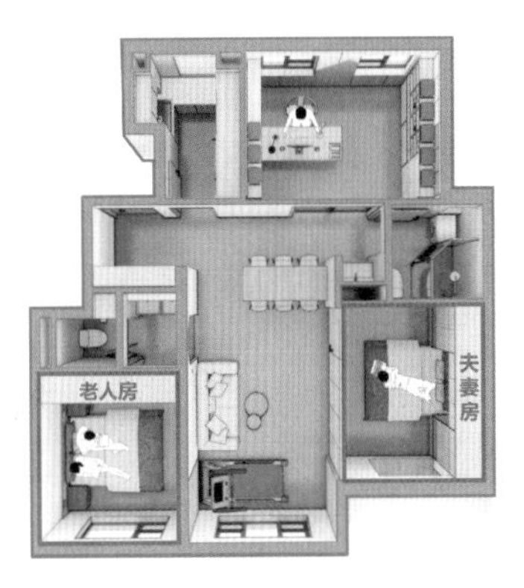

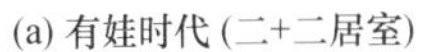

(a) 有娃时代(二+二居室)　(b) 小家时代(三居室)　(c) 老年时代(二居室)

图3　随居住者使用需求可变的共有产权房

图4　可分可合的儿童房

户型创新点

(1) 面积不变，增加了1个居室，目前市场上95m²以下的共有产权房和商品房至多有3个居室，但对于三代六口人的家庭而言，三居室已经无法满足需求，该项目实现了生二胎对住房的需求(图3、图4)。

(2) 在面积小的前提下，为家庭提供了充足的公共空间，该方案通过折叠式可变墙体的应用，为家庭提供了5.5m宽的阳光横厅，满足家庭聚会、游戏、运动等需求(图5、图6)。

(3) 提升了卫生间使用效率，传统的独立卫生间供其他家庭成员使用时，无法保证卧室私密性，该方案中可变卫生间在作为公卫使用时，能同时保证老人房的私密性，扩展了独立卫生间的使用场景。

(4) 应用装配式建筑技术，应用BIM技术，装配率满足《装配式建筑评价标准》(DB11/T 1831—2021)的要求，装配率为60%。

(5) 应用折叠式轻质隔墙，通过建筑技术上的应用与创新，提升空间的可变性，实现不同空间模式的"一键切换"。

(6) 应用可再生能源相关技术。

(7) 应用智能家居相关技术。

(a) 爷爷奶奶在客厅看电视，
享受影院式视听效果

(b) 收起可活动的墙体，
获得宽敞的客厅空间

(c) 收起可折叠的墨菲床，宽阔的
场地可以让孩子尽情地奔跑

图5 可变的客厅

「卧室」

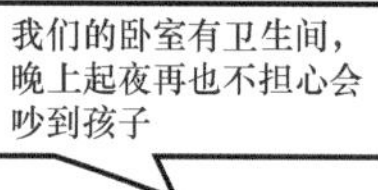

早上的时候关上内门，
孩子洗漱的时候也不耽
误我睡觉

图6 老人房

第一主创设计师简介

王冠一

毕业于河北工程技术学院建筑学专业，具备6年工作经验，现就职于北京城建设计发展集团股份有限公司，工作期间全程参与了大量商品房、保障房项目设计，具备一定的住宅设计经验。

中国建设科技集团股份有限公司“科技宅”样板间 70m² 户型

设计单位： 北京国标建筑科技有限责任公司
主创人员： 郝学、何晓微、张松霖、李安达
项目工期： 2023 年 10 月
户型面积： 59m²
所在气候区： 寒冷地区
知识产权所属： 北京国标建筑科技有限责任公司

户型设计说明

中国建设科技集团股份有限公司“科技宅”样板间以绿色宜居为目标，以装配式内装为技术手段，全部采用工厂预制生产，现场装配建造的模式，不仅提升了部品部件的品质，同时还缩短了建设周期。建设过程中大幅减少资源的消耗和浪费，项目实现了内装从“建造”到“制造”的转变，整个过程体现了工业化生产建造的高品质、高效率、低污染的体系优势。项目在打造高品质“好房子”上进行了多方面探索与实践，不断提升人民群众在住房方面的获得感、幸福感、安全感，朝着满足人民群众对美好生活的需求的目标努力奋进(图 1)。

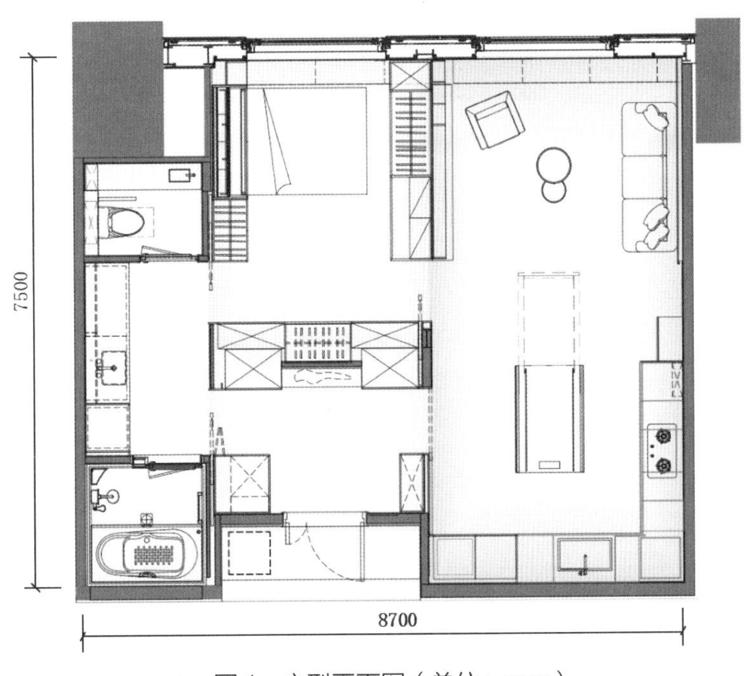

图 1　户型平面图（单位：mm）

“科技宅”以设计引领美好生活，从居住者的视角出发，融入聚会、观影等多种生活场景，利用电动家具打造即时可变的LDK一体化空间生活模式；以使用功能结合舒适度打造半清洁玄关、适老化洄游动线、三分离卫浴等品质住居空间。全屋收纳实行一体化设计，创造47m³的收纳空间，收纳率高达30%(图2~图4)。

图2 空间实景图一

图3 空间实景图二

图4 空间实景图三

户型创新点

1.高适应性可变空间

基于当代人们对住居空间的多样化需求，对多种生活场景进行梳理，形成起居—餐厅—厨房功能空间联动的日常生活模式、家庭聚会模式以及家庭影院模式。对上述三种常用的情景模式进行空间场景融合，以复合空间生活场景模式为设计出发点，利用电动化部品部件打造适应性可变空间，不仅提升空间的通透性，同时也提高了生活场景的丰富度(图5)。

2.装配式内装

基于SI住宅体系，内装采用全装配的建造方式，免砂浆、免腻子。全屋应用了管线分离与重点部位检修系统相结合，保证了后期维护的方便快捷。全过程干法施工不仅提升了施工效率，同时也降低了施工过程对环境造成的影响。全屋架空地面的应用不仅方便了地面铺设管线，同时也减小了噪声对其他楼层的影响，与隔声墙体、吊顶相结合，大幅提升了全屋的隔声性能。整体卫浴的应用提升了用水空间的品质，同时排除了用水空间漏水的隐患。整体厨房采用装配式墙板横拼工艺，充分利用材料防油污等的特点，避免了油污对于缝隙的污染(图6)。

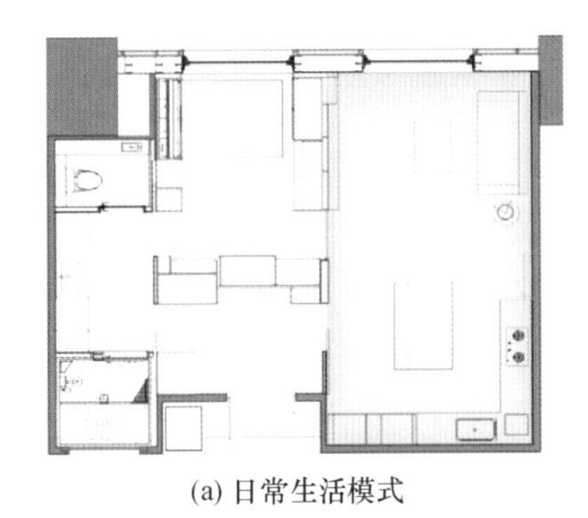

(a) 日常生活模式

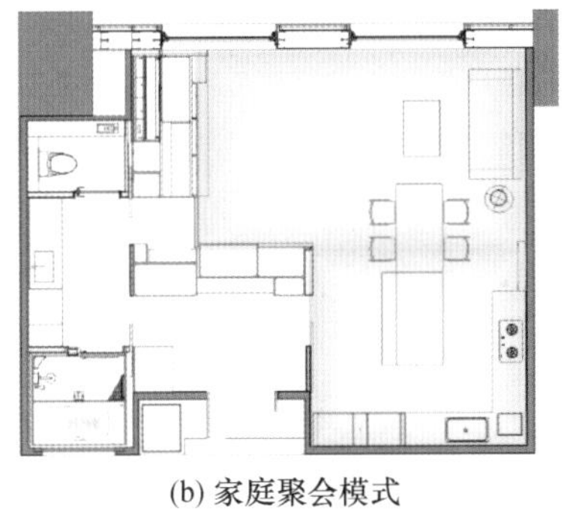

(b) 家庭聚会模式

(c) 家庭观影模式

图5 适应性可变空间

图6 装配式内装施工现场

3.数字收纳体系

全屋采用数字收纳体系，在设计阶段对木作进行精细化收纳设计，运用数字技术对木作进行专项拆单，将拆单后的数据与工厂生产数据直接对接，零转换，数据完全打通，大幅提升了最终产品的设计还原度。每块板材赋有单独的二维码，能够快速追溯板材的相关信息，提升了后期更新维护的便利性(图7)。

4.智慧家居系统

在设计阶段融入智慧家居系统，从初始阶段就将智慧家居系统融入设计中，不仅能够充分发挥智慧家居系统的科技属性，同时也提升了智慧家居系统长期使用过程中的丰富度。从居家安全的角度，设置燃气、水浸、烟雾、火灾报警系统，保障房屋安全底线。跌倒、应急呼叫报警保障了居住人员的安全底线。除此之外，还有智能中控系统、智能访客系统、智能灯光系统、智能电动家具控制系统等，将智慧家居系统融入空间与生活，真正做到科技赋能美好生活。

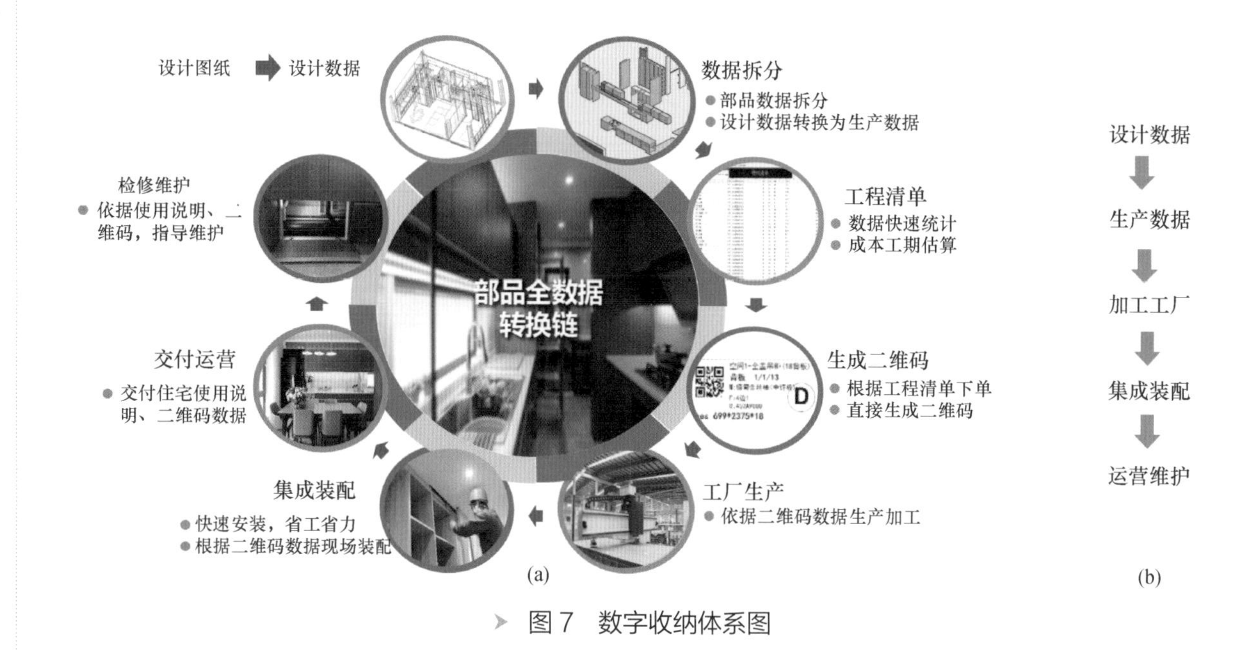

图7　数字收纳体系图

第一主创设计师简介

郝学

中国建筑标准设计研究院有限公司副总建筑师，北京国标建筑科技有限责任公司总建筑师，国家一级注册建筑师，正高级工程师。主持落地工程几十个，超百万平方米。参与多项住宅领域相关标准的编制工作，在核心期刊发表多篇论文，参与多本著作的撰写工作。主持参与的工程和科研项目、标准等曾获中国土木工程詹天佑奖、中国土木工程詹天佑奖优秀住宅小区金奖、华夏建设科学技术奖一等奖、标准科技创新奖一等奖、精瑞科学技术奖、住房城乡建设部产业化示范项目，以及绿色建筑三星级评价、住宅性能3A认证、LEED金级认证、绿色居住区认证等。工作20余年来，一直深耕于居住建筑领域，以国家居住现状为出发点，以人民对高品质住居的需求为己任，长期聚焦于装配式建筑和装配式内装的设计实践与技术体系创新工作，为推动“好房子”的发展贡献了力量。

面向未来的理想之家

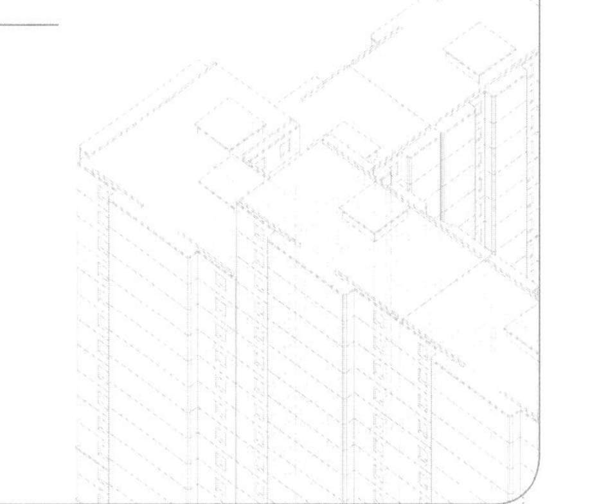

设计单位： 中国中建设计研究院有限公司

主创人员： 宋宏浩、刘胜杰、张鑫、郝汀燕

设计年月： 2022年10月

户型面积： 105m²

所在气候区： 严寒和寒冷地区

知识产权所属： 中国中建设计研究院有限公司总部设计四院

户型设计说明

该项目位于严寒和寒冷地区，住宅类型为二类高层板式住宅，建筑层数在12层以下，建筑高度33m以下。建筑采用剪力墙承重结构体系，抗震设防类别为甲类，使用年限为50年，抗震设防烈度为8度(0.20g)，外墙选用装配式外墙，内墙选用模数化成品条板墙，窗户选用80系列断热铝合金平开窗，玻璃为5mm厚的三玻两腔Low-E中空玻璃，并采用单层银质涂层。户型面积为105m²(含80mm厚保温层)，标准层每单元建筑面积211.11m²，一梯两户，两户左右镜像关系，每户套内建筑面积96.36m²，得房率91.29%。标准层标准户型为三室两厅两卫布局，具体可根据居住人口变动及使用需求，灵活变更为一室两厅两卫、两室两厅两卫、四室两厅两卫布局(图1~图4)。

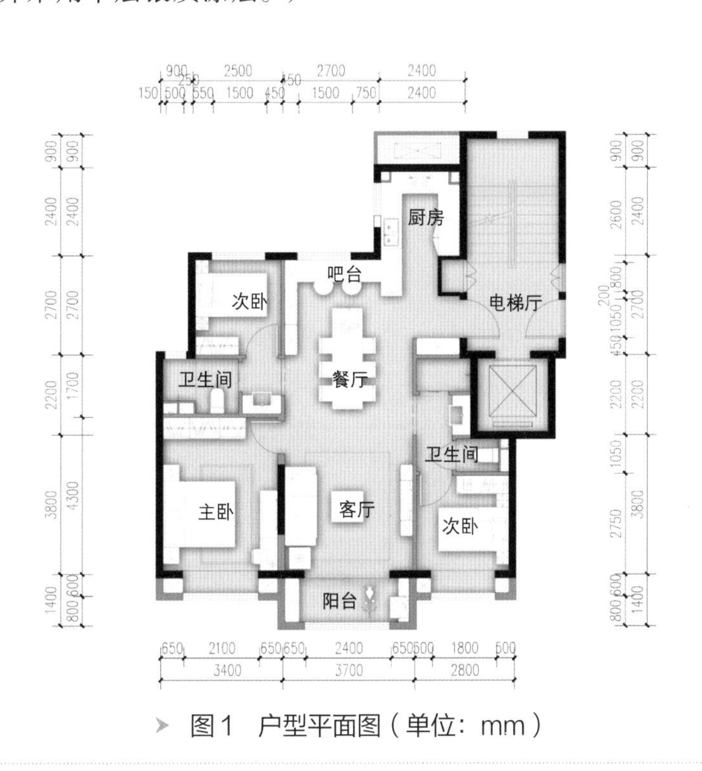

图1 户型平面图（单位：mm）

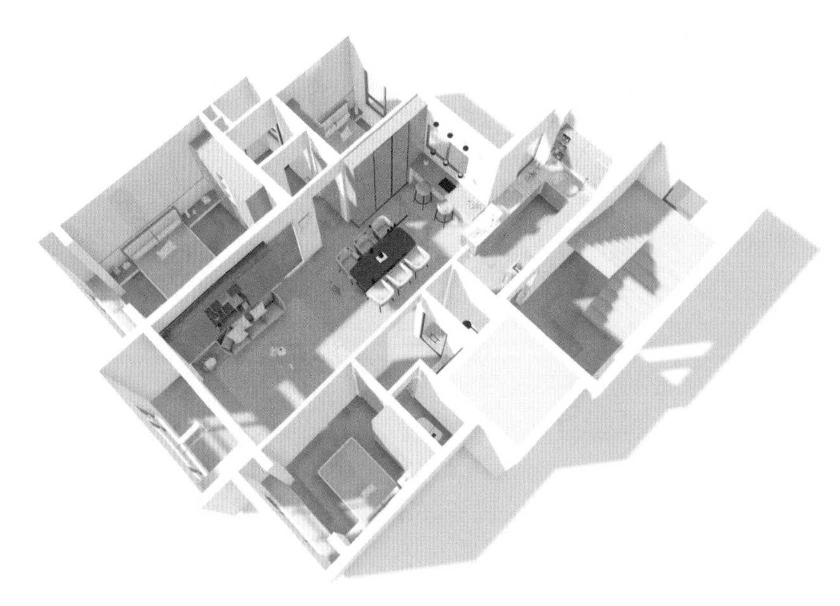

图2 户型鸟瞰图

图3 室内效果图一

图4 室内效果图二

户型创新点

随着人们生活品质的提高，90m^2以下刚需户型政策限制已逐渐被时代抛弃，户型设计区间已从90m^2面积段上升至100m^2面积段。设计调研发现，虽然仅是10m^2左右面积的增加，但会给居住生活体验带来质的提升。双卫生间干湿分离设置；储物空间更大；户型多变，满足多样性需求，各功能空间不再局促。基于互联网智能化的普及与绿色生态观念的改变，设计提出了“未来全生命周期智能家居空间”的设计理念。

标准户型设计为三室两厅两卫的功能布局，满足各功能空间使用的舒适性要求。户型设计包括六大特点：玄关空间设计，满足储物收纳、入户视线对景、与厨房通道便捷的需求；三开间朝阳格局，保证足够的采光与通风；客餐双厅与阳台相连，放大生活空间，形成三厅联动无界生活场；流畅版U形厨房，合理设置岛台空间，满足大冰箱的空间需求；双卫双分离卫生间；阳台多功能空间，满足洗衣晾晒、储物收纳及健身需求。

在满足基础功能六大特点的基础上，设计提出了可变空间、品质空间、绿色空间三大设计亮点。

(1) 可变空间是对全生命周期住宅的回应。为满足空间的可变性，参考SI住宅体系，采用核心筒+外墙支撑结构作支撑，与加厚楼板+反梁(预留管线洞口)形式组成了空间骨架体系，满足可变空间的硬件需求，保证了各功能空间的任意改变，最大限度满足居住者个性化需求，如多代同堂对卧室的需求，对消杀储物的需求以及双钥匙模式满足单独隔离的需求(图5、图6)。

(2) 品质空间，是对生活品味的提升。户内空间面宽大，采光及通风优良；户型方正，空间利用率高，结合现代生活对智能化场景的应用，在设计阶段合理规划智能体系，满足居室空间温湿度、新风的自动控制等需求，避免后期的拆改；真正实现了交互式空间居住体验，满足居住者对高品质空间的向往(图7)。

(3) 绿色空间，是对“双碳”目标的落实。设计考虑尺寸模数化、墙体装配化，形成统一标准，满足工厂预制要求，避免现场施工的噪声以及废料对环境的污染；内装修模块化，统一卫生间及厨房空间尺寸，部分墙体为轻质隔墙可轻松拆卸，减少内部装修空气污染，为后期空间可变提供可能；设置光伏系统，加大对可再生能源的利用力度，减少对传统能源的依赖(图8)。

设计希望通过对具有六大特点与三大亮点的户型的设计，满足未来人们对好户型、好生活的需求，实现对未来全生命周期智能家居空间的设计理念的畅想。

(a) 一居

(b) 二居

(c) 四居

图5　可变空间（全生命周期模式）

(a) 独立卫生间

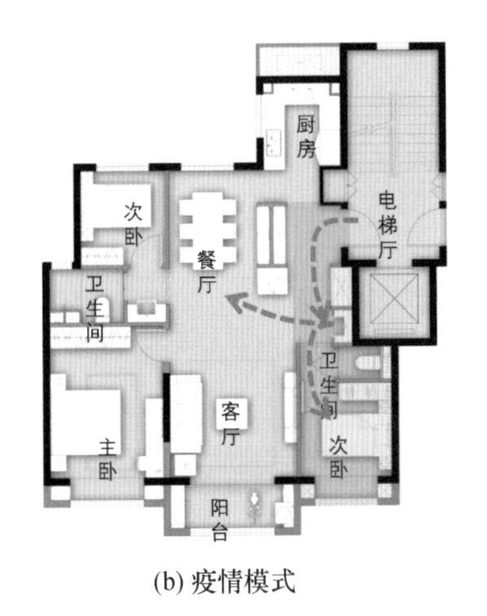

(b) 疫情模式

(c) 疫情模式+双钥匙模式

图6　可变空间（特殊场景模式）

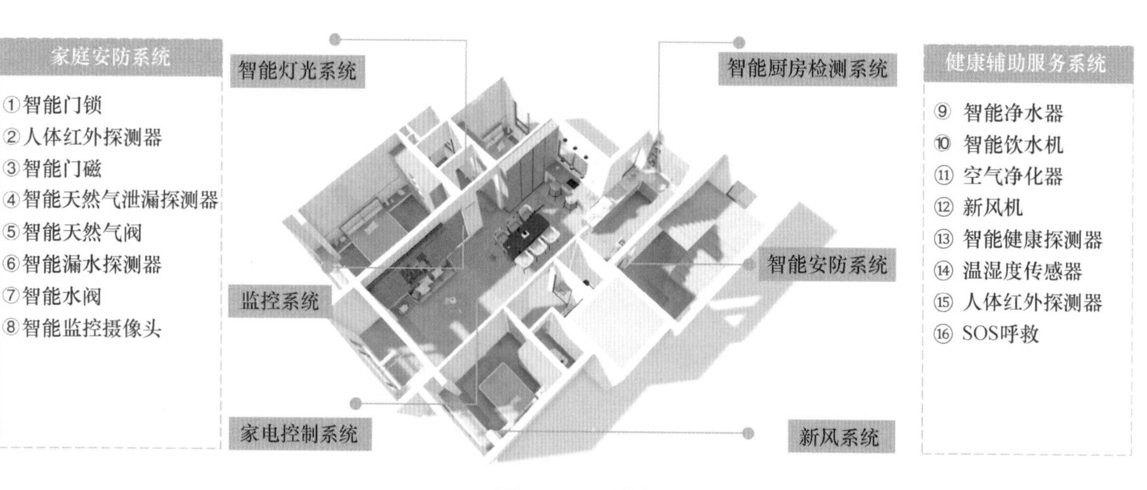

图7　品质空间

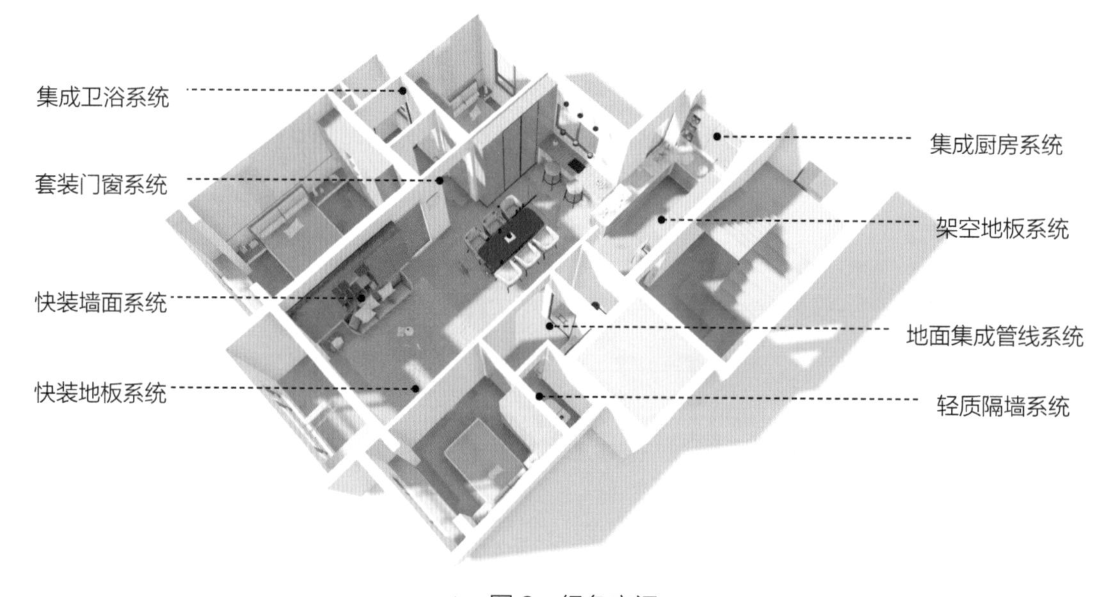

图8　绿色空间

第一主创设计师简介

宋宏浩

中国中建设计研究院有限公司总部设计四院AI工作室主任，主创建筑师，国家一级注册建筑师。获得“2021年中建集团中国建筑百支建功‘十四五’青年突击队队长”“2023年中国中建设计研究院有限公司十佳原创建筑师”等荣誉称号。设计作品获得北京市、河北省等省部级优秀勘察设计二等奖一项、三等奖两项，中国中建设计研究院有限公司二等奖一项、三等奖一项，2019年北京市微空间设计竞赛“入围奖”、2023年中国勘察设计协会全国“好房子”设计大赛(北京赛题)三等奖等奖项。

毕业以来一直从事方案创作工作，建筑类型综合，涉及村庄规划、住宅、酒店、办公、博物馆、工业厂房等，设计深度从可研方案到施工图后期配合，全过程的跟进使他更加了解项目整体开发的不易。他孜孜不倦地努力，尽心敬业地工作，得到了公司领导及业主的广泛认可和信任。

“极适家”

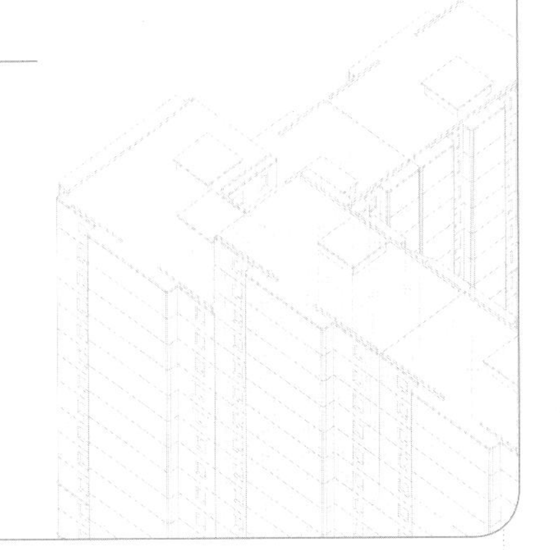

设计单位：北京上柏建筑设计咨询有限公司

主创人员：薛筱萌、刘敏、费于溶

设计年月：2022 年 10 月

户型面积：117m^2

所在气候区：夏热冬冷地区

知识产权所属：北京绿城投资有限公司

户型设计说明

户型设计成果为小高层住宅楼型，成果含边户、拼接户及适用核心筒。适用建筑高度区间为33~54m，层高3m，对应层数为11~18F。边户及拼接户均为中厅三室两厅两卫套型，其中边户建筑面积117m^2(实际116.86m^2)，拼接户建筑面积112m^2(实际111.72m^2)，标准层建筑面积229m^2(实际228.58m^2)，得房率76.1%(图1)。

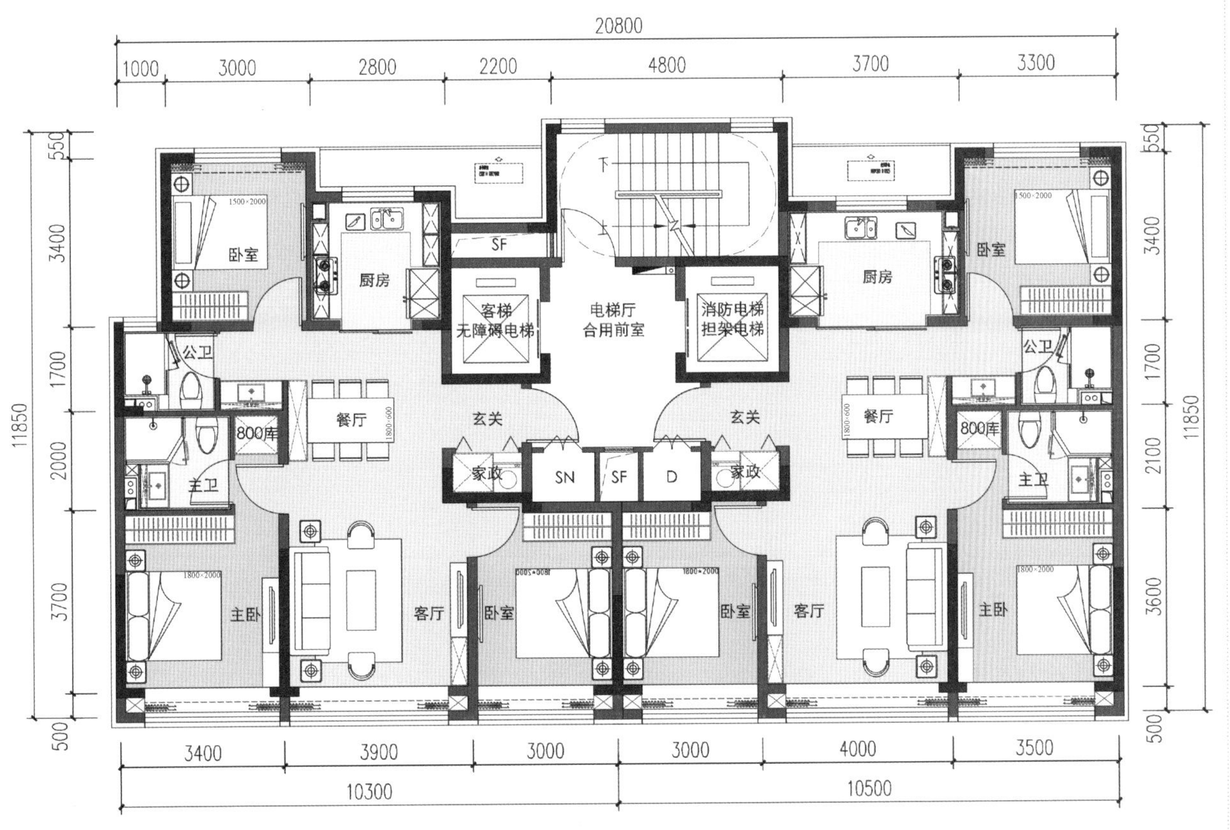

图1　建筑平面图（单位：mm）

120m²面积段户型是北京地区刚需与刚改的交汇户型。此次成果通过背景梳理，将设计重点归纳总结为三“极”与三“适”，其中“极”指极致私区、极致收纳与极致赠送，强调“放”，目标在于打造最舒适的生活体验；“适”指适宜公区、适龄户型与适度防疫，强调“收”，合理分配空间资源，同时关注心理感受层面。“极适家”既是作品名称，概括了户型特点，也是对提升生活品质的美好愿景(图2)。

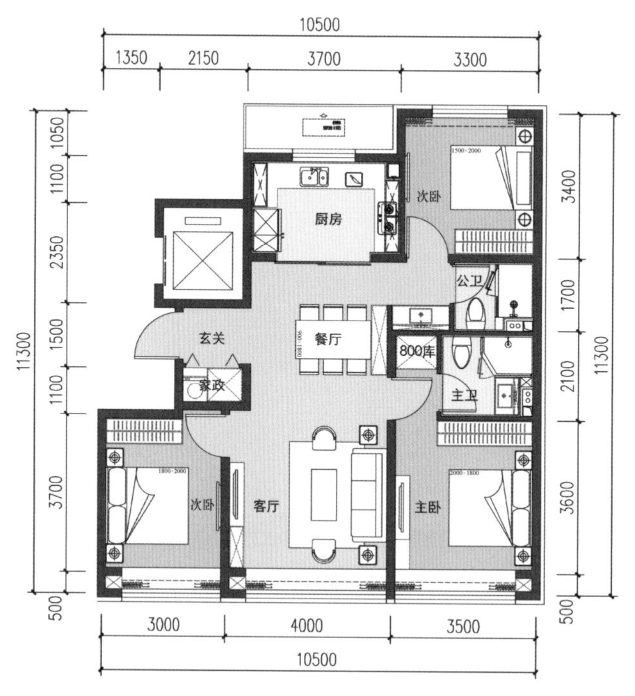

图2 户型平面图（单位：mm）

“极适家”以三“极”和三“适”作为户型主要特点，以最舒适的生活体验及合理匹配的空间资源作为设计理念。极致私区落位在卧室，通过LDK空间并联，各卧室具有较强私域感；极致收纳落位在玄关，以800库家政间为起点，全屋收纳空间不少于10处；极致赠送落位在飘窗，南向全飘窗设置，延展室内空间；适宜公区关键在LDK空间打造，不追求极大面宽，而强调LDK空间的完整性与功能联动；适龄户型关键在全生命周期，空间可变，终身适用；适度防疫关键在入户消洗区预留，不追求入户双流线，全屋消洗空间分散串联(图3~图6)。

图3 客餐厅效果图

图 4　卧室效果图

图 5　全生命周期可变空间

1 一室婚房

· 打通①和②间隔墙，形成大横厅

· ③卧室日常居住，④为书房

2 两代之家（有儿童）

· 打通①和②间隔墙，形成开敞书房

· ③和④作为卧室日常居住

3 两代之家（有老人）

· ③作卧室日常居住，④为老人房（近公卫）

· ②可作为第二老人房或备用房

4 三代同堂

· ②、③、④作为卧室日常居住

· ①在夜间可作为书房

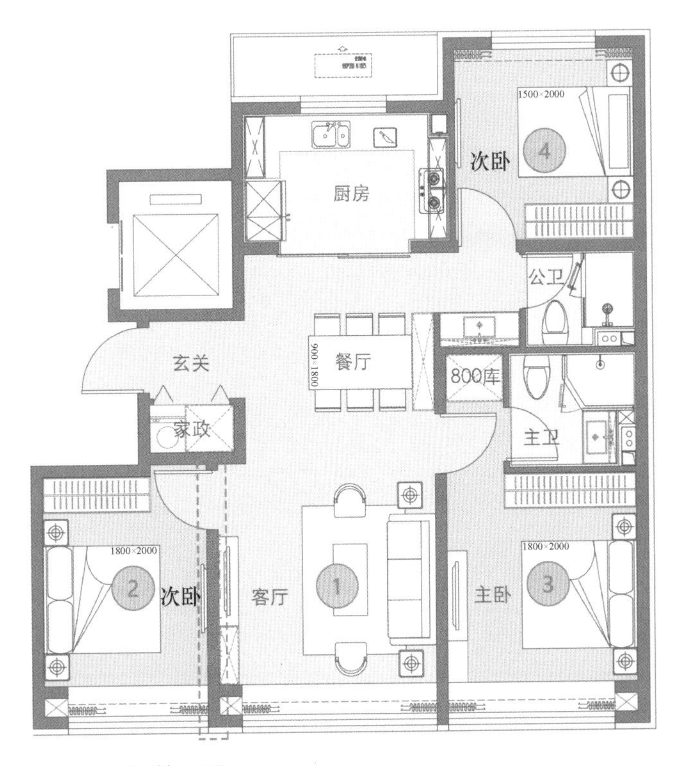

图 6　LDK 空间效果图

除户型本身三“极”与三“适”的特点，户型及整体楼型南向拉齐，控制总体面宽，具有较强节地性，结构布置匀称，技术实现度和可行性高，可最大限度匹配适应北京地区项目。

第一主创设计师简介

薛筱萌

工程师(建筑设计方向)，现就职于北京上柏建筑设计咨询有限公司，任高级建筑师，主要从事居住建筑方案及设计研发工作。近5年参与完成十余项住宅类创新研发课题，作为主创建筑师完成2023年绿城华北区域北京标准化户型迭代研发、2022年绿城华北区域北京S档尊享户型及立面升级创新研发、2021年绿城北方区住宅超高装配与超低能耗趋势下的立面研究等工作，同时参与北京朝阳崔各庄绿城晓风印月、海淀树村融创学府壹号院、亦庄中海京叁號院等住宅落地项目。曾就职于中国建筑技术集团有限公司，参与古建、施工图和绿色建筑相关工作，主要项目为故宫午门前东朝房国旗班宿舍改造和北京石景山古城泰然集体租赁住房项目。依据多年研究成果及经验总结，独立撰写并公开发表论文《浅谈北京地区居住建筑标准化设计》和《浅谈高标准方案背景下的北京住宅立面研发》。

成长“+”

设计单位：山东大卫国际建筑设计有限公司
主创人员：聂永健、石庆浩、陈西
项目工期：2022 年 10 月
户型面积：119.33m^2
所在气候区：寒冷地区
知识产权所属：山东大卫国际建筑设计有限公司

户型设计说明

该方案为新创户型，适合严寒和寒冷地区，为小高层户型，设计层数10层，总高度31m，每层层高3.1m，符合国家倡导的高品质居住趋势，更高的层高也为地暖、新风等集成智能设备提供了条件(图1)。

图1　项目效果图

该户型套型面积119.33m²，套内使用面积95.38m²，阳台面积6.38m²，公摊面积17.57m²，得房率85%。户型东西面宽13.15m(轴距)，南北10.45m，整体方正，结构紧凑。

户型南北通透，所有房间全明设计，双阳台，餐厅直接对外采光，主卧标配衣帽间及梳妆台，整体LDK组合，公卫干湿分离。进行全屋收纳系统设计，结合内装修在玄关、北阳台(家物间)、南阳台、厨房、卧室、客厅等各处做吊柜、地柜、置物架、通高书架等，满足现代生活越来越多的储物需求(图2)。

室内设计预留智能家居系统、烟感报警、紧急呼叫、空气检测系统。内装材料强调环保可再生性，以石膏板、免漆石膏板等石膏材料为主，造价低、效果好。天花吊顶以现代风格为主，简约精致。室外材料以真石漆、质感涂料为主(图3、图4)。

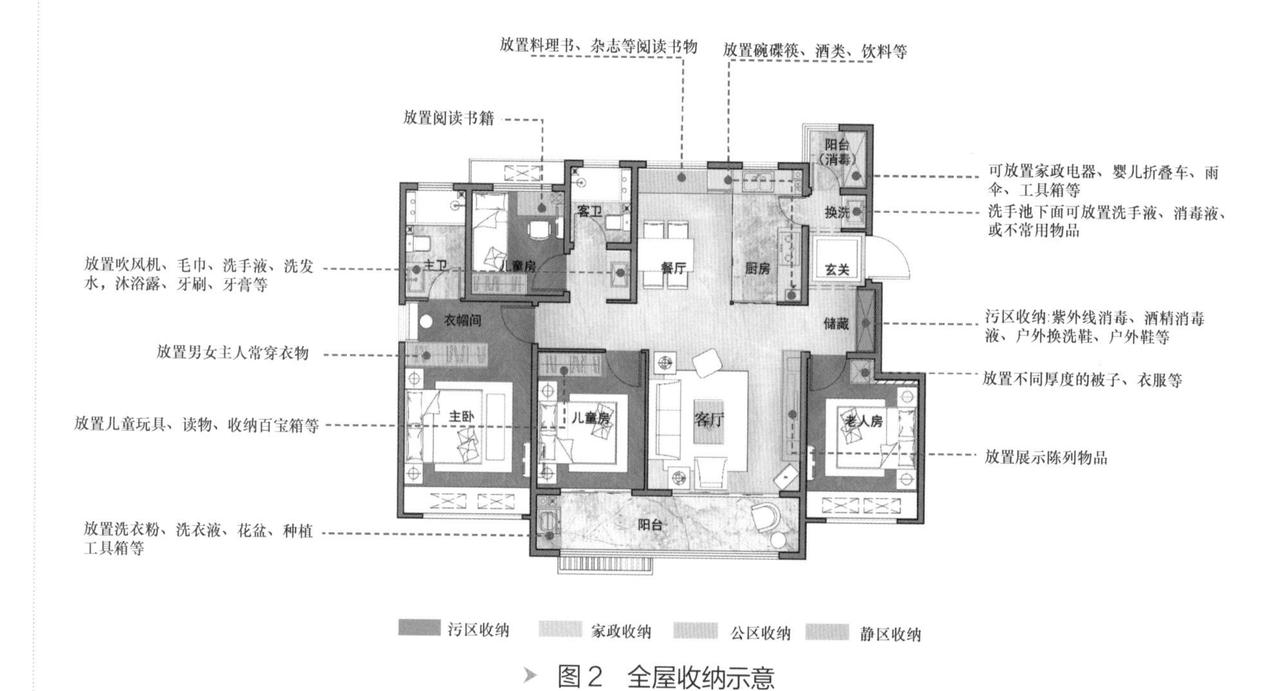

图2 全屋收纳示意

图3 室内效果示意一

(a)

(b)

图4 室内效果示意二

户型创新点

户型设计考虑全生命周期内部格局的可变性，不同的房间布置满足不同人员组成家庭的需求，从单身生活到三孩时代、三代同堂，体现了户型方案强大的多功能性和兼容性，在总体面积紧凑的前提下，为保障群体和城市新市民提供一个温暖的梦想之家(图5)。

在入户处设置消洗区，结合北侧服务间，与厨房形成入户环线，方便采购归家、消毒、储物、做饭等家务活动，形成闭环空间。

户型整体设计四面宽，尽最大可能争取南侧采光面，增强居住舒适感，满足“好户型·新生活”的整体理念。户型整体动静分区，内部设置三条洄游流线：入户环线、餐厨环线、起居复合环线。复合当下流行的内部格局布置，丰富不同家庭居家情景化生活场景，为增强家庭成员间交流互动提供便利的空间(图6)。

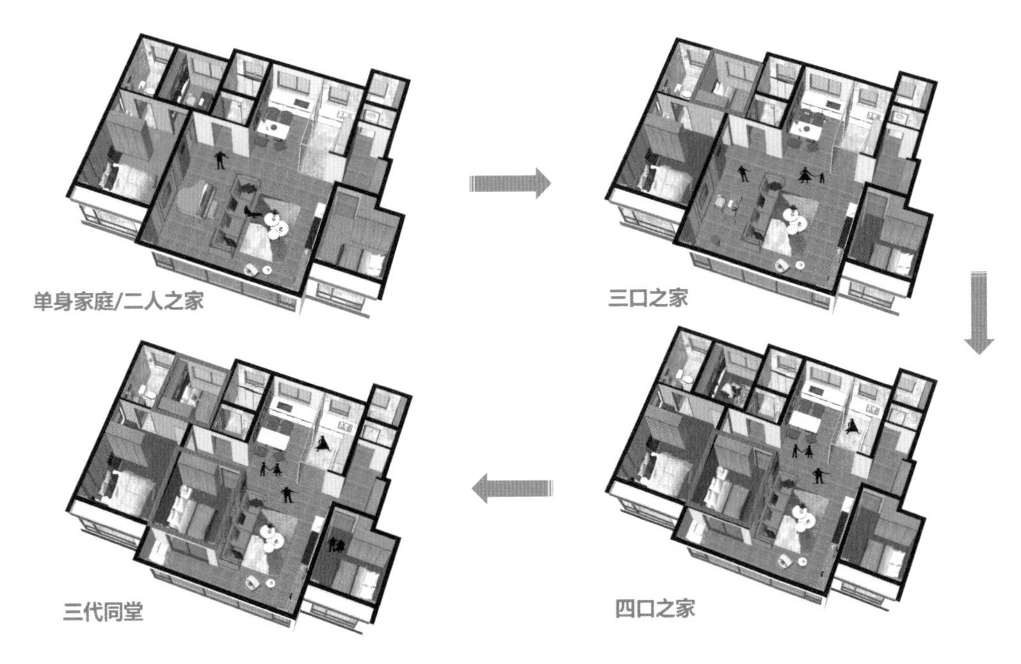

图5 户型全生命周期

(a) 动静分区

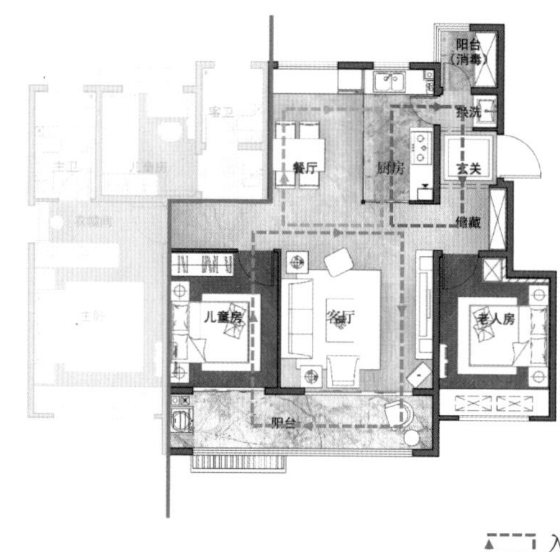

(b) 三条洄游路线

入户环线
餐厨环线
复合环线

图 6　户型洄游路线

第一主创设计师简介

聂永健

国家一级注册建筑师，山东大卫国际建筑设计有限公司主任工程师，拥有多年的公共建筑与居住建筑设计与实践经验，曾获多项省级、市级奖项。他的设计理念是“以人为本，和谐共生”。他坚信建筑应该与周围环境、文化以及居住者的生活习惯紧密相连，创造出既美观又实用的生活空间。在设计生涯中，他始终致力于寻找传统与现代、自然与人工之间的平衡点，让每一座建筑都成为其所在环境的有机组成部分。

山城魔方

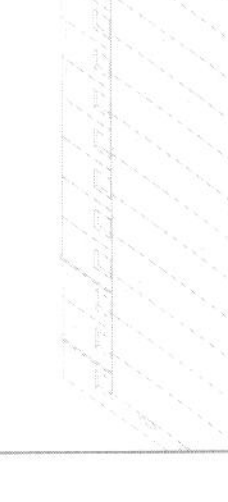

设计单位：深圳金地研发设计有限公司

主创人员：章捷、张海朋、洪晓东、郑松光、李洪珠

设计年月：2022 年 10 月

户型面积：户型 A 套内面积 90.69m^2、建筑面积 125.91m^2

户型 B 套内面积 77.95m^2、建筑面积 109.80m^2

所在气候区：夏热冬冷地区

知识产权所属：深圳金地研发设计有限公司

户型设计说明

单体住宅类型为两梯三户单元式住宅(A+B+C)(图1~图3)。标准层建筑面积320.58m^2，实用率76.00%，建筑高度100m(31层)，体形系数为0.230，核心筒形式为集中式。

设计理念：提供多种住房类型给不同用户群，如年轻家庭、老年人、单身人士以及双孩家庭等。以三种不同面积段的户型(125m^{2}户型A、110m^{2}户型B、89m^{2}户型C)作为标准单元，以交通核心筒为中心轴，不同类型的户型围绕核心筒紧凑而高效地组织起来，形成如魔方一样的灵活组合；同时将结构与管井布置在户型的外围，形成内部开放大空间，创造灵活的平面布局，满足不同的居住功能需求。单元标准化和高灵活性是该方案的一大特色，这种灵活性使三种组合单元可以形成可分可合的居住空间，并且可以适应未来不断变化的需求(图4)。

图 1 整体透视效果

(a) (b)

图 2　单体正立面效果一

图 3　单体正立面效果二

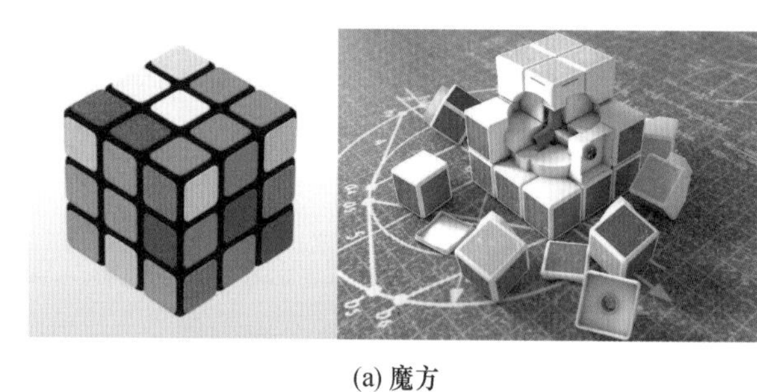

(a) 魔方

魔块与中心轴连接在一起，围绕中心轴自由地转动，三种不同颜色面不断解构重组，拼合方式变化万千，却永远是一个有机整体

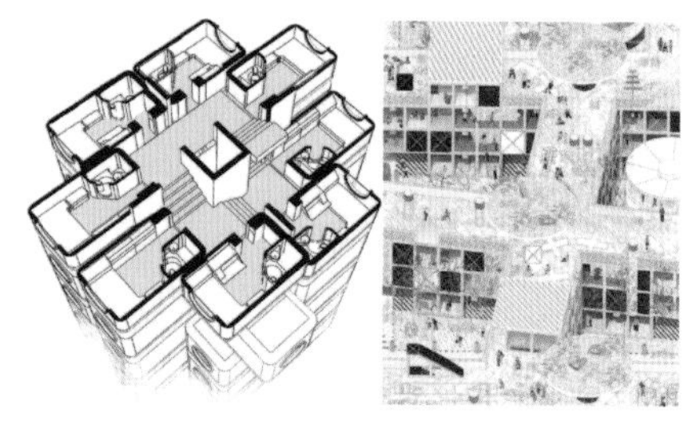

(b) 空间

在交通核与结构框架内，打造具有灵活性的混合居住空间，不赋予任何固定功能，以达到功能可变、居住人数可变、生活场景可变

图 4　建筑设计思路

户型创新点

结构外置，内部大空间可自由划分，户型可分可合，满足不同人群以及家庭不同时期的多种居住需求。

方案特点：根据重庆市山水格局独特，城市形态立体，空间地形复杂的特征，该方案采用点式塔楼楼型，一方面适应各种地势条件，另一方面体形系数小，降低建筑能耗。户型大面宽小进深，全明格局，适应当地气候，满足通风采光的居住需求。建筑立面设计元素从重庆山水之意中寻找灵感，将重庆山水"立"在外立面，以山水流线型后现代立面，打造出超未来建筑形态。建筑的四个立面均采用模糊的设计方式，避免出现正立面和背立面之分；对合边厅设计，使住宅单元可以获得不同方向的景观(图5、图6)。

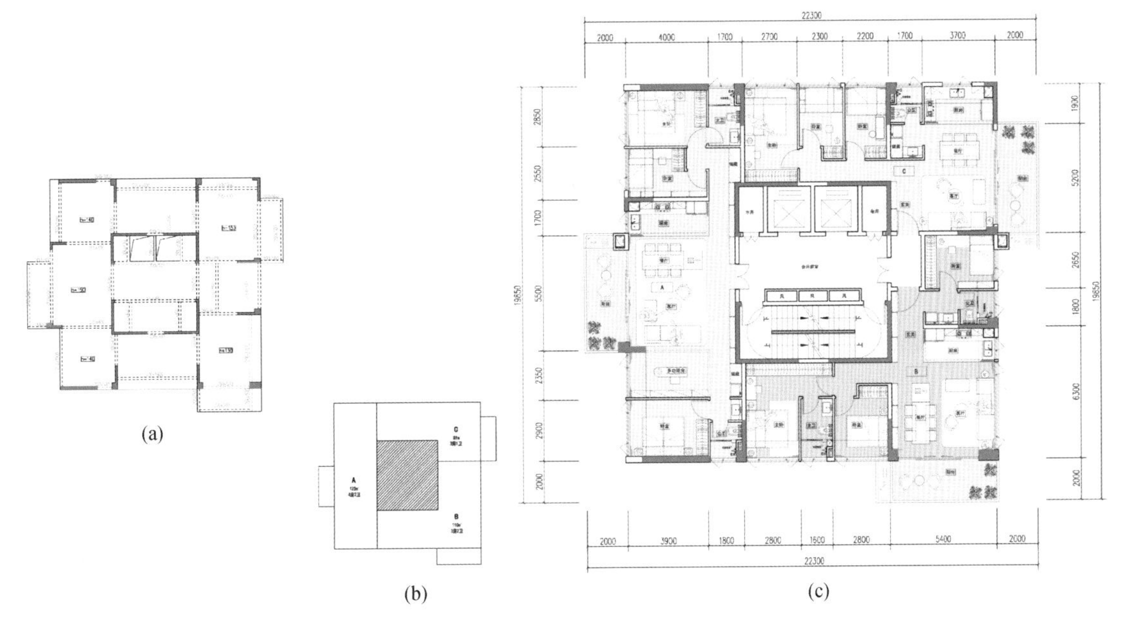

(a) (b) (c)

图5 单体户型平面图：两梯三户单元式（单位：mm）

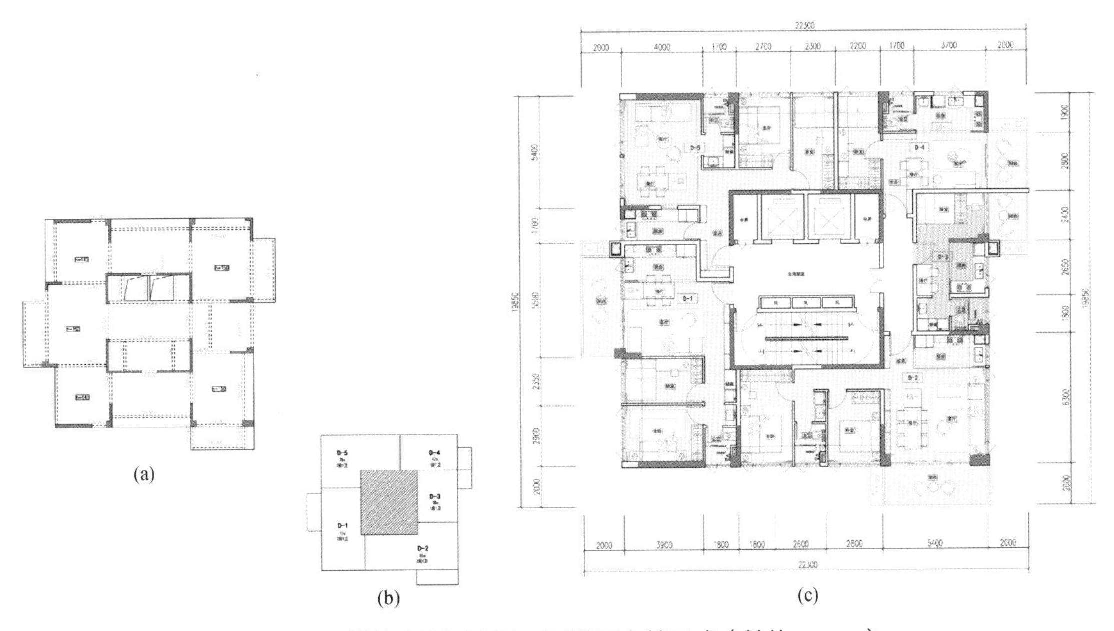

(a) (b) (c)

图6 单体户型平面图：两梯五户单元式（单位：mm）

技术应用：利用建筑信息模型与混凝土预制技术(BIM-PC)进行装配式设计来调整方案，也可以更好地运用装配式技术建造，减少碳排放量；中置百叶遮阳窗有效遮阳，以及采用立体绿化遮阳等技术，实现被动式低能耗设计(图7)。

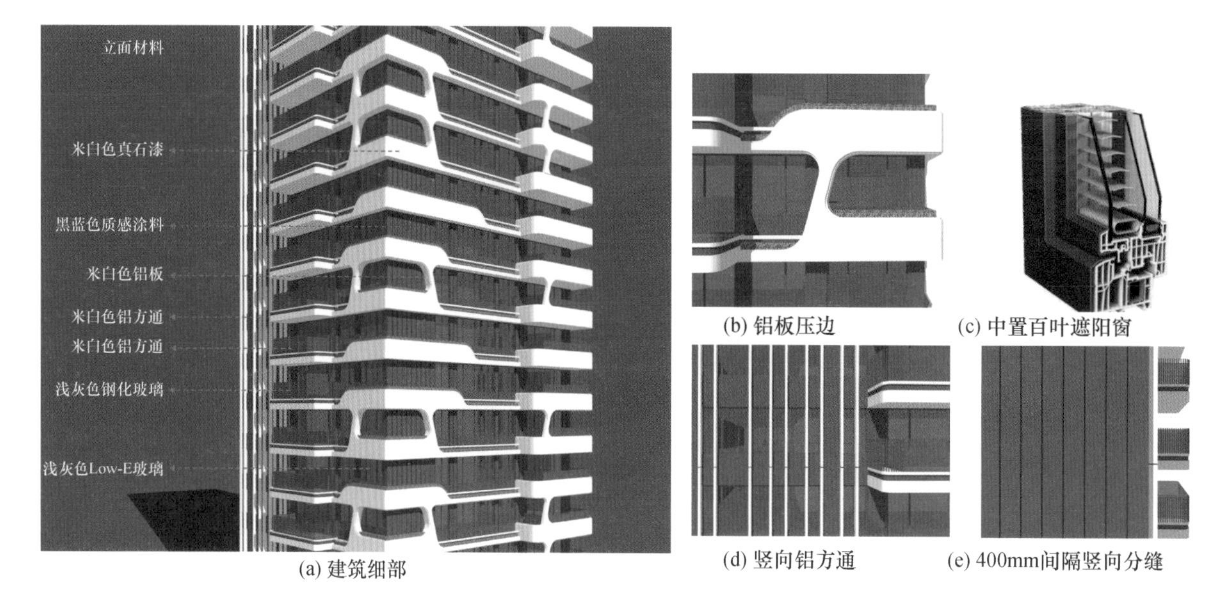

(a) 建筑细部　(b) 铝板压边　(c) 中置百叶遮阳窗　(d) 竖向铝方通　(e) 400mm间隔竖向分缝

图7　立面材料说明

第一主创设计师简介

章捷

清华大学硕士，国家一级注册建筑师，先后就职于绿地控股集团有限公司、绿城中国控股有限公司、金地(集团)股份有限公司，具有20多年大型知名地产集团设计管理经验，代表金地(集团)股份有限公司参与住房城乡建设部科技与产业化发展中心组织的“健康人居好房子样板间设计”定向征集与现场展示，助力大连金地城项目3期获得BREEAM认证“VEREYGOOD”级；助力上海金地嘉峯汇和上海嘉境项目入选克而瑞“2023年全国十大品质作品”。

18层以下住宅设计

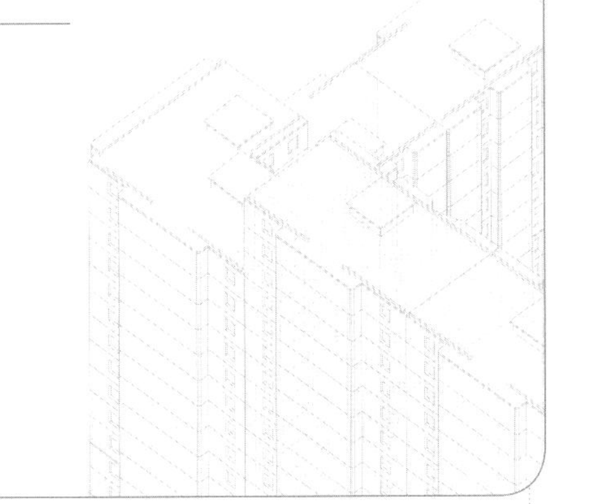

设计单位：中科（北京）建筑规划设计研究院有限公司
主创人员：张海龙、朱育嵩、渠文华、刘振华
设计年月：2023年8月
户型面积：110.24m^2
所在气候区：夏热冬冷地区
知识产权所属：中科（北京）建筑规划设计研究院有限公司

户型设计说明

考虑长久可持续居住环境品质提升，外界满足安全、卫生、无接触的需求，内部满足运动、清洁、大空间的需求。

户型特点

公共区简洁，电梯厅方正，能取得整洁的公区装修效果(图1)。

套内厨卫、家政形成良好的嵌套关系；卫生间三分离布置，提升了使用效率；独立玄关设计，并配有玄关收纳功能，满足卫生分隔需求。

双面宽阳台，满足健康需求，景观视野好。

客厅与次卧之间以轻质隔墙分隔，房间可灵活布局，满足家庭全生命周期需求(图2、图3)。

图1　户型立面效果图

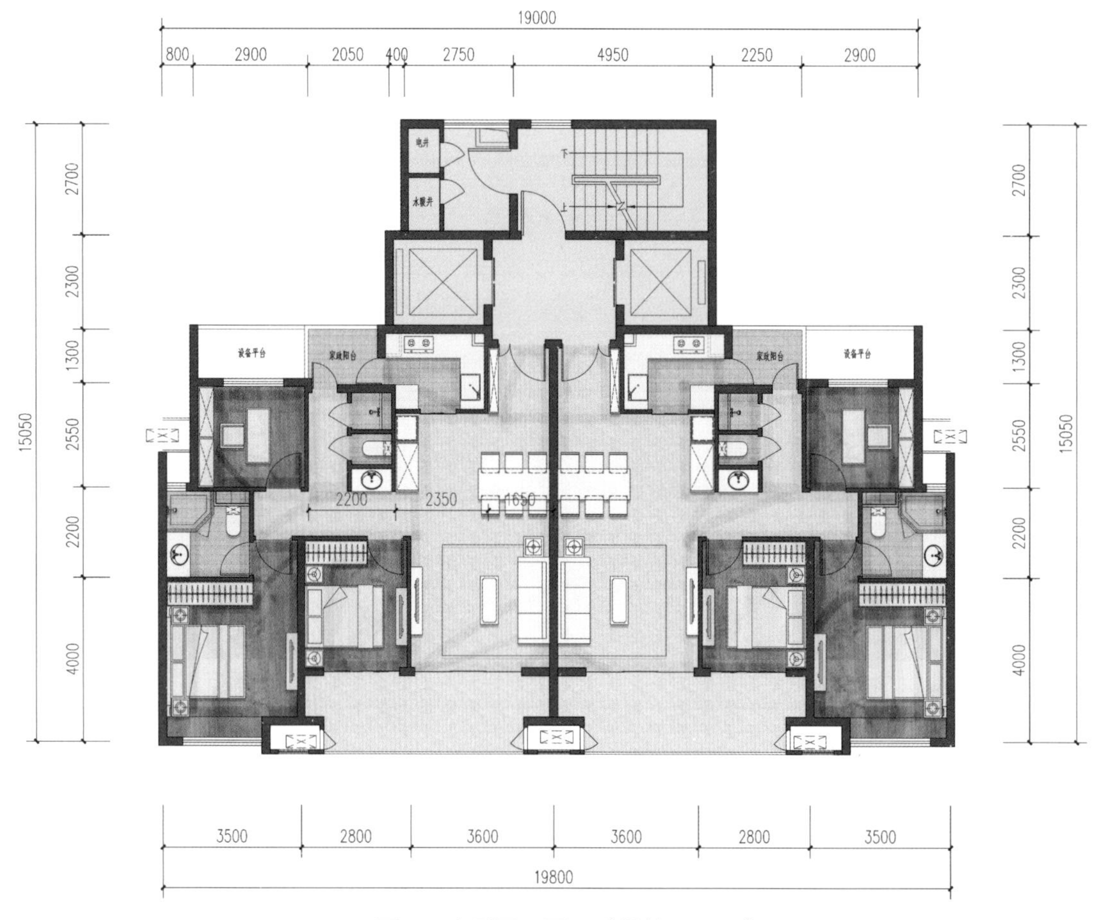

图 2　户型平面图一（单位：mm）

图 3　户型平面图二（单位：mm）

户型创新点

(1) 入户走廊内设置智能密码快递柜，实现快递、外卖无接触安全送达。

(2) 智能家居，如给扫地机器人预留空间，提供上下水接口及插座；装设电动幕布，配合伸缩隔断打造家庭大空间影院，装设电动窗帘，预留插座位置。

(3) 客厅与卧室间采用轻质隔墙，轻松实现随时可拆除，打造灵活可变空间，满足家庭全生命周期需求。

(4) 家政区，给洗衣机、烘干机预留空间，提供上下水接口及插座(图4~图8)。

图4 卧室效果图

图5 卫生间效果图

图6 阳台效果图

图7 客厅效果图

图8　儿童房效果图

第一主创设计师简介

张海龙

清华大学建筑学学士，国家一级注册建筑师、国家注册城乡规划师、高级工程师/规划工程师，中科(北京)建筑规划设计研究院有限公司院长、董事长，资深建筑师，任清华大学乡村振兴工作站牡丹江站站长、清华大学建筑学院校外导师、中国老年人学会理事。为国家级双注册紧缺人才。主要从事建筑规划、方案及施工等专业领域工作，拥有20多年的设计经验，参与项目获得多个奖项，并得到了业界高度评价。

城市树屋

设计单位：山东华科规划建筑设计有限公司

主创人员：宁改存、王相成、袁秋萍、孙小昆、杨秀华、张思乔、高忠林、孙阳、肖现华、梁海涛、耿金研

设计年份：2022 年

户型面积：90~120m^2

所在气候区：温带季风型大陆性气候区

知识产权所属：山东华科规划建筑设计有限公司

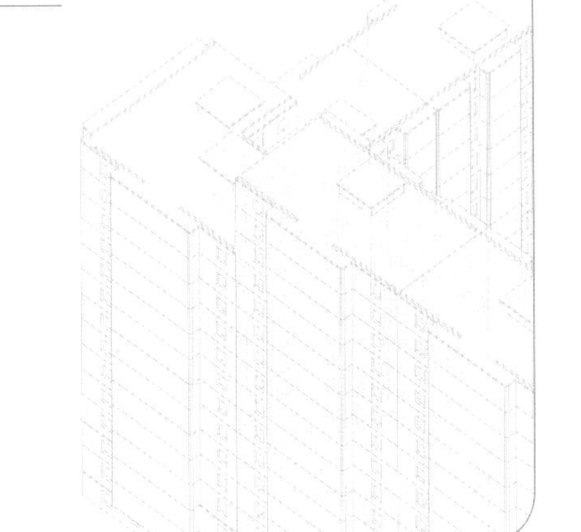

户型设计说明

1. 生态人居蓝图，长在森林里的房子

垂直绿化、调节城市气候，打造会呼吸的住宅(图1)。

2. 告别鸟笼式住宅，四季风景环绕

花普通住宅的价格，享受别墅生活品质，杜绝“无采光、无私密、不安全”等缺陷，观景视野更加开阔(图2)。

3. 地面、屋顶、层间均有绿化，多维度景观结构

人、建筑与自然共融，诗意栖居(图3)。

4. 有天有地有花园，实现院落情节

宅中有院、园中有屋，孩子在庭院嬉戏，父母在庭院养花，实现了对“有家有院”的期盼和回归自然的梦想(图4)。

图 1　鸟瞰图

图2　项目效果图

图3　建筑单体效果图

1.生态人居蓝图，长在森林里的房子

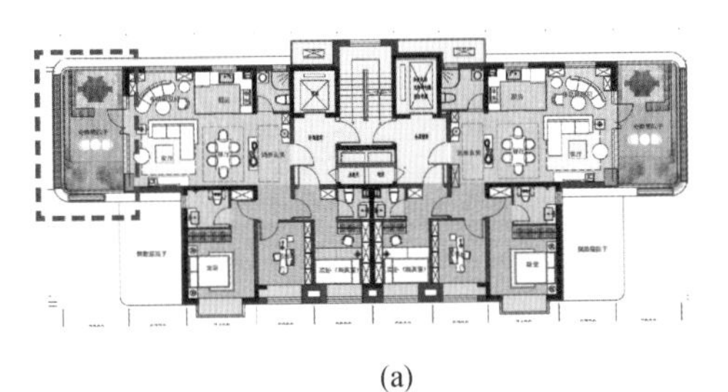

2.告别鸟笼式住宅，四季风景环绕

(a)

3.地面、屋顶、层间均有绿化，多维度景观结构

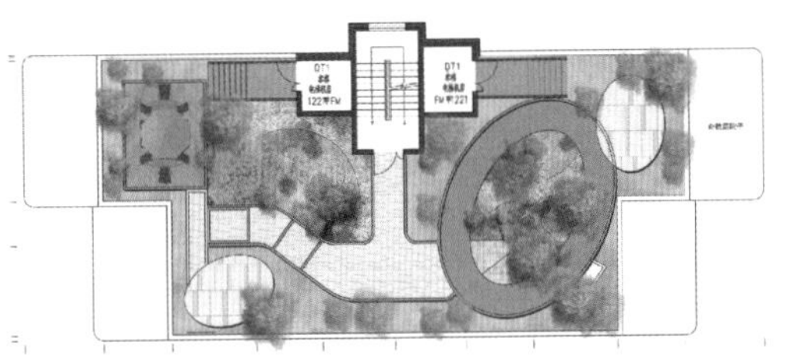

4.有天有地有花园，实现院落情节

(b)

图4　设计理念：层层有庭院，户户有园林

户型创新点

在设计过程中注重设计一体化、设备集成化、构件通用化、隔断轻量化、管线可调性、施工装配化。该项目建筑应用装配式技术建造，结构体系为混凝土剪力墙结构。建筑坚持标准化设计原则，采用统一模数协调尺寸；户型平面规整，承重墙上下贯通，无结构转换，形体凹凸变化小；构件连接节点采用标准化设计；运用预制楼梯梯段、预制楼板及轻质分隔墙等预制构件；建筑内使用集成卫生间。建筑设计过程，将装配式技术与设计融为一体，加快建设速度，改善住户生活品质(图5)。

保证结构不变的情况下，随时间推移，以家庭结构变化为依据进行可变设计，满足不同家庭结构的日常生活、办公等需求

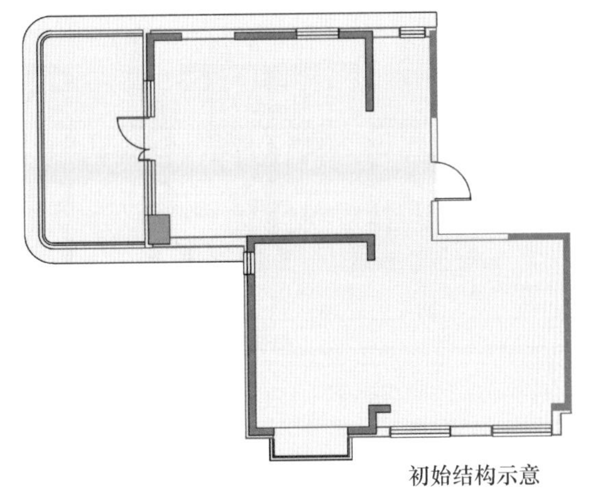

初始结构示意

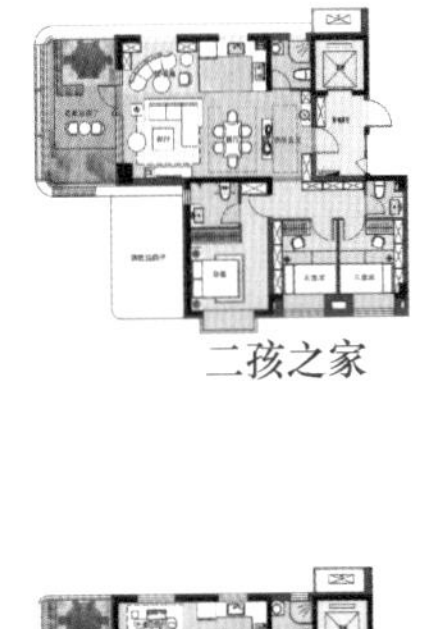

二孩之家

三口之家

适老住宅

图5　设计理念：可变

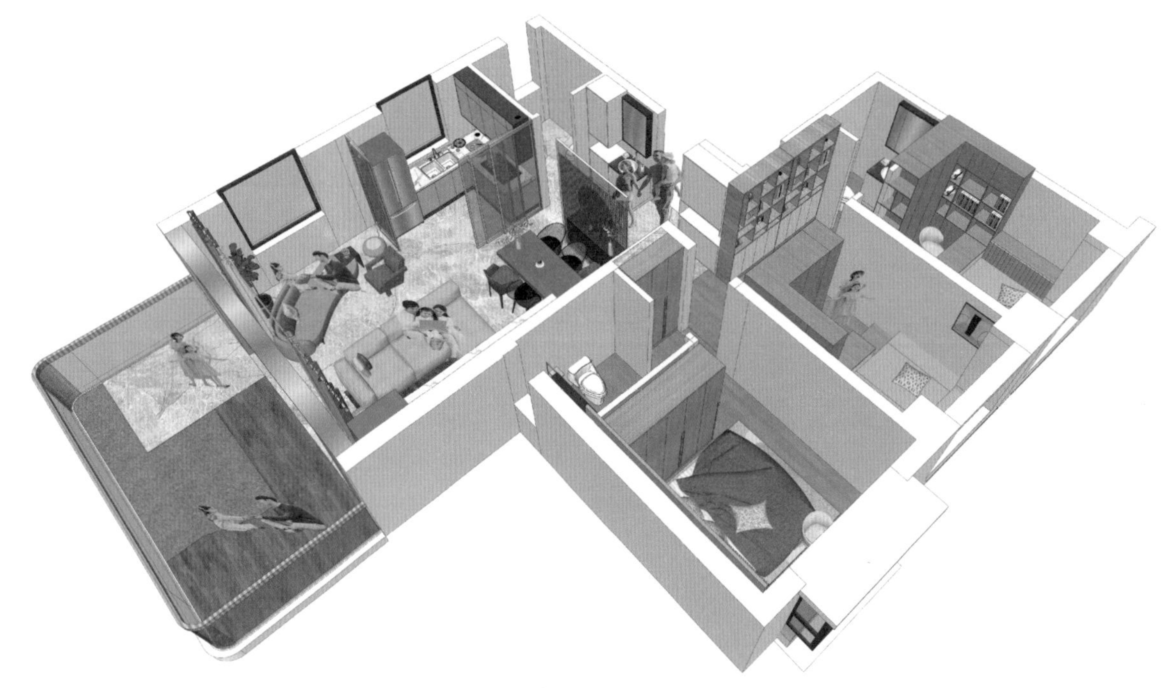

户型轴测图

图6 户型图

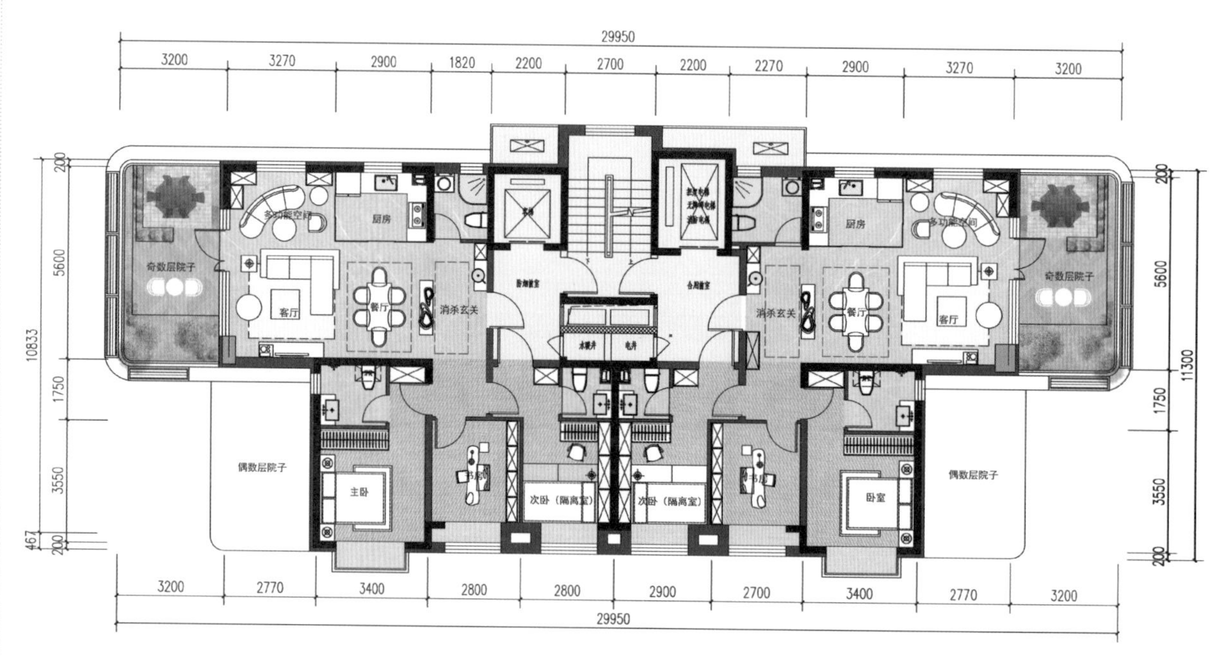

图7 奇数层平面图（120m² 户型）（单位：mm）

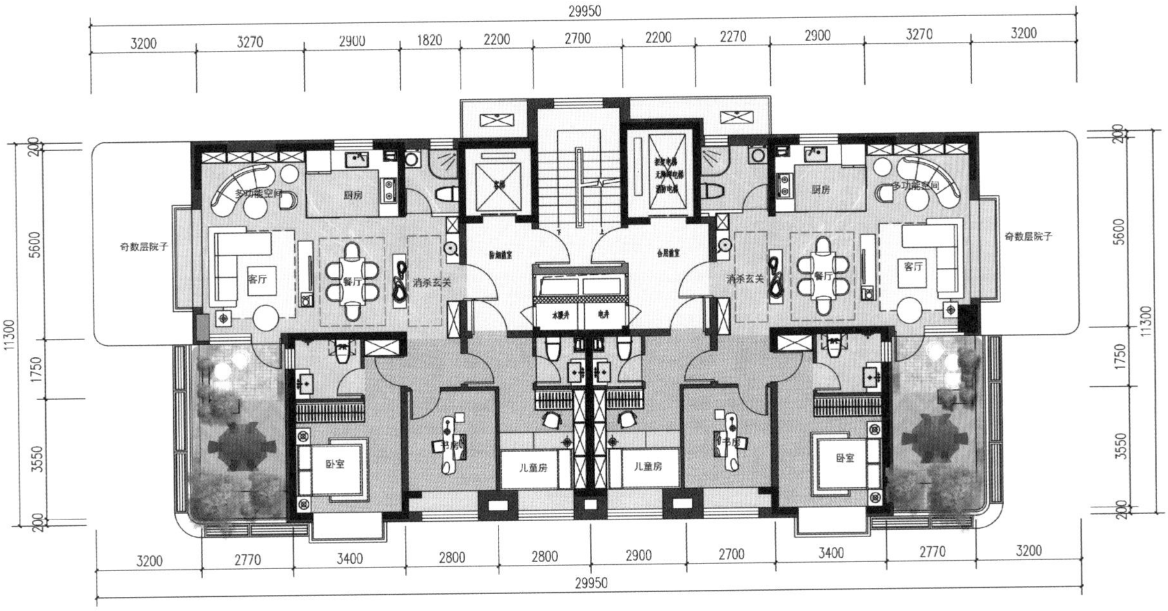

图8　偶数层平面图（120m^{2}户型）（单位：mm）

第一主创设计师简介

宁改存

山东华科规划建筑设计有限公司副总建筑师，高级工程师、国家一级注册建筑师，聊城市绿色建筑咨询中心主任、聊城市城市规划建设专家咨询委员会委员。

市中心买得起极紧凑品质传统户型

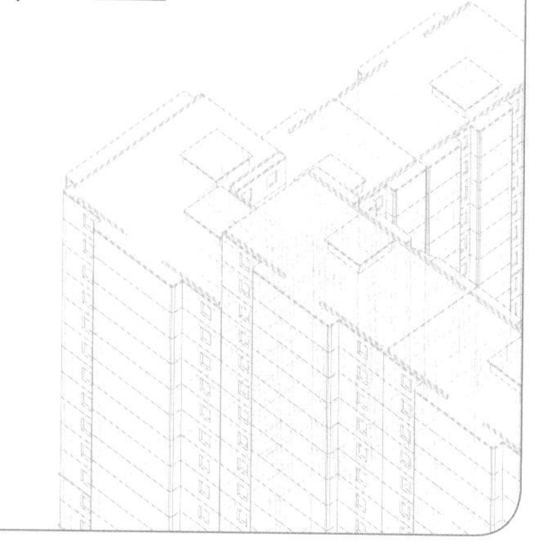

设计单位：中国中建设计研究院有限公司
主创人员：唐璐
设计年月：2022 年 10 月
户型面积：119.73m^2
所在气候区：暖温带半湿润半干旱季风气候
知识产权所属：中国中建设计研究院有限公司

户型设计说明

项目楼型考虑到市区人口密度大，因此新户型采用薄板高层形式，楼层数在25~30层。利用高层新建社区置换高密度的老旧小区，减小建筑覆盖率，增加了绿地面积。建造地下车库，推广人车分流杜绝安全隐患。北京目前热销改善型住房多为一梯两户小高层，取消了南北不通、夏季闷热的中间户，同时减少了公摊，但是这要求物业有能力保证电梯在无人使用期间顺利完成保养或维修，此种类型适用于偏高端的小区，普通小区是否适用，难以评价。该方案选用常见的两梯四户，中间户采用特殊手段解决自然通风问题(图1、图2)。

户型组合采用大+小的形式。市区的老旧小区集中了单身年轻上班族、老人、学龄儿童家庭，为适应对老旧小区居民的良好置换，该方案用2户微小户型(套内面积40m^2)适用于1~2口之家的中间户和2户3~6口之家(套内面积87m^2)的边户作为组合。小区混合年龄结构、家庭结构有助于维护小区的活力，保证小区的安全；另外，多人口户自住偏多，可平衡自住与出租户的比例，确保小区环境品质稳定(图3)。

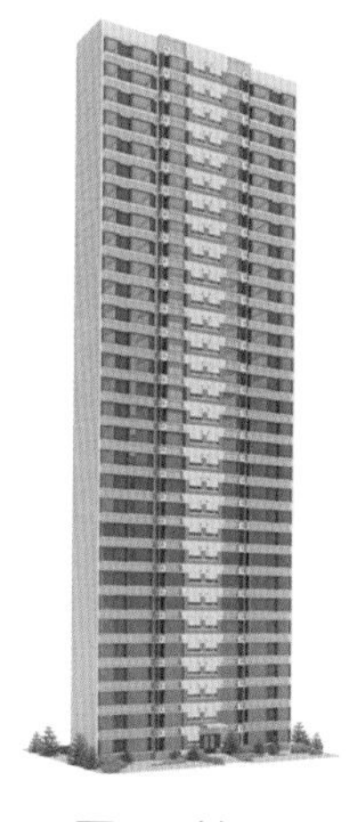

图1　楼型图

图2　人视图

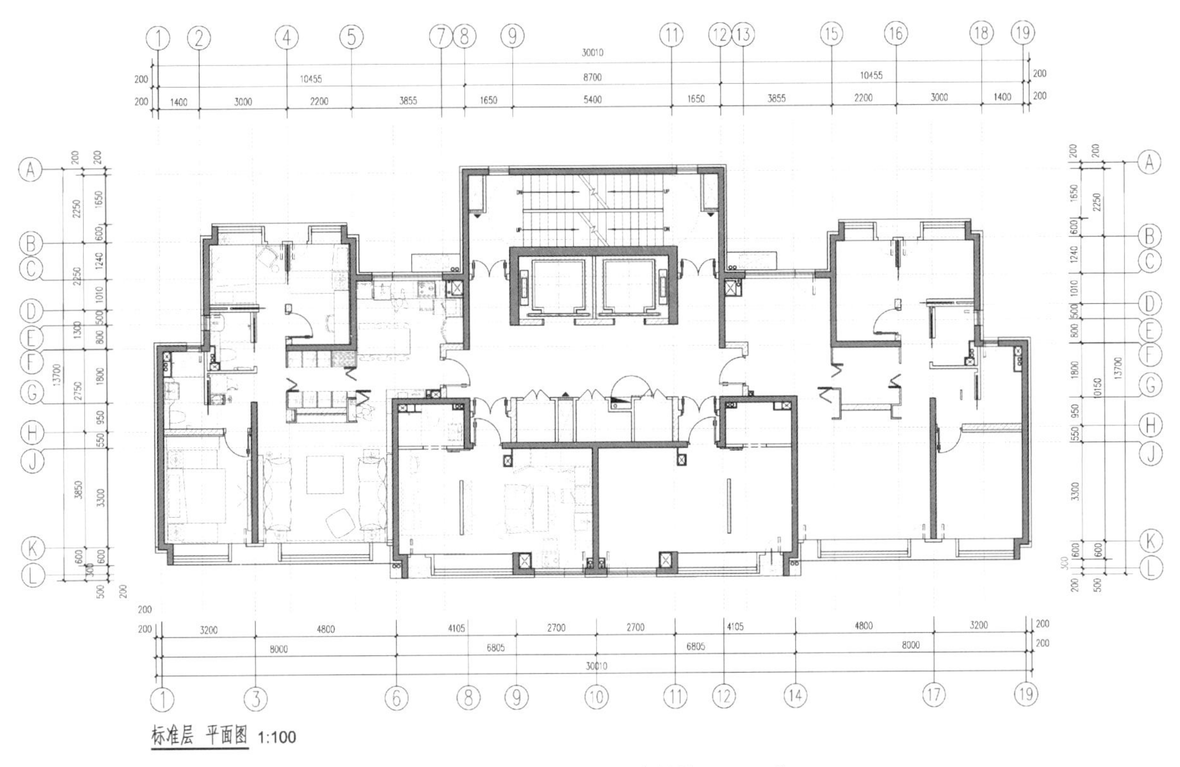

图3 建筑平面图（单位：mm）

户型紧凑但“五脏俱全”，让生活品质不因房小而受限房间具有较强的收纳能力，颠覆旧有的生活流线，更贴合现代生活方式；最大品种化、合理化落实主流家电的位置，并考虑了家庭无障碍设施的设置(图4)。

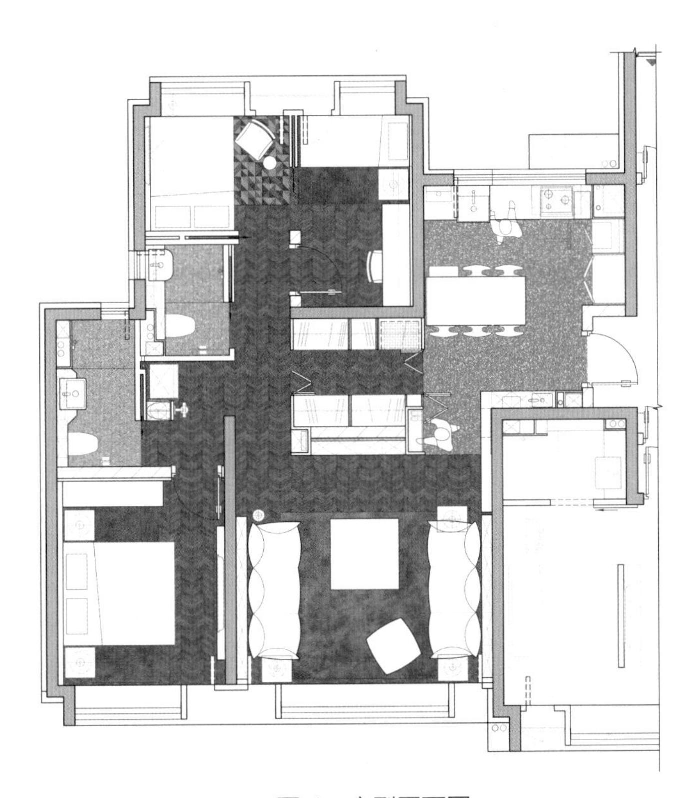

图4 户型平面图

户型创新点

(1) 更衣室是家的“交通枢纽”，是居家活动的终点也是起点；更衣室不需要通风采光，但是它必须是核心。

(2) 开敞厨房+餐厅+玄关，开敞厨房和餐厅结合使用，餐厅借用玄关空间，错峰使用提高空间利用率，餐桌夜间也可成为工作区(图5)。

(3) 沙发围合出独立的大进深起居空间，让客厅不再有走廊穿越(图6、图7)。

(4) 主卧+洗衣间+主卫，将家务部分并入屋主的活动区域，同时临近更衣室，洗衣间借用走廊的同时也是主卧的缓冲空间，主卫在主卧之外，两个卫生间的设计能够很好地照顾两代人的生活习惯(图8~图10)。

(5) 老人卧房+小孩卧房+老人卫生间，针对由老人负责看顾孩子的家庭，我们为老人小孩组合划分了相对独立的区域，用活动隔断分开两间卧室，方便老人照看小孩(反过来照看老人也适用)，隔断开启状态下显得房间更宽敞，同时卫生间采用圆弧洁具，口袋门的设计也更适合老人使用(图11、图12)。

图5 室内装修图一

图6 室内装修图二

图 7　室内装修图三

图 8　室内装修图四

图 9　室内装修图五

图 10　室内装修图六

图11　室内装修图七

图12　室内装修图八

第一主创设计师简介

唐璐

国家一级注册建筑师，就职于中国中建设计研究院有限公司四院。主要参与的项目有于家堡新金融起步区超高层办公楼设计、北川新城央企办公楼设计、长沙华远超高层商业酒店住宅综合体扩初设计、北七家云集商务园办公建筑设计、联想北京新总部园区设计、杭州中国移动研发园区建筑设计、北京百花深处胡同超小型住宅改造方案设计、琼海海淀外国语学校南区建筑规划设计、武威市民勤县综合办公楼设计等。

北京市城市副中心住宅项目

设计单位：中国建筑标准设计研究院有限公司

主创人员：王春雷、杜旭、任亚森、郝博、崔玉、吴泽、王智轩

设计年月：2021 年 5 月

户型面积：88.41m^2、97m^2、118m^2

所在气候区：寒冷地区

知识产权所属：中国建筑标准设计研究院有限公司

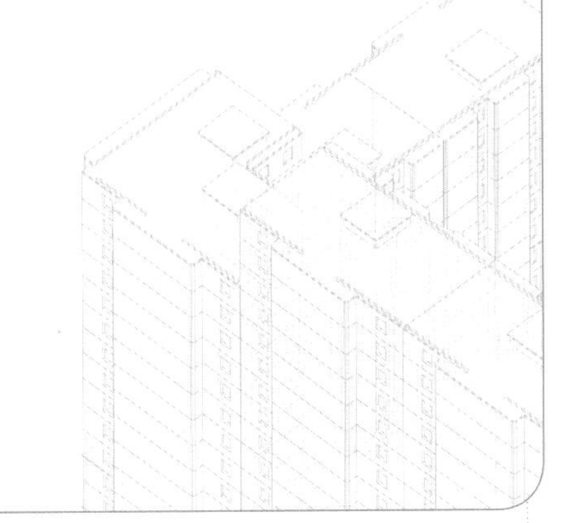

项目介绍

项目用地位于北京市城市副中心，东五环和东六环之间，规划03组团中心处，距离环球影城2.3km，距离大运河森林公园11km。

该项目以都市中产家庭作为客群画像，通过“礼序空间、东方美学、中正大宅”的设计理念，应用绿色建筑设计、装配式建筑设计、超低能耗建筑设计、健康建筑设计、宜居技术等技术，打造传承历史文脉的中式大宅，为客户呈现高品质的住宅作品和最优的居住体验。

规划上采用一中心、两轴线、三组团的规划布局，形成了具有传统韵味的“街—巷—院—宅”的空间层级结构，体现了中国传统营城秩序，构建了完整的空间序列。项目总用地3.77hm^2，总建筑面积14万m^2，容积率2.40。住宅楼共计10栋，建筑高度为36~45m(图1~图4)。

图1　整体鸟瞰图

> 图 2　项目总平面图

> 图 3　大门效果图

> 图 4　沿街效果图

户型设计说明

户型设计中正大气，品质典雅，户型平面增大面宽、减小进深及过多的凹凸层次，优化结构选型及剪力墙布置，注重精细化设计，增大空间使用率。建筑造型设计采用三段式，空调外机采用嵌入式设计，与整体立面造型统一协调。满足高标准承诺，全面采用三星级绿色建筑标准，全面实施装配式装修，使产品更加现代化、智能化、绿色化(图5、图6)。

三居两卫
一梯两户
南北通透
格局方正
礼仪玄关
空间可变

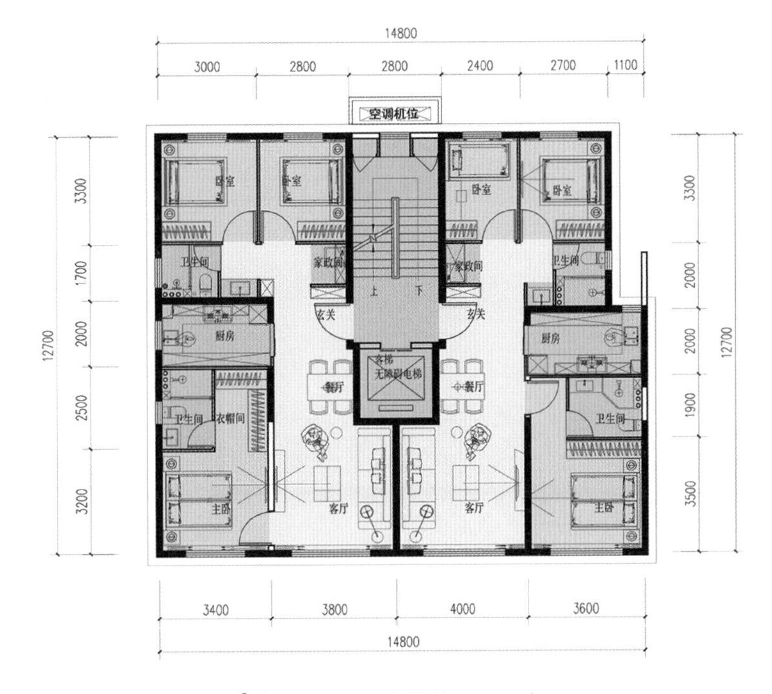

图5 97m² 户型平面图（单位：mm）

三居两卫
南北通透
格局方正
礼仪玄关
空间可变

图6 118m² 户型平面图（单位：mm）

户型创新点

1.户型可变

采用了户型可变的设计思路，根据家庭全生命周期不同阶段的需求可以更改变换使用空间(图7~图9)。

二人世界

适合独立居住的小资夫妻，空间饱满，次卧兼书房或健身房，适合不同的生活需求

1~2孩家庭

适合初为父母的新晋爸妈，设置双床超大儿童房，满足陪护人员同时居住，节省父母精力

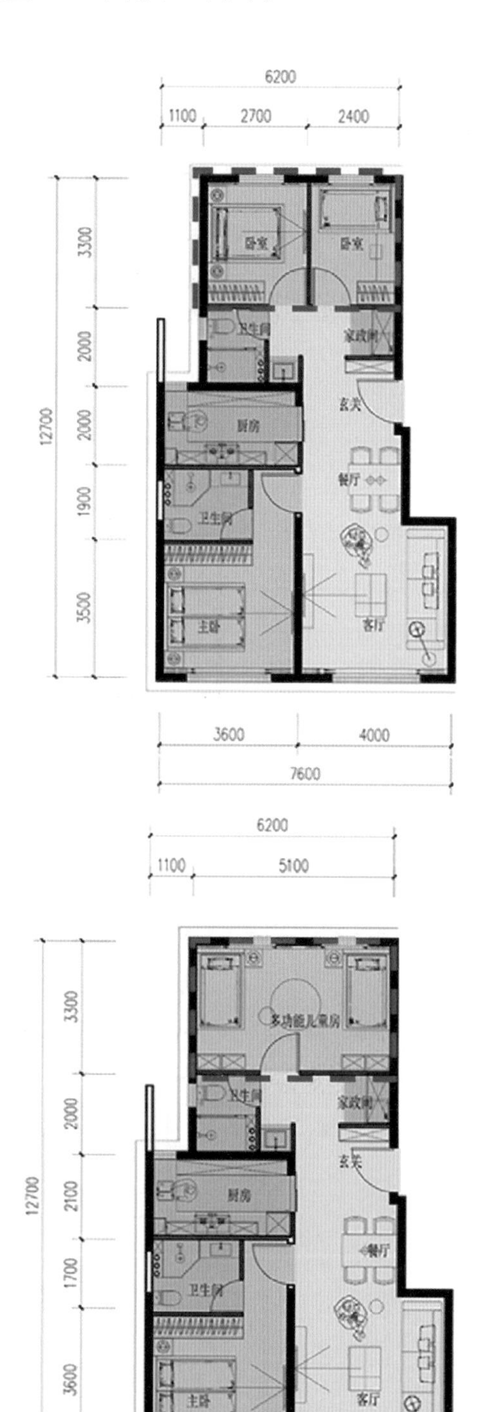

图7　97m^2端户型可变

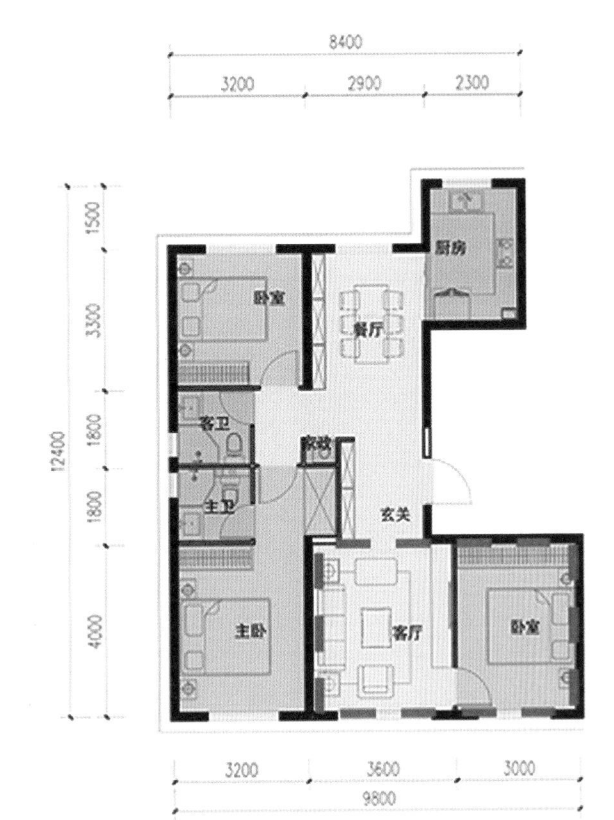

二孩家庭

双主卧设计，三卧室分离，保证居住品质和私密性

宽厅设计

多功能宽厅，提高空间开放性，追求极致享受，容纳一家人的品位与爱好

图 8　118m^2 中间户型可变

二孩家庭

北向两次卧，空间均好性强。可以满足男女二孩家庭成长期优质居住需求

儿童房设计

双床+工人间+游戏区。充分利用北向空间，在婴幼儿成长期提供温暖欢乐的居住体验

图 9　118m² 端户型可变

2.精细化设计

从使用细节和空间点滴入手，在空间和部品使用上更加人性化、合理化、精细化(图10~图14)。

图10　客厅效果图

图11　厨房效果图

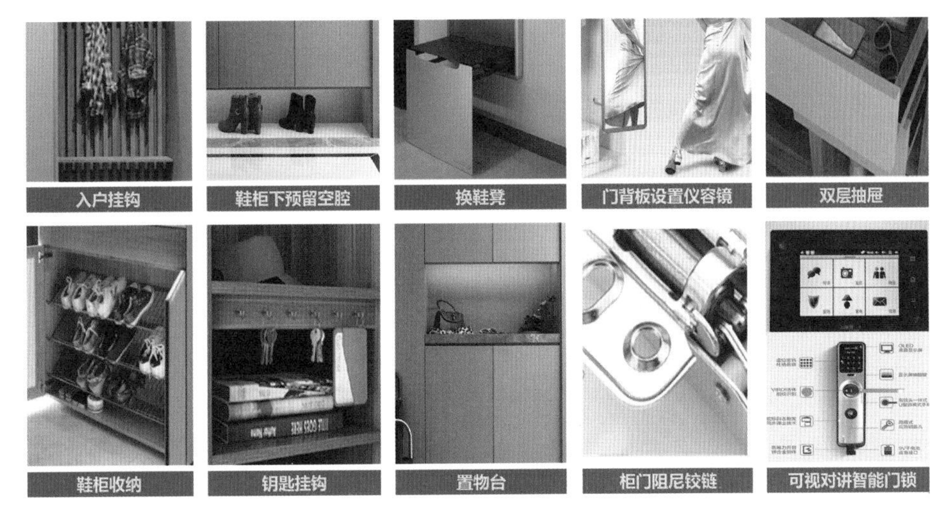

图12　玄关空间精细化

图13　厨房空间精细化

图14 卫生间空间精细化

该项目属于北京的高标准住宅地块，需要实现多种技术的集成以及制度的创新，包括绿色建筑三星级设计、健康建筑设计、超低能耗建筑设计、宜居技术应用、装配式建筑设计、创新管理模式、工程总承包模式、建筑师负责制、绿色建筑性能责任保险和全生命周期BIM技术应用等。

提供高标准的建筑策略，单体平面功能分区、流线布局、结构和机电等设计合理，控制公摊面积，预留长寿命住宅改造条件，避免深凹口设计。

户型面积、功能配置、动静分区、面宽及进深、朝向等设计合理，居室、卫生间数量适当，房间方正、空间尺度适当，朝向合理，空间浪费少；充分利用自然采光及通风，改善居住品质。

住宅外窗设置防盗报警设施，未出现“潜伏设计”。公共交通核和户内的厨房等空间设置合适的消防报警设施。

第一主创设计师简介

王春雷

中国建筑标准设计研究院有限公司副总建筑师，国家一级注册建筑师。2014年荣获“中国房地产创新力设计师”称号，长期从事住宅设计的相关工作和住宅产品线的研究，主持了首开地产产品线的标准化研发工作，并主持设计了雄安容西片区C3单元安置房、凤阳华府、东戴河海天翼、黔西锦绣城、首开·国风尚城、香河珠光逸景等多个住宅项目，作品多次获得国家级和省部级奖项。雄安容西片区C3单元安置房项目获得精瑞科学技术奖和2023年河北省工程设计二等奖，香河珠光逸景项目荣获2023年河北省工程设计三等奖，北京风景项目荣获北京市第十八届优秀工程设计一等奖，重庆线外SOHO及会所荣获北京市第十七届优秀工程设计二等奖和2013年全国优秀工程勘察设计行业奖三等奖，四合上院项目荣获北京市第十七届优秀工程设计一等奖和2013年全国优秀工程勘察设计行业奖三等奖。

从子女到父母的“如意 +”

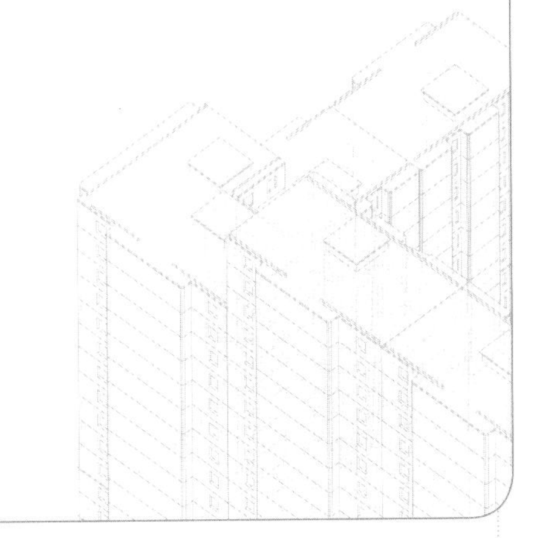

设计单位：山东大卫国际建筑设计有限公司

主创人员：张科栋、邵明垒、范新、王涛、庄丽、荀佳晨

设计年月：2022 年 10 月

户型面积：120m²

所在气候区：严寒和寒冷地区

知识产权所属：山东大卫国际建筑设计有限公司

户型设计说明

该户型设计针对当今时代背景下的多孩家庭、人口老龄化及人们对健康的重视程度越来越高的现实，研究健康住宅户型创新，以解决未来住房因家庭结构调整而带来的多样性问题。设计从不同家庭结构及人居使用角度出发，探讨同时适用于11层及以下的住宅产品的结构。在一定的户型框架内，结合人居需求，打造健康舒适的户型产品。该户型产品为11层以下住宅产品，户型面积为120m²，阳台面积6.7m²，公摊面积18.81m²，得房率为83%。户型类型为三室两厅两卫，三面宽朝南，动静分区明确。该套型户型产品设计旨在通过功能空间优化措施，解决居住结构调整所带来的家庭场景适应性问题，在只改变南向儿童房一道隔墙的情况下，满足从核心家庭到主干家庭再到三代居最后回到两代居的空间变化需求(图1~图4)。

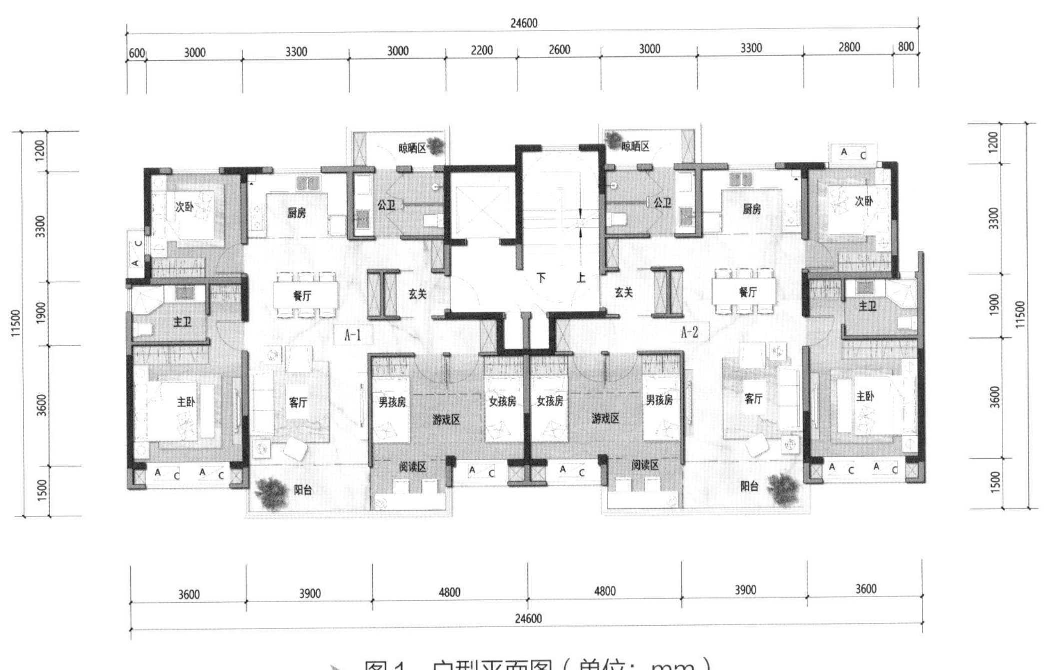

图1　户型平面图(单位：mm)

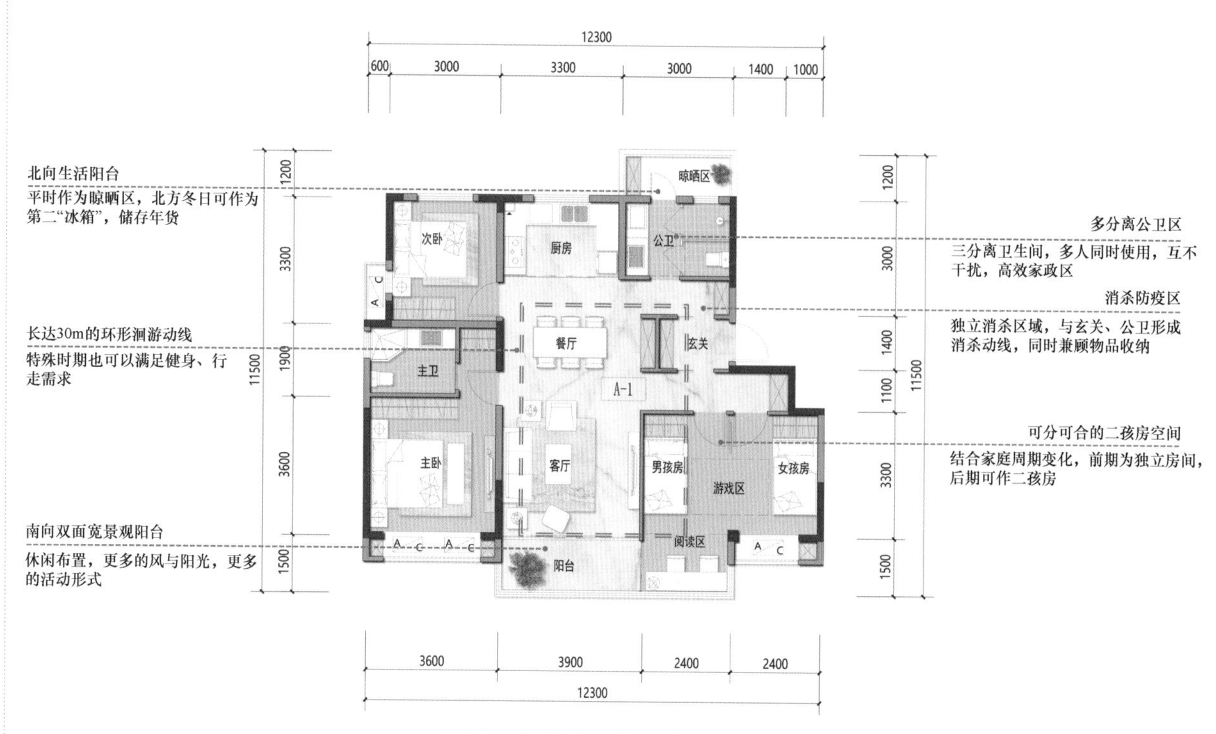

图2　户型特点分析（单位：mm）

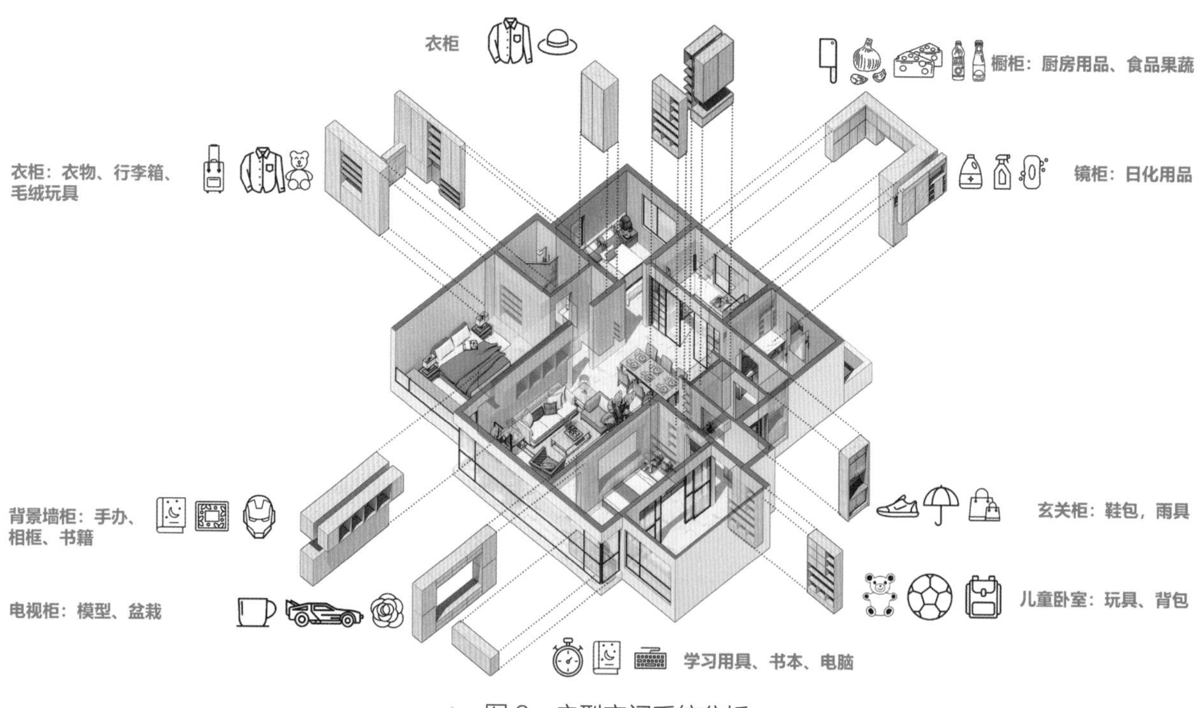

图3　户型空间系统分析

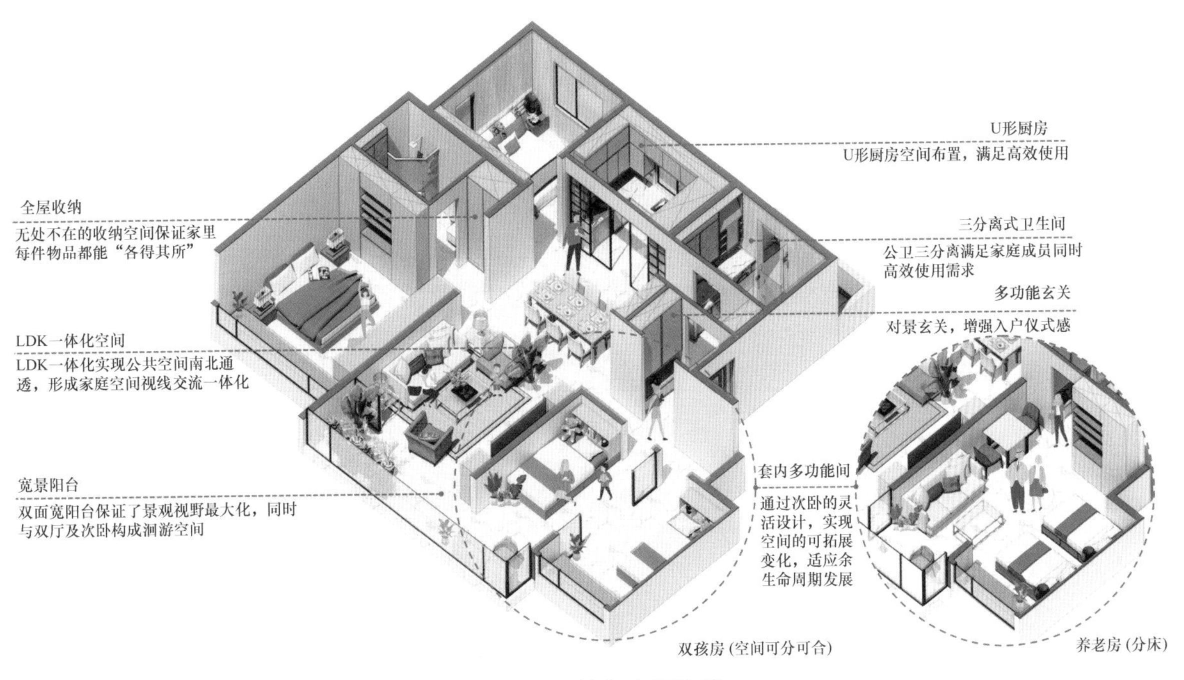

图4 储物空间分析

户型创新点

1.基于家庭全生命周期的户型演变

该户型结构适应当下装配式建筑的要求，将承重墙沿外侧布置，内部仅留必要的方柱，户型方正，体形系数小，改造限定在方形可变空间，改造成本低、历时短，仅用轻质隔墙和定制柜体的组合、改变就可适应住宅全生命周期需求，具有较强的适应性与可变性，能够满足家庭结构变化的居住需求(图5)。

在以上可变空间的基础上，根据家庭人数，对墙体、门窗等填充体在空间限定条件下进行组合，由此可以形成从一居室到四居室的不同户型。随着时间的不断推移和家庭成员的不断变化，将实现从两口之家到四口之家，再到三代同堂总计六种户型的变化。在全生命周期中，可以根据居住需求调整户型，其演变过程既是生长，也是一种循环(图6)。

2.泛玄关空间设计

满足超大入户收纳、三分离公卫以及家政空间需求。同时借助空间设计提供双动线，厨余流线与归家流线有效分离，保证空间的整洁。此外，可将玄关独立设置，北侧设置消毒物品存放区，与公区卫生间共同形成消杀防疫区，将病毒“拒之门外”。玄关部分可以作为洄游路线的一部分，可以打通南向卧室空间，将客厅、餐厅、玄关、卧室、阳台等公共空间串联，形成30m长的环形洄游路线，即使在家也可以环屋行走，满足居家运动的需要。

3.公区设计

公区空间开敞，功能多样。餐客一体化设计，餐厨南北对位，厨房开敞，使空间互动及视线渗透性增强，厨房除冰箱空间设计外，还考虑冰柜空间设计，保证特殊时期的超大食材储备。整体户型充分利用空间实现超大收纳，满足户型的多种收纳需求。

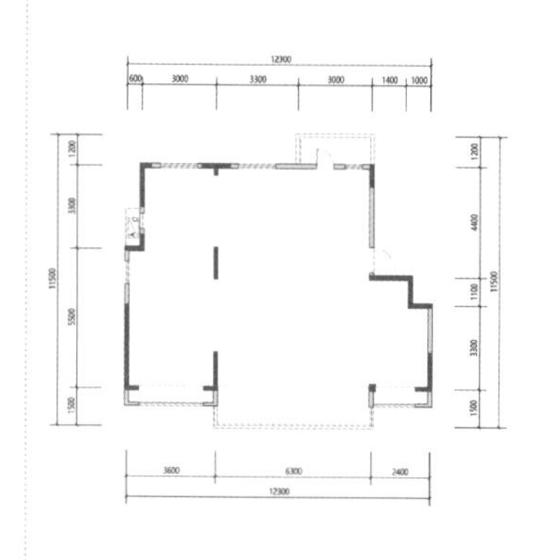

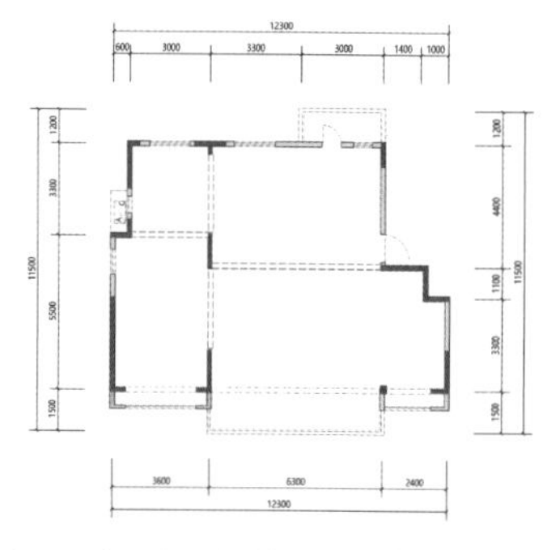

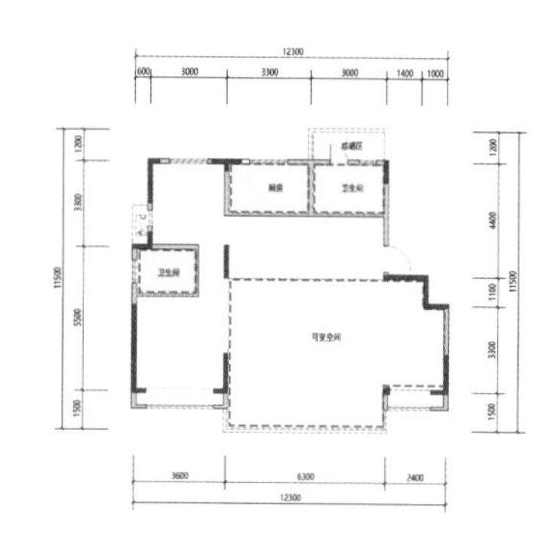

图5　户型可变性条件（单位：mm）

两口之家
新婚夫妻

三口之家
夫妻+一个孩子

四口之家
夫妻+两个孩子

三代同堂
夫妻+二孩+老人

三代同堂
夫妻+三孩+老人

三代同堂
两代居

图6　户型空间的周期性变化

第一主创设计师简介

张科栋

山东大卫国际建筑设计有限公司董事、总经理助理，第二创作分院主任，国家一级注册建筑师、高级工程师，九三学社社员。从业20余年来，从传统建筑革新、新技术应用、文化保护与传承等不同角度进行建筑设计的创新探索，力求通过设计来协调自然、历史、文化与人之间的多元关系，为使用者带来适宜的建筑体验感。他不仅热爱建筑设计创作，而且追求建筑设计高标准、高质量地呈现。他具有丰富的实践经验，主持设计的银丰财富广场项目获得全国优秀工程勘察设计行业优秀建筑工程设计三等奖、临沂大学图书馆项目获第四届全国民营设计企业优秀工程设计华彩奖金奖；此外，他设计的项目还荣获了全国及省内行业优秀设计奖十余项，发表了多篇具有学术价值的论文，得到了业界的高度认可。

华东高层住宅设计

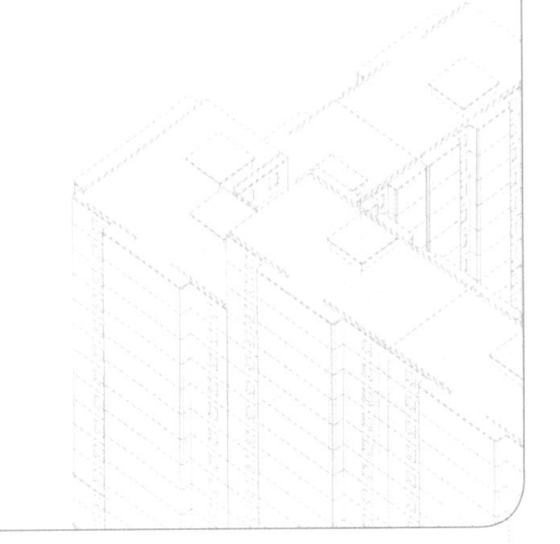

设计单位：中科（北京）建筑规划设计研究院有限公司

主创人员：朱育嵩、张海龙、渠文华、刘振华

设计年月：2023 年 8 月

户型面积：A 户型建筑面积 116.97m^2、套内面积 89.61m^2

所在气候区：夏热冬冷地区

知识产权所属：中科（北京）建筑规划设计研究院有限公司

户型设计说明

良好的通风采光——满足健康需求。

灵活可变空间——满足运动等大空间需求。

公共智能系统——满足无接触需求。

家居智能系统——满足长期居家需求(图1~图3)。

图1 华东高层户型室外效果图

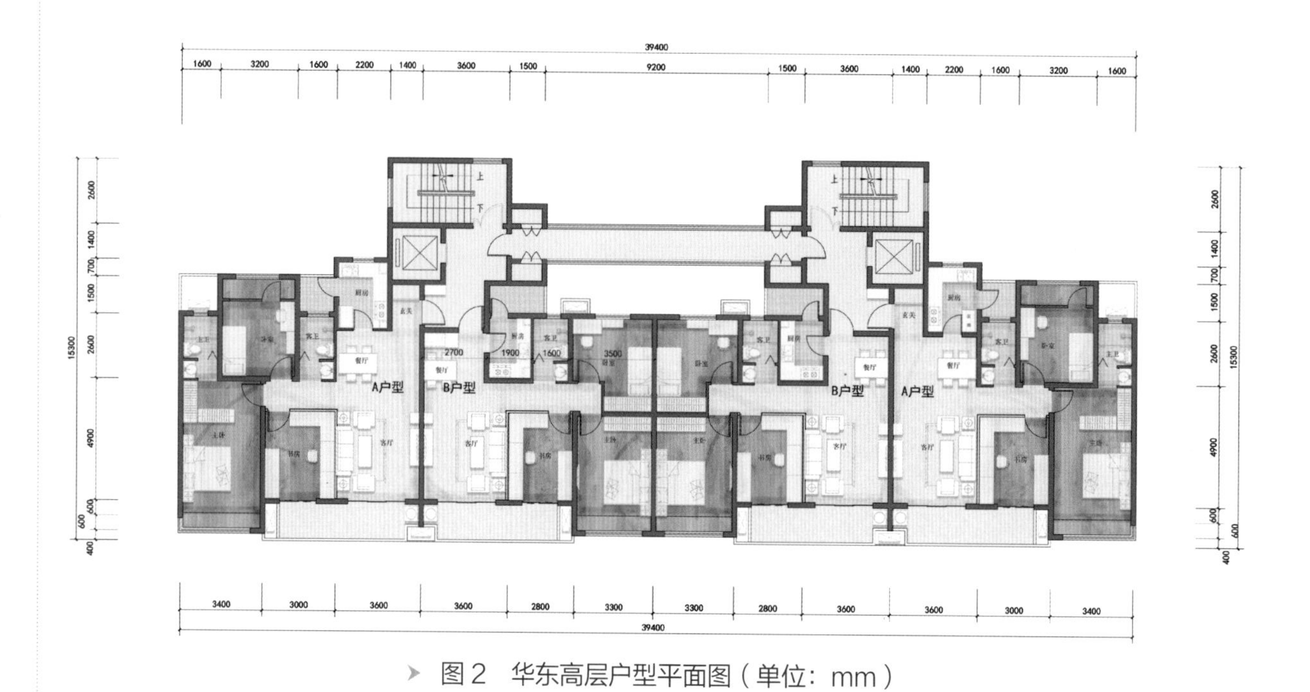

图 2　华东高层户型平面图（单位：mm）

图 3　华东高层 A 户型放大平面图（单位：mm）

户型创新点

(1)独立玄关，并配有玄关收纳，满足卫生间分隔需求。

(2)双面宽阳台，满足健康需求，提供灵活可变空间。

(3)卫生间三分离布置，提升使用效率。

(4)客厅与书房之间以轻质隔墙分隔，房间可灵活布局，满足家庭全生命周期需求。

(5)厨房流线顺应拿、洗、切、炒流线，相互之间无交叉(图4~图7)。

图4 华东高层A户型客厅

图5 华东高层A户型客卫一

图6 华东高层A户型客卫二

图7 华东高层A户型阳台

第一主创设计师简介

朱育嵩

国家一级注册建筑师、国家城乡规划师、高级工程师，清华大学建筑学学士、清华大学建筑学硕士，现任中科(北京)建筑规划设计研究院有限公司副总经理，拥有近20年的建筑设计及项目管理经验，参与了国内许多大型项目的设计工作，并在几项重点工程中承担管理工作。他注重创造特色城市与空间感的设计理念，坚信建筑艺术是综合功能、空间形态、材料、技术以及文化的时代产物。

无界——打破隔阂，可持续发展

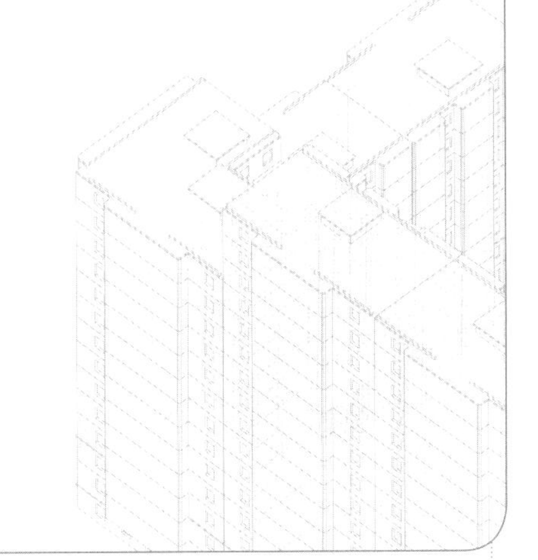

设计单位：海尔集团
主创人员：徐文凯、李小龙、皇甫辰杰、季留香、潘昭妤、王越、梁永稳、张贵星
项目工期：2022年10月
户型面积：90~120m^2
所在气候区：夏热冬冷地区
知识产权所属：海尔集团

户型设计说明

设计背景：

在供给侧劳动力人口下滑、人口红利消退、用工压力增大的背景下，国家提出“发展装配式建筑、推动新型建筑工业化”的号召。装配式建筑能够节省至少50%的现场施工时间，搭装现场基本无扬尘和建筑垃圾，大大减少了环境污染问题，与数字化技术相结合，能在各方面提升协同速度和效率。装配式装修在能耗方面，以及水、煤、材料的用量上大大低于传统装修，很大程度上节约了成本和能源。通过标准化设计、模块化生产、装配式施工，可以大大缩短施工工期，减少工人技术的不可控性，降低人工费用，节约建筑建材及维修成本，有效解决建筑能耗问题以及传统建筑施工中造成的环境污染问题（图1、图2）。

设计理念：

该设计方案结合工业化装配式理念，结合家庭全生命周期考量，对室内空间进行去墙化设计，打破空间局限，为人居空间带来更大的可塑性与自由度。结合海尔智家“三翼鸟”场景设计研发，定制出更具生命力和普适性的智慧家庭全场景解决方案（图3、图4）。

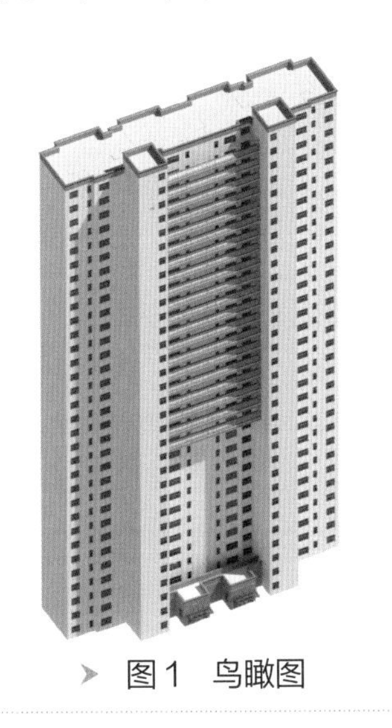

图1 鸟瞰图

图2 楼型图

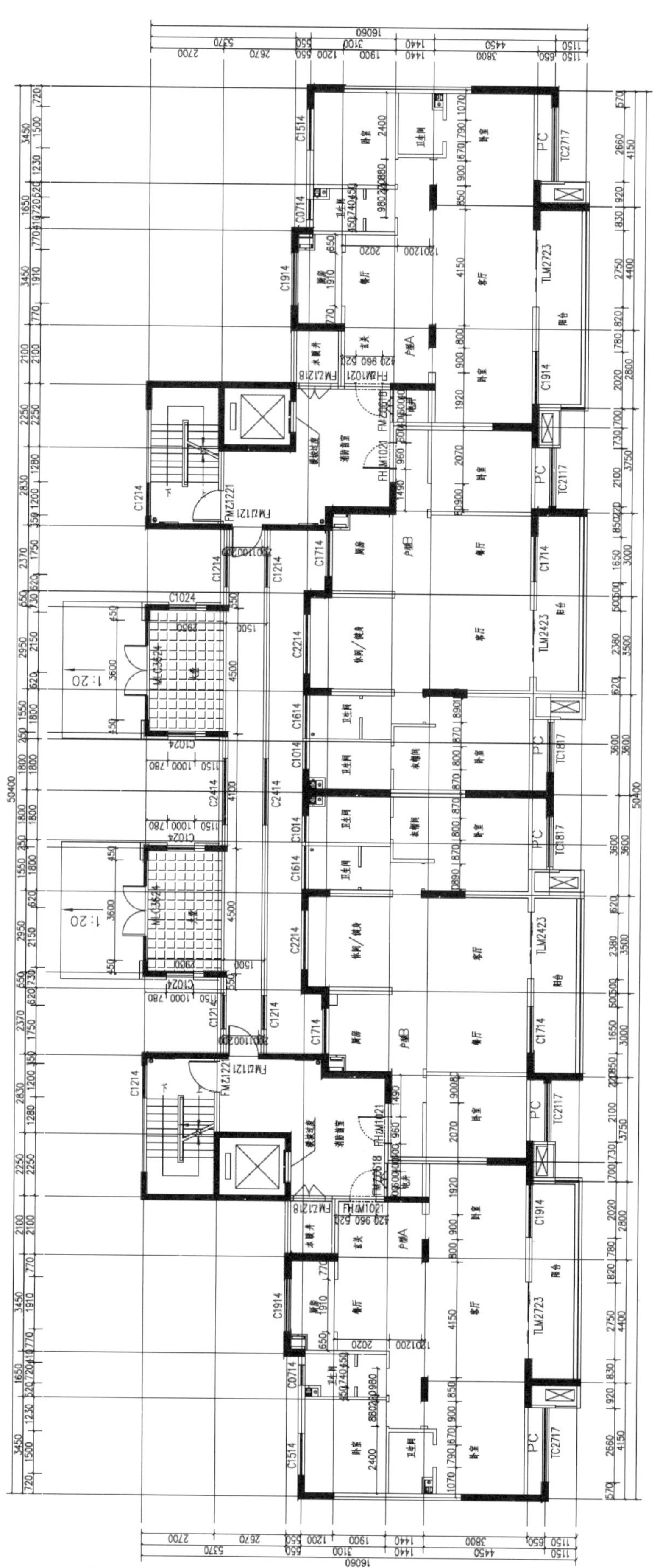

图 3　标准层建筑平面

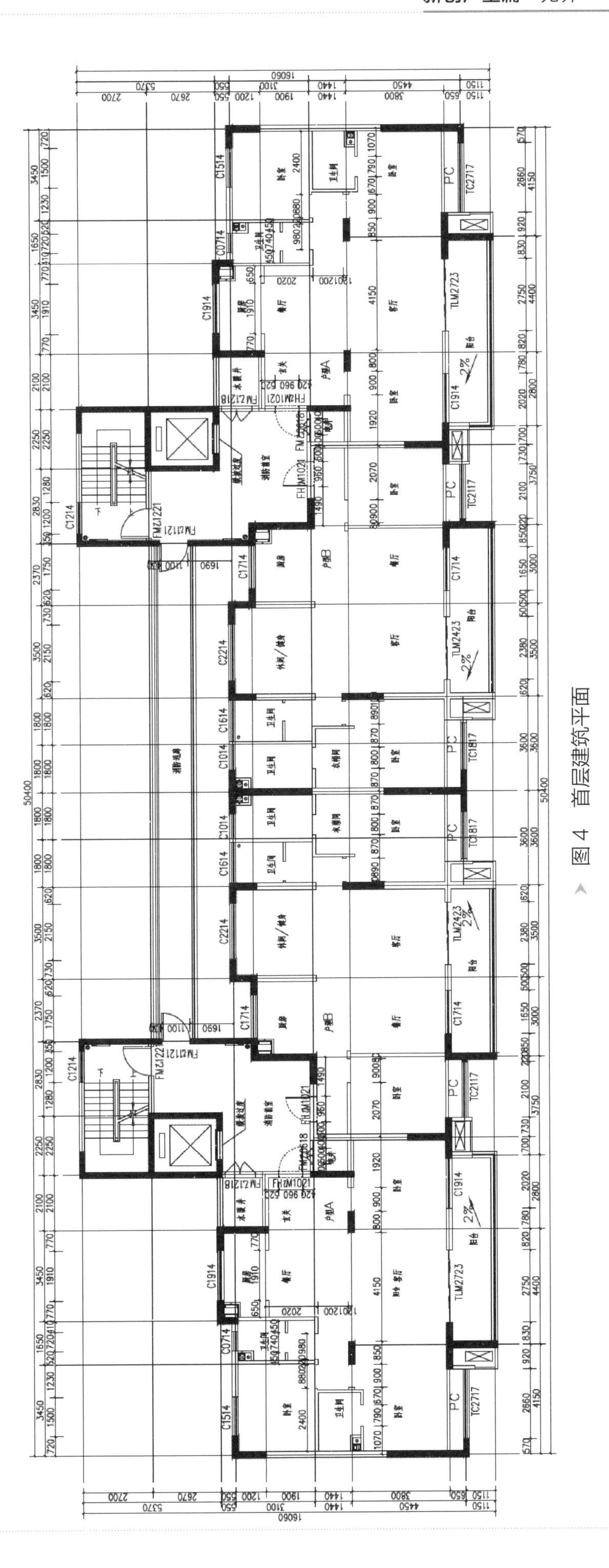

图 4　首层建筑平面

户型创新点

1.方案特点

⑴综合考虑家庭全生命周期需求。结合针对顶级房企的户型、空间、场景分析与研发，同个户型，通过模块演变，研究从二人世界到三口之家到二孩时代再到花甲之年的人口结构发展过程，结合居住者各个年龄阶段不同的生活方式和居住需求，打造多样化、智能化室内设计方案。

⑵富有生命力的灵活空间。室内去墙化设计，在保证建筑结构承载的前提下减少室内空间的墙体，增大了空间自由度，为当今越来越个性化、年轻化的业主群体提供更具创造空间的户型基础。不仅为业主后期户型改造提供极大便利，也使房企增强了去化能力，提高了产品力。

⑶装配式集成设计绿色节能。结合装配式建筑集成设计，嵌入模块化场景，如玄关餐边柜集成模块，融合衣物收纳护理、西厨及小厨电集成、客厅展示及储物等多重功能，通过家电与柜体的咬合关系，高效利用空间，打造能够成套批量输出的“电器塔套组”。

⑷全屋智能化场景。利用海尔智家的全系列家电产品优势，结合“三翼鸟”场景＋卡萨帝＋生态资源，针对户型的三大系统和五大空间(全屋空气、全屋用水、全屋智能系统＋客餐厨卫卧空间)，打造空间与家电相辅相成、融合为一体的“智慧家”，而不再是家电和家装的简单堆砌。

⑸内部空间采用多条洄游动线，使内部流线组织多样化，动静分离，适合不同场景的需求。

2.技术应用及创新点

⑴将内装装配式以电器塔等集成模块的形式承载，设计模块化集成组，既将生活场景高效浓缩整合，又可实现批量化、轻便化施工。

⑵将单体家电与居住空间中的硬装、家具、家电、场景结合，打造融合智慧家电的全屋智能居住场景。以工业化模块与模数的关系推导空间，方便灵活替换、场景迭代；以集成模块为单位，完成功能空间的划分与扩展。

⑶用BIM技术，将设计方案可视化，管路电气走向及碰撞一目了然；结合SU(草图大师)软件，将搭载尺寸信息、施工信息、材料信息、价格信息的产品和生态模型录入云端库，可实现多岗位协同设计，设计资源同步共享。基于真实的四类信息基础，可实现一键报价出图、设计效果所见即所得(图5~图7)。

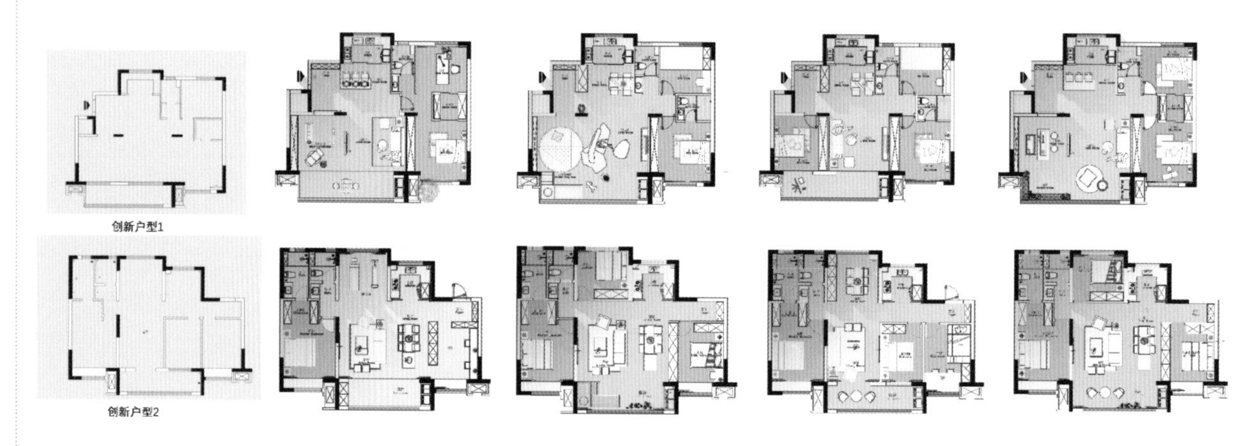

图5　户型平面图

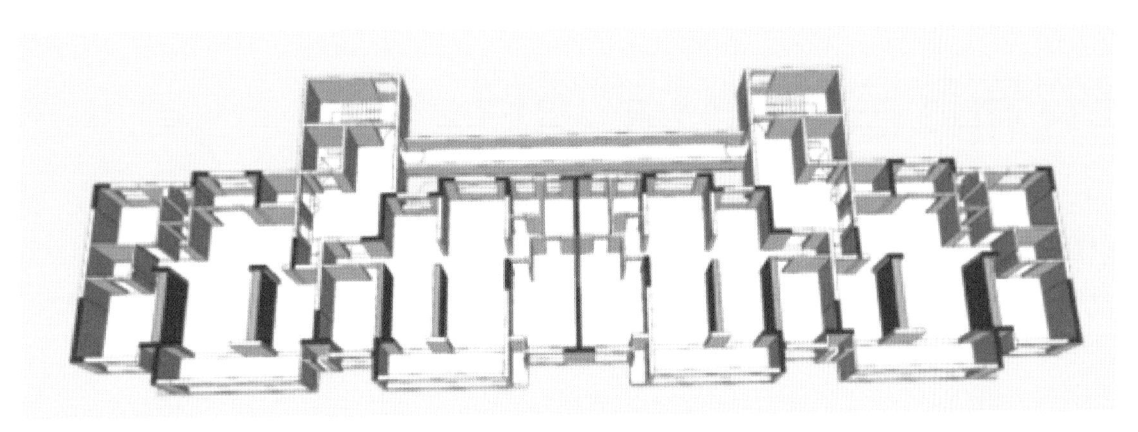

图6 户型鸟瞰图一

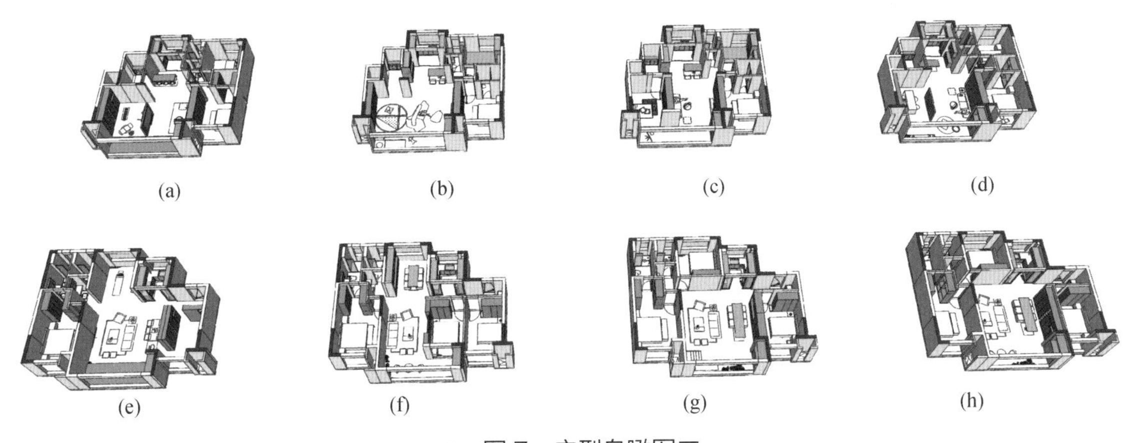

(a) (b) (c) (d)

(e) (f) (g) (h)

图7 户型鸟瞰图二

第一主创设计师简介

徐文凯

海尔集团工程平台三翼鸟住宅集成设计总监，室内设计专业，从业10余年。

雄安新区启动区住宅项目

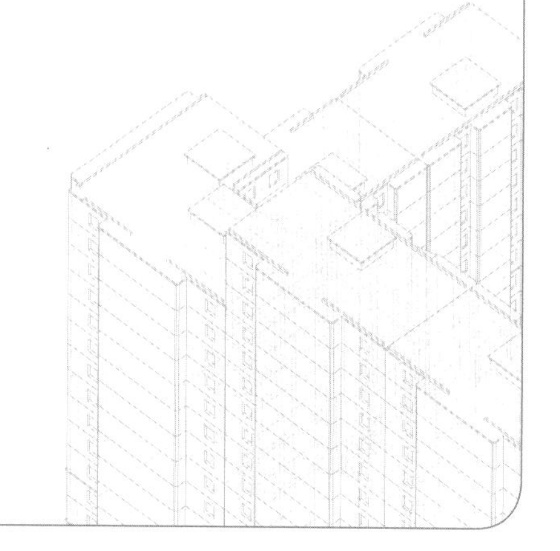

设计单位： 中国建筑标准设计研究院有限公司

主创人员： 王春雷、杜旭、任亚森、郝博、崔玉、吴泽、王智轩

项目工期： 2021 年 11 月

户型面积： 120.9m²

所在气候区： 严寒和寒冷地区

知识产权所属： 中国建筑标准设计研究院有限公司

户型设计说明

该项目地块位于河北雄安新区启动区西南部。启动区作为雄安新区率先建设区域，承担着首批北京非首都功能疏解项目落地、高端创新要素集聚、高质量发展引领、新区雏形展现的重任。项目包含四处住宅用地、三处居住综合用地以及市政绿化用地，以生活居住功能为主。项目整体定位为雄安新区核心区域的住宅典范，是具有复合功能的精品社区和城市综合体，拥有舒适便利的可变住房和人文社区，以及开放时尚的商业街区和艺术空间。项目总用地10.85hm²，总建筑面积29.33万m²，容积率为1.86（图1、图2）。

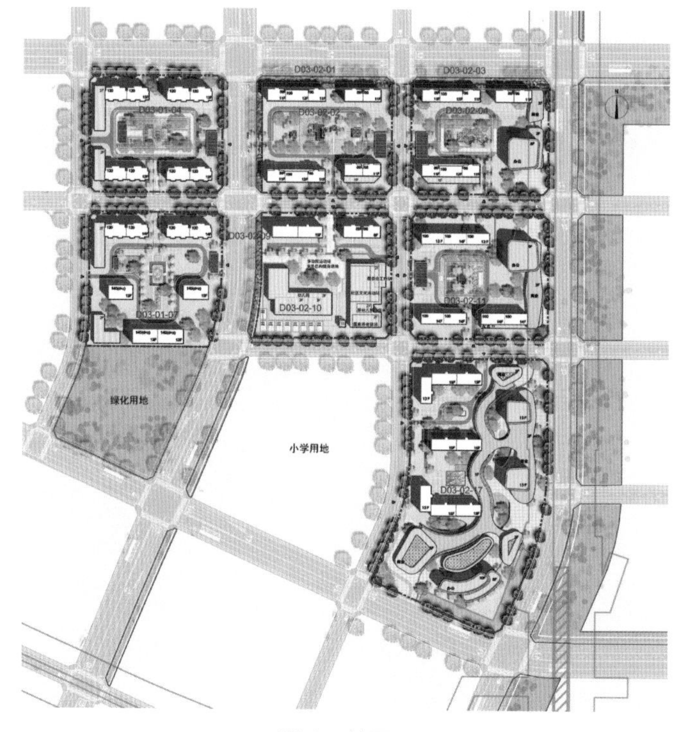

图1 总平面图

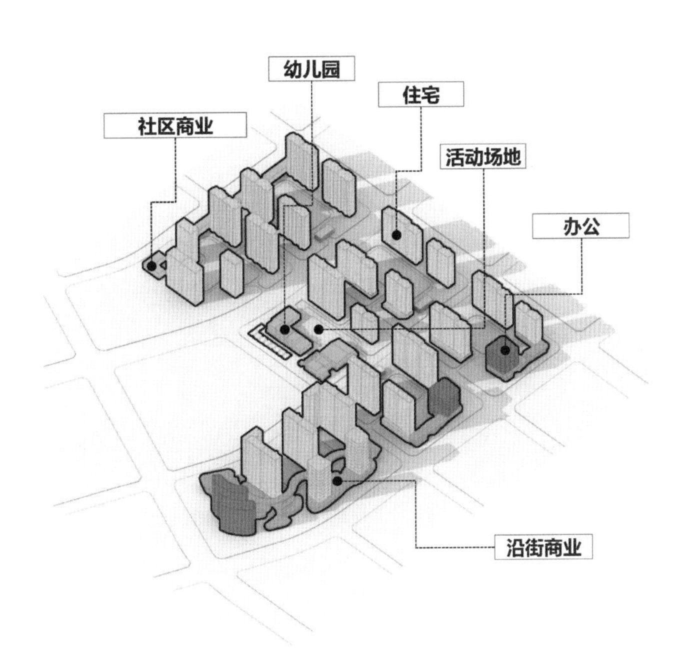

图2　功能分析图

在规划上强调了以下特点。

(1)解读遵循上位规划，呼应风貌形态，结合开发价值逻辑，融汇雄安模式。

(2)挖掘土地价值潜力，打造生活圈层，一环两轴三心七院，形成有机整体。

(3)开放共享城市客厅，激活住区核心；邻里互动社区大堂，构建交往空间。

(4)打造城市形象界面，勾勒城市天际，创造城市开放门户，刻画形象地标。

(5)立体绿化下沉景观，首层开放架空，营造礼仪空间秩序，注重归家体验。

(6)合理组织交通流线，实现人车分流，车库布局紧凑连通，减少建设成本。

五块住宅地块的小区入口两两相对，小区礼仪大门正对中心花园，打造出私密围合的花园社区。租赁住房更加注重开放便捷，独立成区，布置在南侧地块。最南端的弧形写字楼为区域地标，在东侧形成高低起伏、错落有致的城市天际线和街道景观。

在设计理念中提炼出礼序空间，遵循东方美学，打造中正宅院和构建中式园林，这四点是新中式建筑的设计精髓，立面采用新中式的建筑风格，通过三段式的节奏把控、中式屋顶形象和分缝纹样等细节雕琢，整体塑造了现代简约的中式风格(图3、图4)。

优秀户型为120m^{2}三室两厅两卫户型，适用于33~54m高度的住宅建筑。整体户型布局方正，居住条件优异，户型结构清晰、可变(图5)。

其设计特点为：客厅的面宽为5.2m，拥有优秀的采光通风条件。方正的宽厅与餐厅、厨房空间形成LDK一体化的空间布局，形成了南北通透、方正大气的客厅空间，服务聚会、就餐、休闲等多种场景。客厅和次卧在南向设计了8.6m长的超长宽景阳台，具备种植、健身、休闲、晾晒等多重功能，同时形成了室内的洄游路线，且能够方便轮椅通行。户型拥有独立电梯厅和独立归家流线设计，增强了归家的仪式感和私密性。入口设置玄关和对景，提升了入口空间的品质。户型设计了独立的阳光餐厅，同时具有中厨和西厨，中厨采用宽U形厨房和隐藏式推拉门，打造明亮舒适的餐厅空间(图6、图7)。

图 3　项目效果图

图 4　沿街效果图

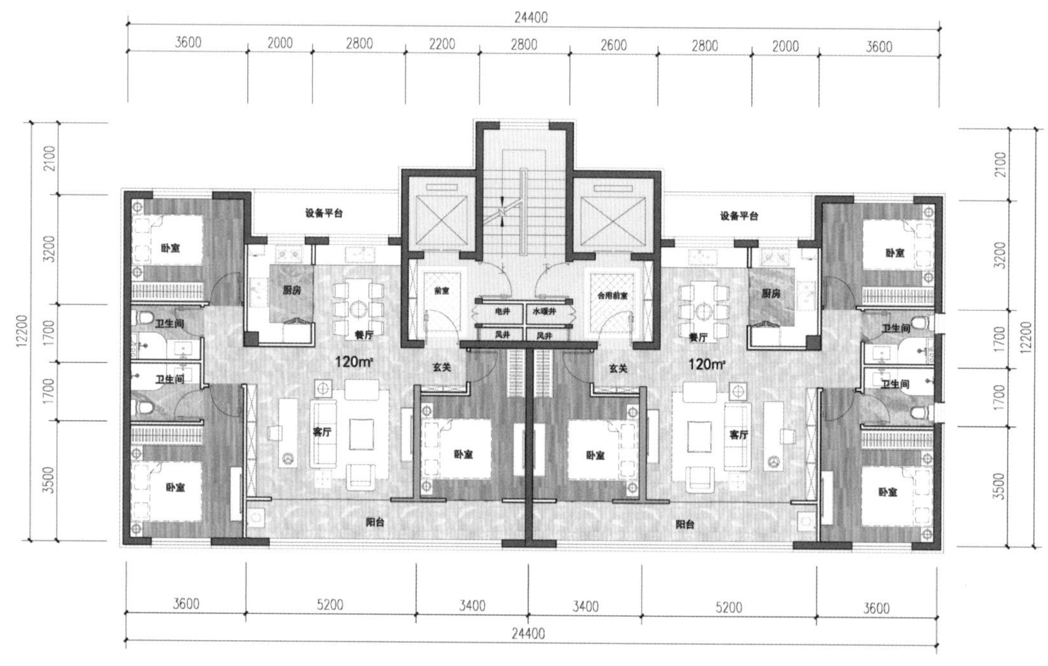

图 5　户型平面图（单位：mm）

图 6　厨房效果图

图 7　卧室效果图

户型创新点

全生命周期的可变设计：该户型采用SI住宅体系，在结构上户型内部只有一根柱子。住户可根据家庭结构的不同，灵活转变为一室两厅单身贵族、两室两厅摩登家庭、三室两厅齐美之家和三室两厅双主卧两代居等4种可变户型，满足不同使用人群的需求，适应人生不同阶段的需求变化(图8)。

全生命周期的可变设计赋予了户型产品灵活的适应性，尊重每一个客户在人生不同阶段的差异化需求，诠释了覆盖全生命周期的品质改善体系，这也正是中国建筑标准设计研究院有限公司百年宅体系的独特优势。

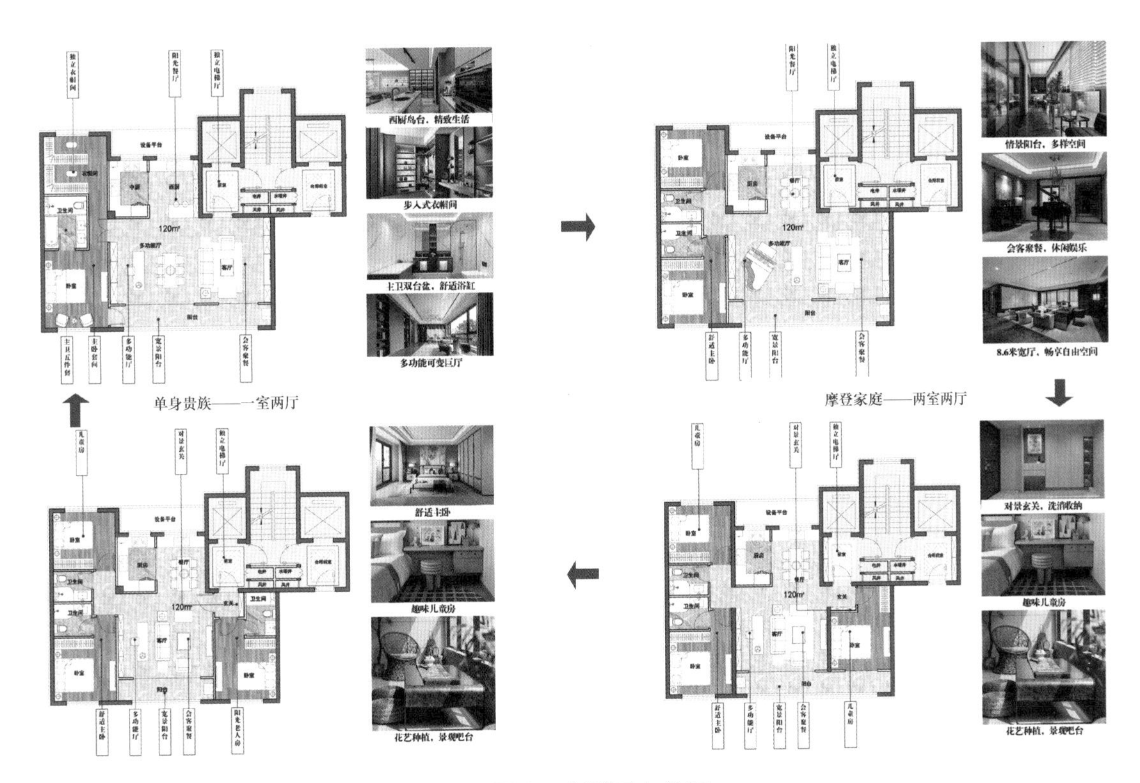

▶ 图8　户型可变分析

第一主创设计师简介

王春雷

中国建筑标准设计研究院有限公司副总建筑师，国家一级注册建筑师。2014年荣获“中国房地产创新力设计师”称号，长期从事住宅设计的相关工作和住宅产品线的研究，主持了首开地产产品线的标准化研发工作，主持设计了雄安容西片区C3单元安置房、凤阳华府、东戴河海天翼、黔西锦绣城、首开·国风尚城、香河珠光逸景等多个住宅项目，作品多次获得国家级和省部级奖项。雄安容西片区C3单元安置房项目获得精瑞科学技术奖和2023年河北省工程设计二等奖，香河珠光逸景项目荣获2023年河北省工程设计三等奖，北京风景项目荣获北京市第十八届优秀工程设计一等奖，重庆线外SOHO及会所荣获北京市第十七届优秀工程设计二等奖和2013年全国优秀工程勘察设计行业奖三等奖，四合上院项目荣获北京市第十七届优秀工程设计一等奖和2013年全国优秀工程勘察设计行业奖三等奖。

理想生活之家

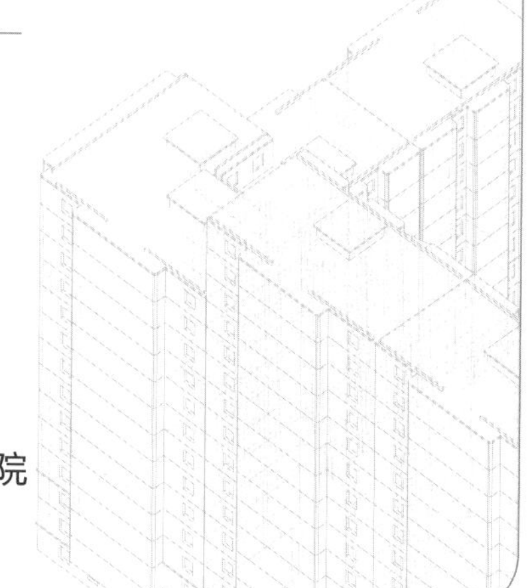

设计单位：中国建筑西北设计研究院有限公司华筑建筑设计研究院
主创人员：田彬功、张娟、于弘、戴巍、白宗锴
项目工期：2022 年 10 月
户型面积：120m^2
所在气候区：严寒和寒冷地区
知识产权所属：中国建筑西北设计研究院有限公司华筑建筑设计研究院
陕西金泰恒业房地产有限公司

户型设计说明

设计户型名称为“理想生活之家”，为一梯两户120m^{2}四室两厅三卫户型，适用于33m以下高度的住宅建筑，户型主要探讨在小户型面积下，满足三代人及二胎时代等不同时期不同结构的家庭的居住需求(图1、图2)。

该户型以三代同堂及二胎家庭等不同结构家庭的居住需求为出发点，通过可变户型的设计理念，实现空间的最大灵活性和适应性。核心设计亮点在于“三室+X”的空间布局，这一创新概念赋予了居住者极大的自由，能根据家庭成员的不同构成，灵活调整空间用途。

动静分区的设计保证了居住空间的静谧与舒适，而三卫的配置更是匠心独运，可根据家庭需要灵活调整至双套房+一个公共卫生间的布局，既保障了私密性，又提升了居住的便利性。此外，户型中引入了LDK一体化设计，餐厅与西厨台巧妙结合，形成交互式餐厨空间，极大地提高了日常使用的便捷性和效率，同时丰富了家庭生活场景。这一设计不仅考虑了家庭的当前需求，还前瞻性地考虑了家庭全生命周期的变化，为现代的新居住方式提供了理想的解决方案(图3~图5)。

图1　项目效果图

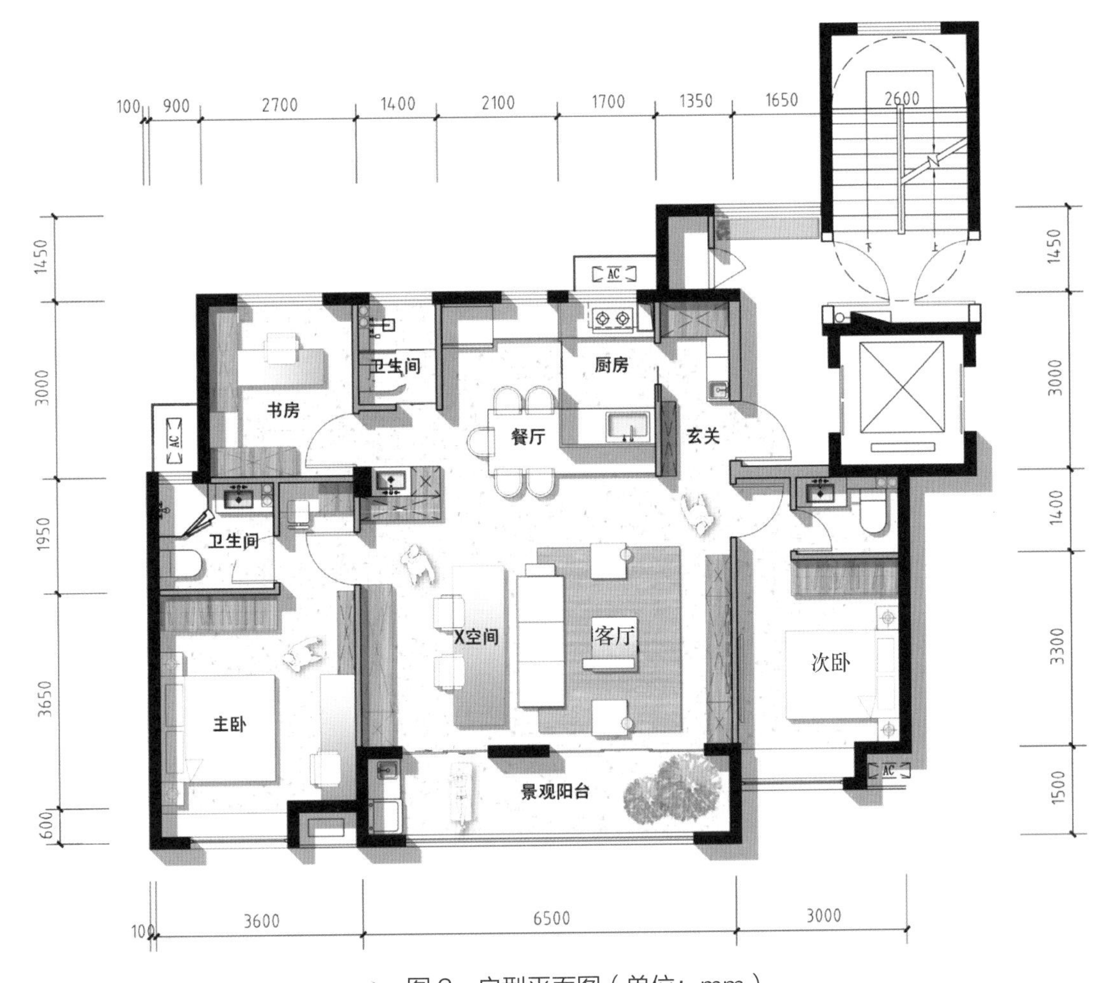

图2 户型平面图（单位：mm）

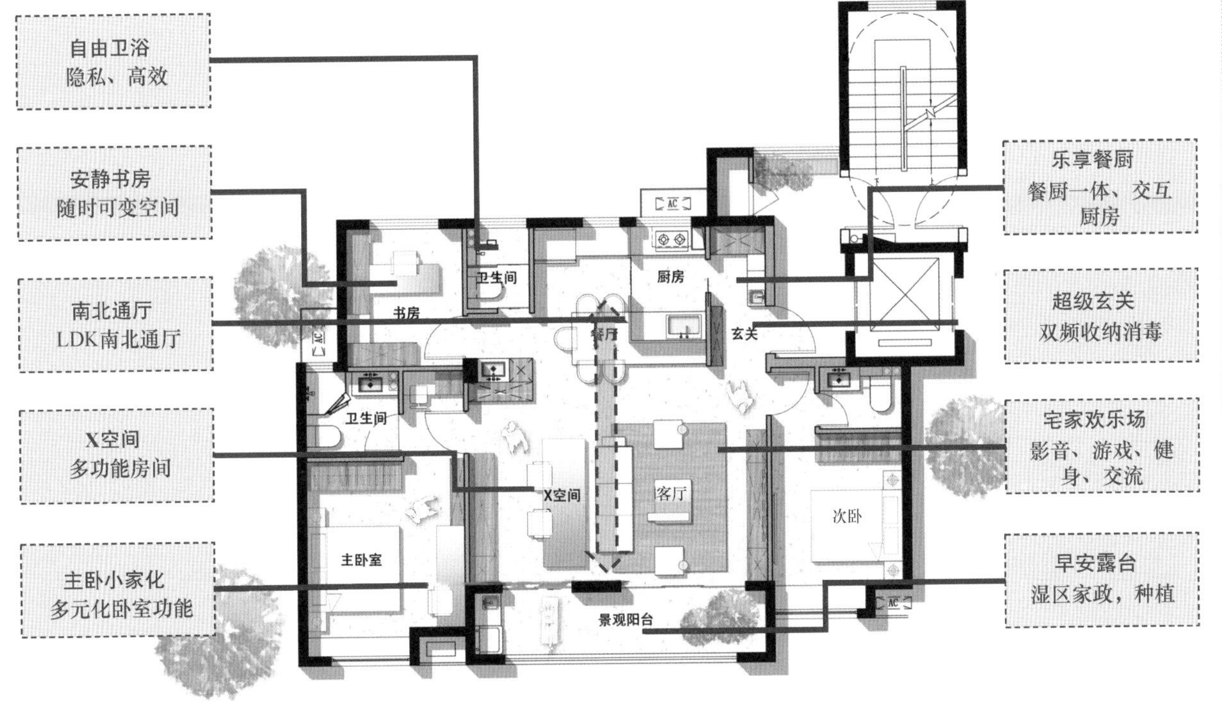

图3 户型解析图

图4 室内效果图一

图5 室内效果图二

户型创新点

1.家庭全生命周期户型设计

家庭全生命周期户型设计，旨在打造一个能够适应家庭成员变化、生活阶段转变和个性化需求的居住空间。该设计充分考虑了从单身到结婚、从二人世界到三口之家乃至多代同堂的完整家庭生命周期，确保每个阶段都能得到最佳的居住体验。通过灵活可变的空间布局、全生命周期适应性、储物与收纳的智能化、个性化与定制化等设计要点进行户型设计，不仅能够满足家庭成员在不同阶段的需求，还能提供舒适、便捷、环保和个性化的居住体验(图6)。

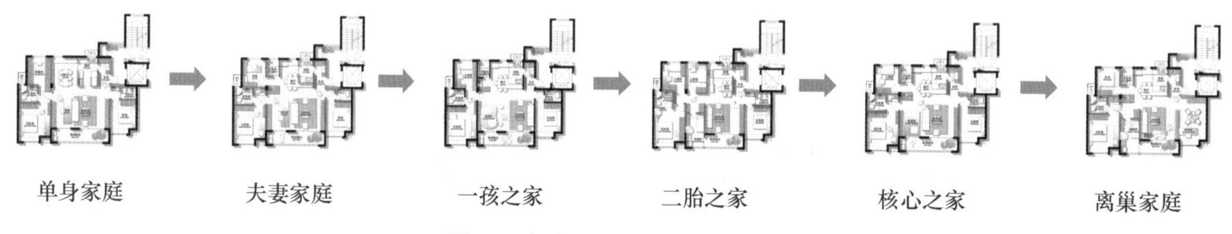

图6 家庭全生命周期户型设计

2. 智慧住宅

智慧住宅方案体系是以云边架构为基础，以数智体系应用能力为核心，围绕地产建设生命周期，耦合地产业务系统的智慧化方案集群。聚焦助力地产建设各阶段的数字体系建设，在营销阶段，构建案场数字营销体系；在居住阶段，融合智能家居与公共空间智能服务应用，打造舒享社区；在运营阶段，变革物业管理模式，助力管理提质增效，辅助决策优化，建立集约化管理服务体系。

同时基于深度学习的智能产品、算法，助力社区服务提升，打造科技生活空间。无感通行、掌机生活，提供了智能家居服务体系。室内外打通，各物联系统无缝连接智能协作，构建数字体系，助力集约化管控变革，提升了管理效率、对异常事件进行预判预防以及对紧急情况快速响应，拉通原有业务系统，变革组织模式，优化决策机制，从而构建科技舒享社区，全面提升社区品牌力(图7)。

3. 超级收纳

根据物品属性及使用频率的不同，收纳空间兼有隐藏型收纳和展示型收纳功能，将不美观的隐藏起来，让适合展示的收藏品有地方更好地展示它的美。收纳空间采用“三七原则”，即隐藏70%的乱，展露30%的美，通过对空间的集约合理利用，提高室内容积率合理划分功能动线，通过设备的合理布局和操作流程梳理，提高家政的工作效率。注重人体工学，通过对尺度的调整、对细部结构的优化以及对功能的进一步分析等方式，形成卧室衣物收纳、家政阳台家政收纳、餐厨收纳体系。收纳空间分为五大储物空间，即玄关柜、橱柜、公共储物柜、浴室柜以及衣柜，同时对收纳空间的特性以及收纳特性进行设计分析，整理得出的收纳特性有充分性、合理性、全面性、利用率、专业性和特殊性，再根据不同收纳属性进行收纳设计。最终户型收纳面积达到17.30m^2，其中展示型收纳5.7m^2，隐藏型收纳11.6m^2，在满足收纳需求的同时兼具部分展示收纳功能，提升收纳水平与属性(图8)。

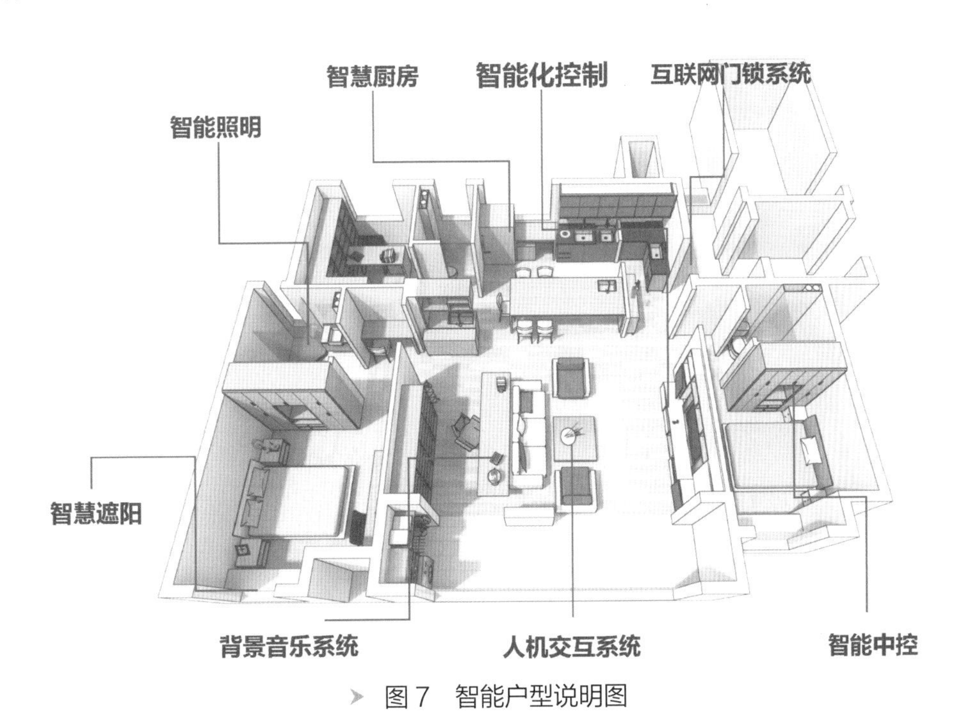

图7　智能户型说明图

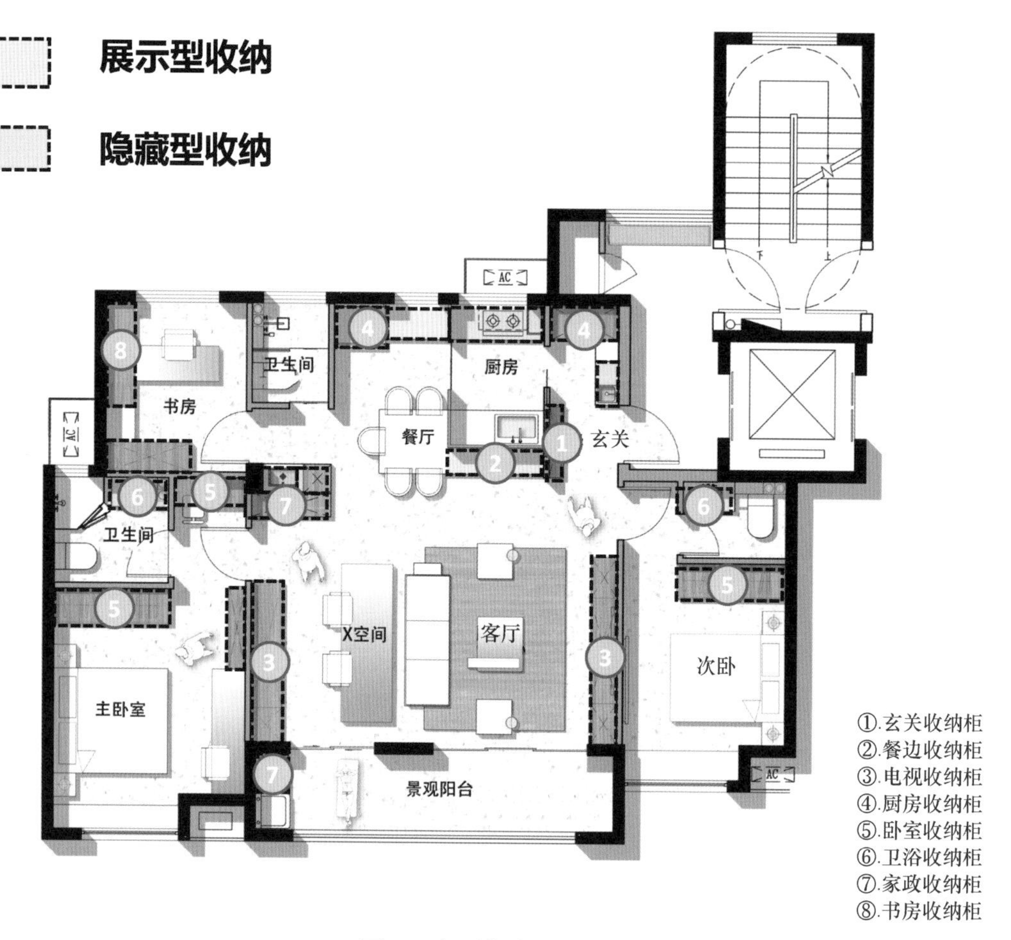

图8 户型收纳说明

第一主创设计师简介

田彬功

高级工程师、国家一级注册建筑师，现任中国建筑西北设计研究院有限公司华筑建筑设计研究院副院长。个人曾获2016年中国建筑西北设计研究院有限公司第二届青年主创建筑师、2016年中国建筑西北设计研究院有限公司青年岗位能手、2017年度吉林市优秀勘察设计师、2020年度中国建筑西北设计研究院有限公司先进工作者等荣誉。

田彬功深耕建筑设计领域，积极拓展省内外市场，带领团队多次中标国内重大城市公共建筑项目，如洛阳市洛河综合治理三大节点工程、吉林市玄天岭文化公园项目、洛阳市牡丹博物馆、吉林市人民艺术中心、吉林市江南公园植物馆、玉门市王进喜纪念馆、河南省工人疗养院、内蒙古马文化博物馆、郑州滨河新城文体中心、洛阳地铁一号线隋唐城站城市设计竞赛等项目。在院内设计方案评审中曾获院优秀方案一等奖(华清池御汤酒店星辰苑项目)、竞赛优秀奖(铜仁锦江绿道沿线驿站)、院优秀方案二等奖(吉林市玄天岭文化公园综合配套工程项目)、院优秀方案二等奖(吉林市纪委监委留置业务用房项目)等。

此外，田彬功具有较高的政治素质和坚定的理想信念，思想和行为时刻与党中央保持高度一致，具有较强履行职责所必需的领导力，在工作上认真履行岗位职责，大局意识强，坚决服从组织的安排，不断为推动新时代建筑行业的发展贡献个人力量。

绿色好户型 · 自然新生活

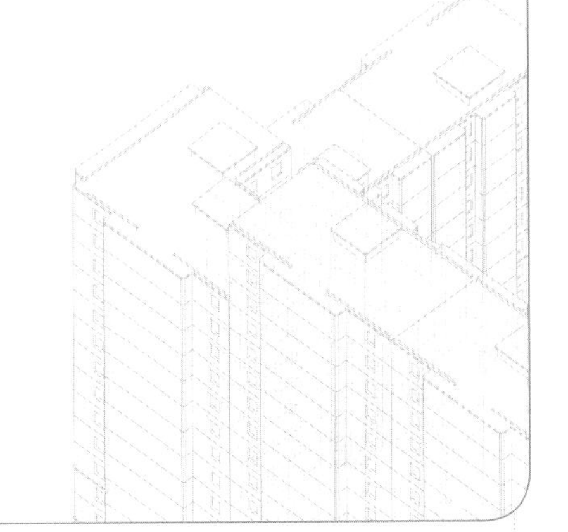

设计单位：深圳金地研发设计有限公司

主创人员：曾识丁、王光礼、林涛、吕乐、李广臻、顾彬彬

项目工期：2022 年 10 月

户型面积：90~120m^2

所在气候区：夏热冬冷地区

知识产权所属：深圳金地研发设计有限公司

户型设计说明

住宅类型为小高层，建筑高度33m，户型面积为102m^{2}与117m^2(可变28m^2、45m^2、49m^2、52m^2、59m^2)。117m^{2}户型四房两厅两卫，套内面积95.67m^2，建筑面积117.14m^2；102m^{2}户型三房两厅两卫，套内面积80.26m^2，建筑面积102.25m^2。整体使用率为86.54%(图1~图9)。

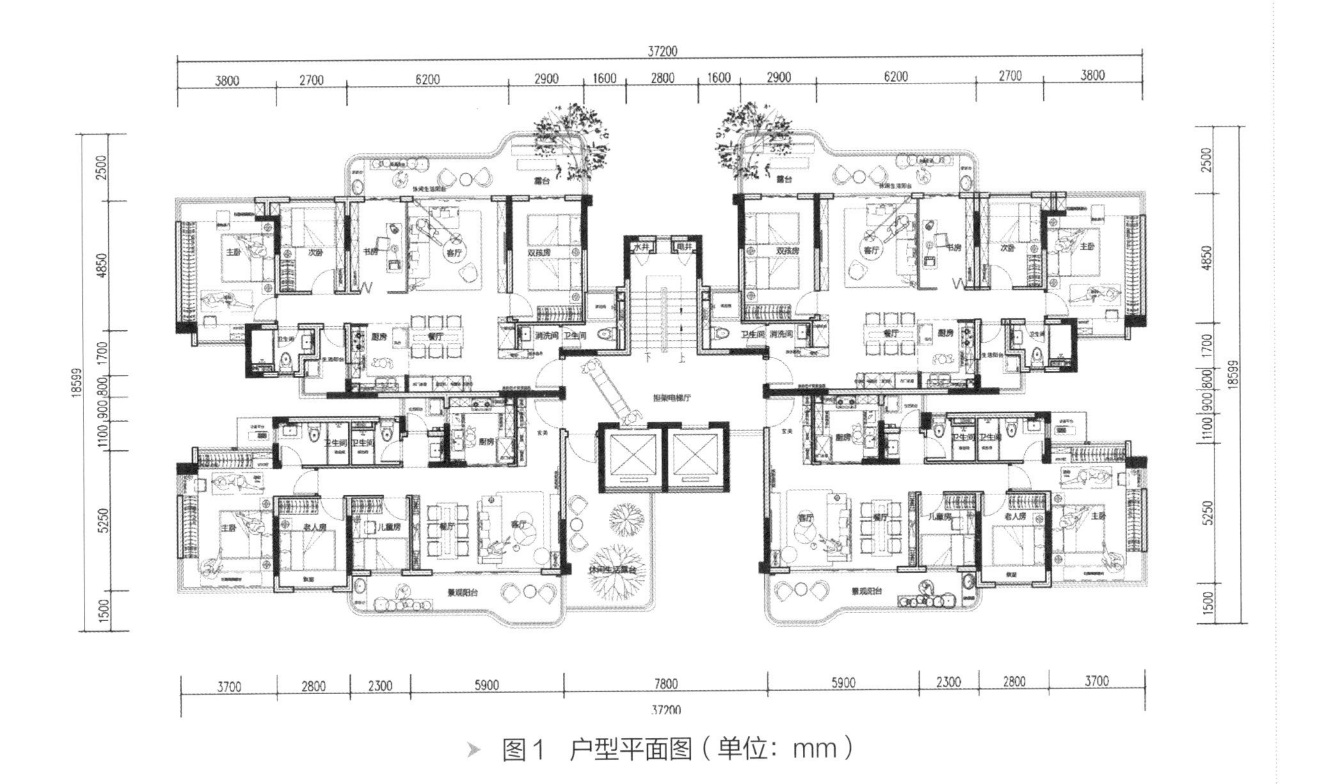

图1　户型平面图（单位：mm）

图2　建筑效果图一

图3　建筑效果图二

图4　建筑效果图三

图5　建筑效果图四

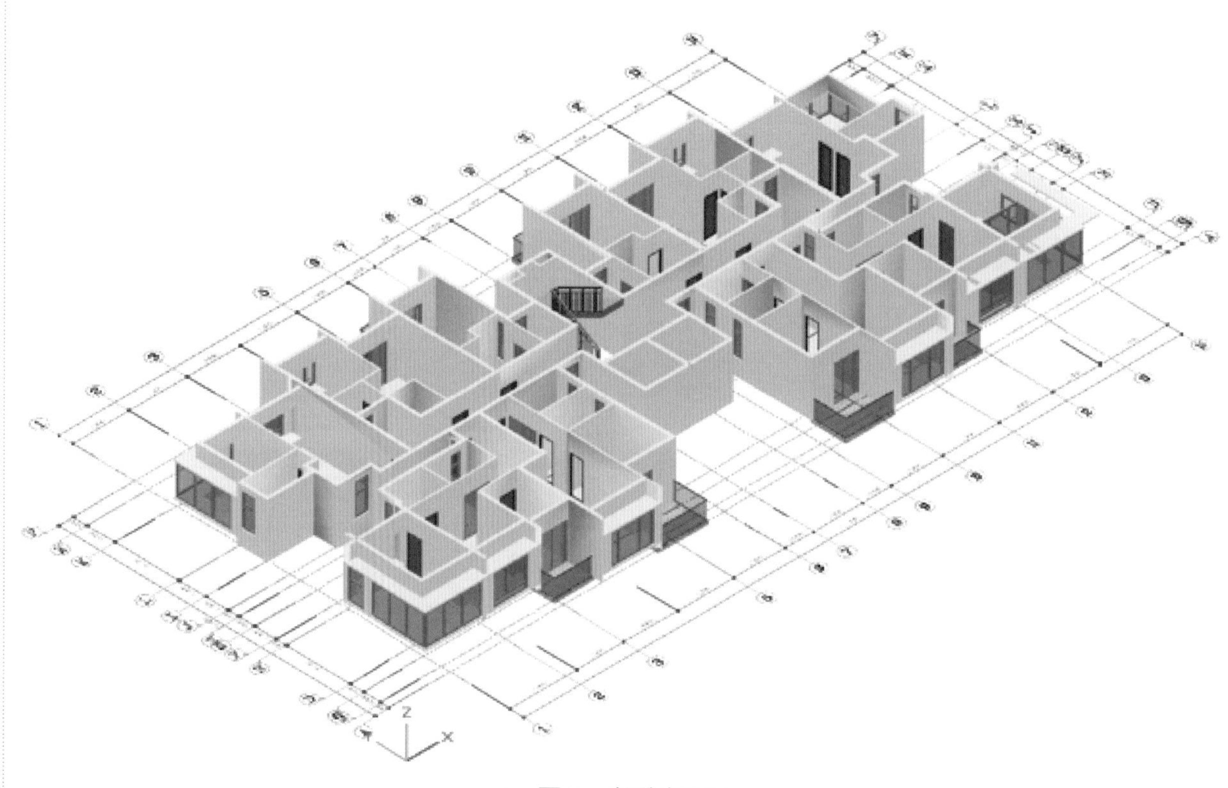

图6　鸟瞰户型图

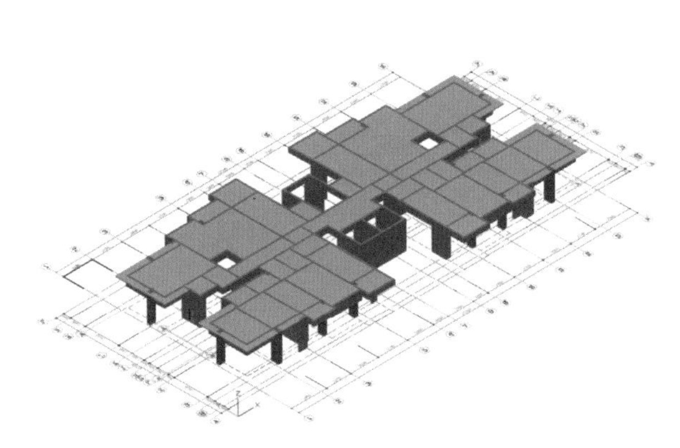

(a) 结构标准层模型

(b) 机电标准层模型

图 7 标准层模型

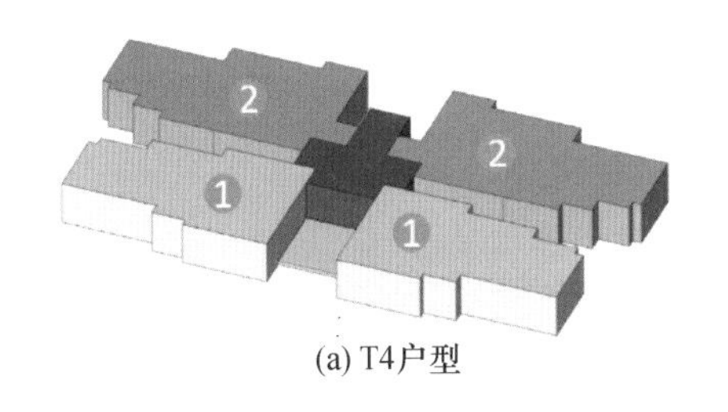

(a) T4户型

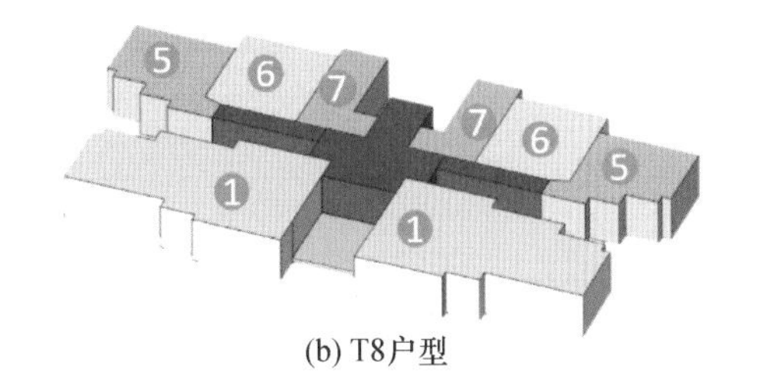

(b) T8户型

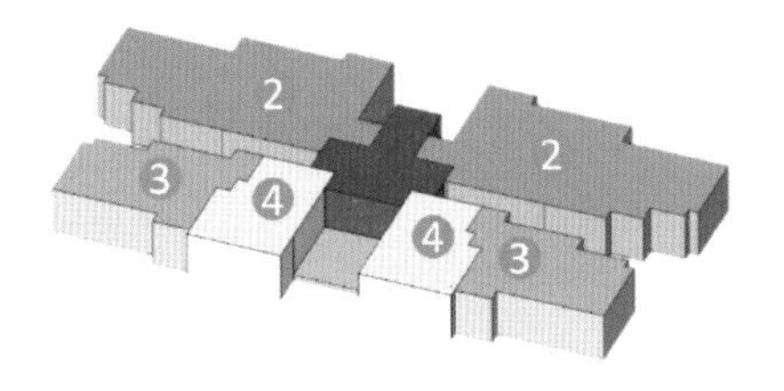

(c) T6户型

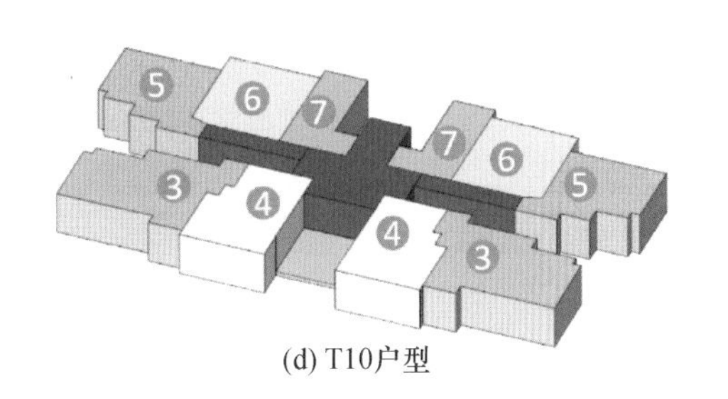

(d) T10户型

户型面积段

1 117m²户型
2 102m²户型
3 52m²户型
4 59m²户型
5 45m²户型
6 49m²户型
7 28m²户型

图 8 户型图

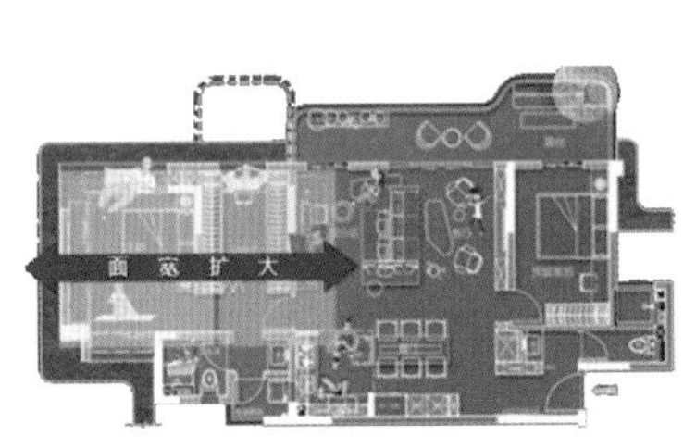

主卧
+
次卧
=
代际平权
各有一隅

(a) 二人世界

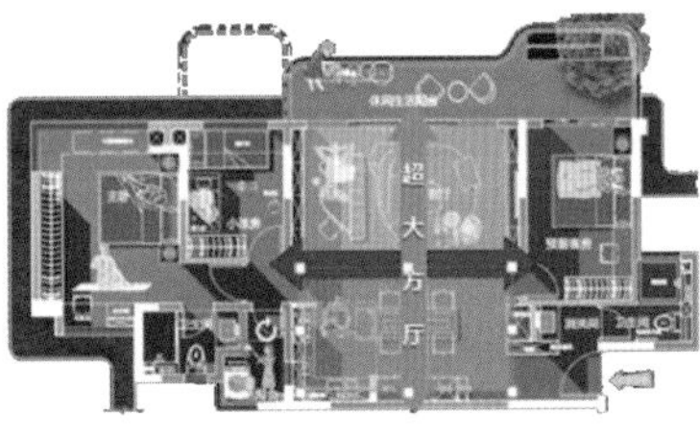

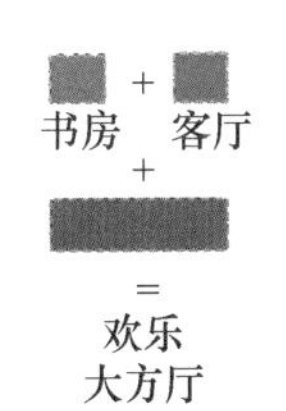

(b) 三口之家

阳台
+
次卧
=
成长性
儿童房

(c) 三代同堂

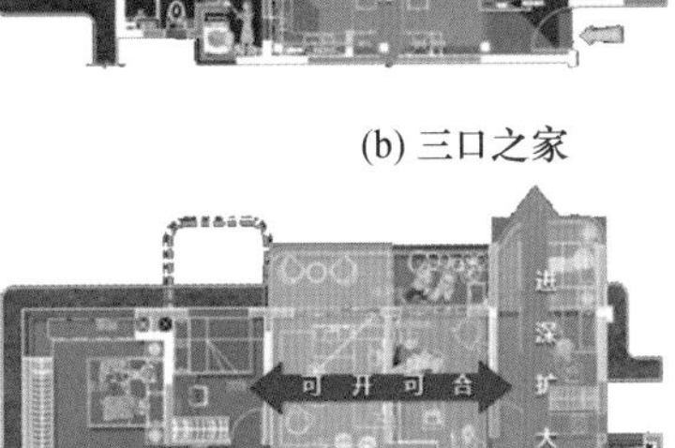

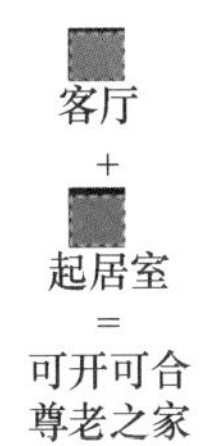

(d) 尊老之家

图 9 户型解析图

户型创新点

设计理念：拥抱绿色好户型，融入自然新生活。

方案特点：受各类外因影响，居家生活、办公成为主流，随着经济的降速，业主置换周期变长，同时客群消费也多元化，随着Z世代客群的崛起，产品需要突围，需要更加关注颜值、品质、绿色与健康。户型为多面宽住宅、多功能客厅设计，采光通风效率高。

技术运用：项目中运用了BIM技术、装配式建筑集成、光伏发电技术、空气源热泵技术、太阳能热水器技术、集中储能技术(图10~图13)。

创新点：户型可变、全生命周期循环住宅、防疫设计、空中花园、绿色建筑、适老化设计等(图14、图15)。

这个项目中的光伏设备放置在楼栋的顶层，是住户日常用电的来源。

光伏对比火力发电，具有6大优点：无枯竭危险；不受资源分布地域的限制，可利用建筑屋面的优势；能源质量高；安全可靠，无噪声，无污染物排放，绝对干净(无公害)；无须消耗燃料和架设输电线路即可就地发电供电；建设周期短，获取能源花费的时间短。

图10　新能源设置——光伏

除了在屋顶设置光伏板，还布置有太阳能热水器，进一步为用户降低生活所需要的能源消耗。

太阳能相比传统热水器具有四大优点：全自动安静无噪声，排污净化的功能，环保无污染的特点，比燃气热水器更加安全可靠。

图11　新能源设置——太阳能热水器

空气源热泵布置在楼栋每层的设备平台处，为冬季的供暖工作做好了充足的准备。

空气源热泵对比传统空气能源热泵具备有四大优点：空气源热泵系统冷热源合一；空气源热泵系统无冷却水系统；空气源热泵系统对环境无污染；空气源热泵冷系统操作便捷。

图 12 新能源设置——空气源热泵

光伏储能电站设置在项目首层附近，有效地将过剩的光伏电量储存起来。

光伏储能电站具备三大优点：发电效率高，成本低；提供纯净电能，助力节能减排；能够提升电网的安全性。

图 13 新能源设置——光伏储能电站

经过8个模块得分的汇总，最终平均分数为84.59分，属于G-WISE四星级准，四星代表着达到了绿色建筑的三星级标准，LEED铂金级和WELL金级(表1)。

表1 G-WISE 评分汇总

<table>
<tr><th>章节编号</th><th>章节</th><th>控制项</th><th>得分</th><th>章节权重</th><th>总分</th><th>星级</th></tr>
<tr><td>1</td><td>选址与便捷</td><td>Y</td><td>95</td><td>0.15</td><td rowspan="8">84.59</td><td rowspan="8">四星级</td></tr>
<tr><td>2</td><td>生态环保</td><td>Y</td><td>73</td><td>0.14</td></tr>
<tr><td>3</td><td>安全耐久</td><td>Y</td><td>73</td><td>0.12</td></tr>
<tr><td>4</td><td>低碳与节能</td><td>Y</td><td>72</td><td>0.16</td></tr>
<tr><td>5</td><td>室内宜居环境</td><td>Y</td><td>78</td><td>0.18</td></tr>
<tr><td>6</td><td>社区健身</td><td>Y</td><td>86</td><td>0.15</td></tr>
<tr><td>7</td><td>社区人文管理</td><td>Y</td><td>89</td><td>0.1</td></tr>
<tr><td>8</td><td>创新与提高</td><td>Y</td><td>4</td><td>1</td></tr>
</table>

绿色建筑评估的计算公式：

$$Q=(Q_0+Q_1+Q_2+Q_3+Q_4+Q_5+Q_A)/10$$

式中　Q——总得分；

Q_0——控制项基础分值，当满足所有控制项的要求时取400分；

Q_1~Q_5——分别为评价指标体系5类指标（安全耐久、健康舒适、生活便利、资源节约、环境宜居）评分项得分；

Q_A——提高与创新加分项得分。

表2　绿色建筑三星级评分

评价结果汇总	控制项						
	评分项	安全耐久	健康舒适	生活便利	资源节约	环境宜居	提高与创新
	得分	77	86	56	133	81	35
	总得分	86.8					

第一主创设计师简介

曾识丁

毕业于重庆大学建筑学专业，现为深圳金地研发设计有限公司创研所负责人，具有丰富的项目设计及产品研发经验。带领团队参与研发多个金地集团产品系列及专项成果，完成了多个高复杂度的户型设计项目，优化设计方案，提高空间利用率和舒适度。注重引入新型材料和工艺，提升设计效率和可持续性，并且拥有较强的团队协作和客户需求分析能力。

120m² “成长 · 家”户型

设计单位：南京长江都市建筑设计股份有限公司

主创人员：董文俊、卞俊卿、晏津、陈奇福岛、杨志宇、杜磊、陈靖、陈泉吉、郑伟荣、孔远近

设计年月：2022 年 11 月

户型面积：$120m^2$

所在气候区：夏热冬冷地区

知识产权所属：南京长江都市建筑设计股份有限公司

该户型通过可变设计适应家庭变化的需求。住宅建筑设计使用寿命为50年，在此期间每个家庭的居住人数是变化的，对住房户型空间的需求也不同，一套户型能够满足不同阶段的需求，进而减小换房率是此次户型创新的关键。根据家庭人口、时间的不同，通过新的结构建造方式，做出可变的户型，未来能够减少大批量住宅建筑重复建设，促进房地产业绿色低碳化发展(图1、图2)。

入口玄关模块设计，在注重仪式感的同时引入健康生活的理念，增加日常防疫模块。被动式设计优先，建筑体系方正，降低住宅能耗。采用分离式核心筒，电梯远离起居空间，减少对起居空间的干扰。电梯厅全明设计，加强自然通风采光，并可以作为防疫缓冲空间。户内交通空间和客餐厅空间复合，提高空间利用率，增加可变功能区域，大尺度阳台拓展室内空间(图3、图4)。

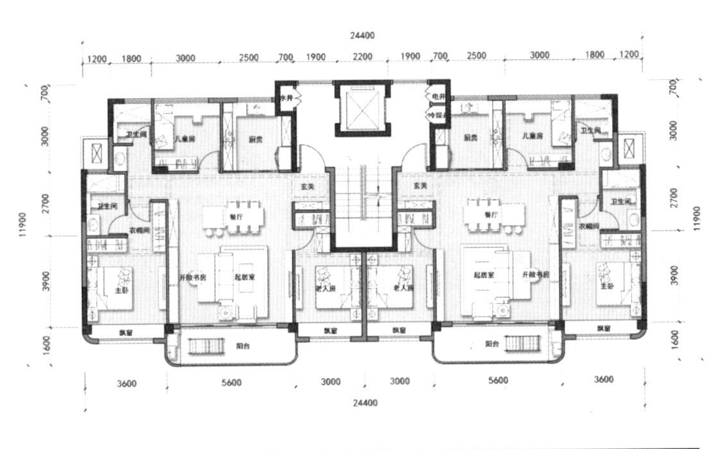

户型编号	房型	套内面积（不含阳台）	阳台面积	套内面积（含阳台）	阳台占比	总套内面积	得房率	套型面积	标准层面积	公摊面积
A	3+1室两厅两卫	102.56	9.17	107.15	8.56%	214.29	86.17%	119.02	248.68	34.39
A	3+1室两厅两卫	102.56	9.17	107.15	8.56%			119.02		

图1　户型平面图（单位：mm）

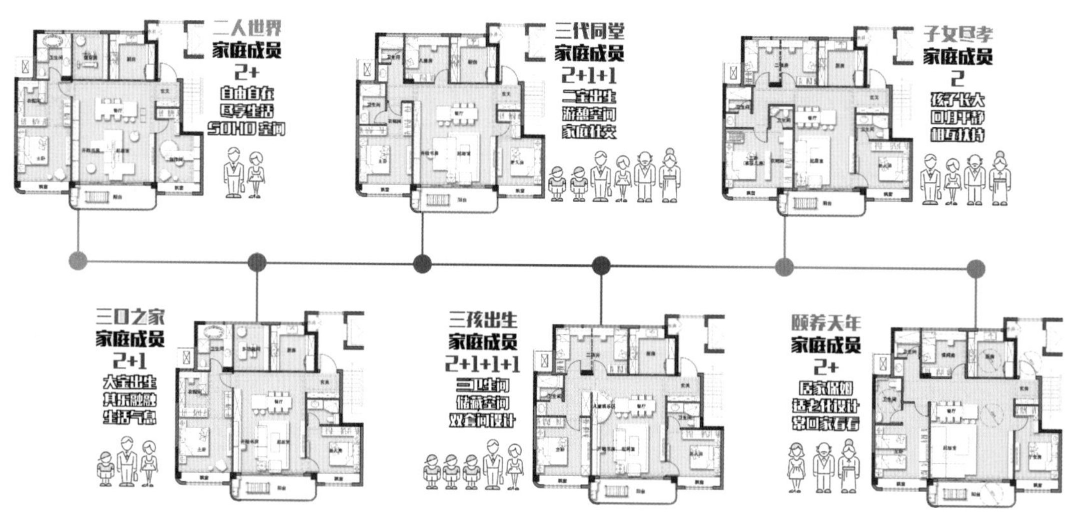

图2　全生命周期户型

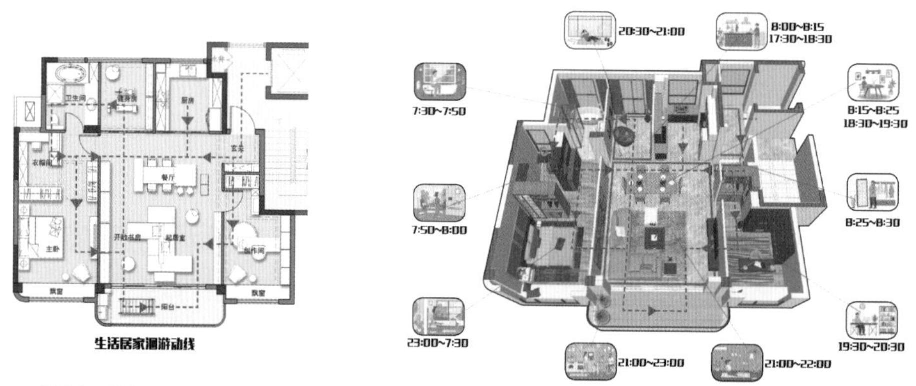

将卧室、书房、阳台、客厅、餐厅、餐厅、玄关等生活场景模块相互串联，形成一套完整有趣的洄游活动环

图3　生活场景模块图

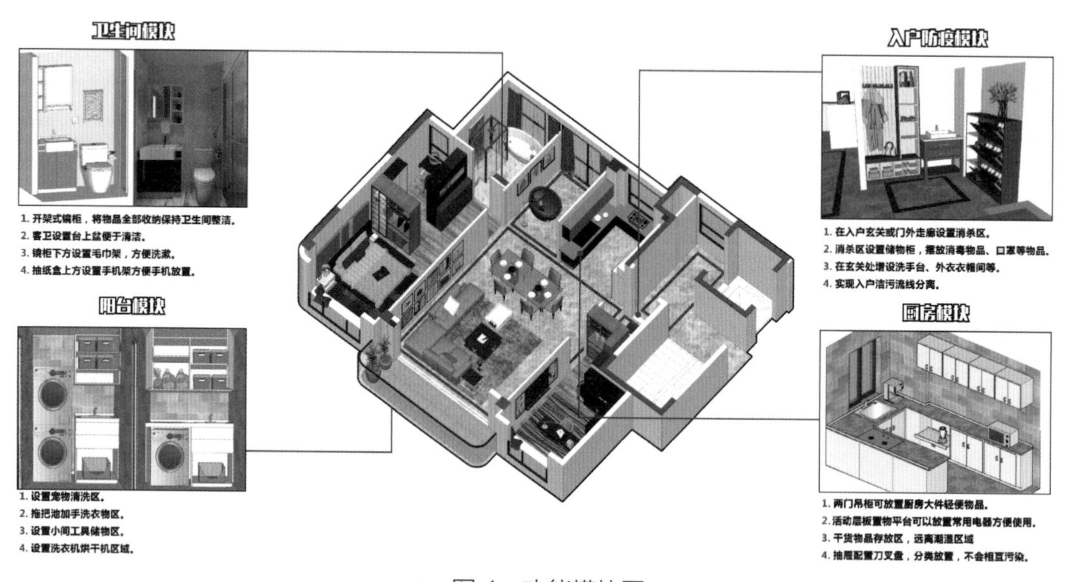

图4　功能模块图

户型创新点

大空间结构：整体大板结构，减少户内梁的布局。内部仅设置一处结构柱，为空间灵活分割提供可能。整体式卫生间，采用微降板同层排水技术，结合整体式防水底盘，加强建筑隔声功能，实现卫生间灵活布局。架空地板，地板下送风提高舒适度，采用地源热泵加分户集中空调系统，在降低能耗的同时也减少集中新风空调交叉感染的隐患，分户控制系统更加节能环保(图5、图6)。

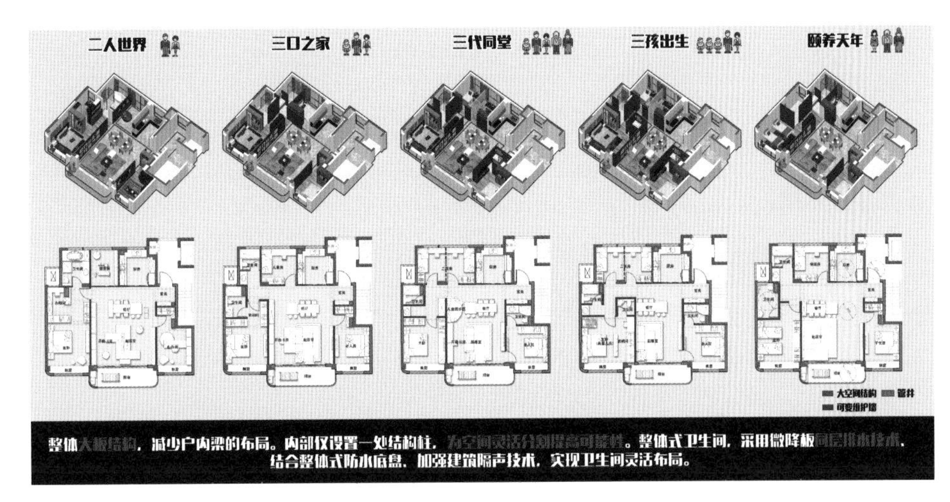

图5　大空间结构体系图

图6　三大技术体系图

第一主创设计师简介

董文俊

南京长江都市建筑设计股份有限公司总经理、研究员级高级建筑师。长期从事住区规划与建筑设计、绿色建筑设计与研究，设计的项目曾获得华夏建设科学技术奖一等奖、全国标准科技创新奖一等奖等奖项。主编江苏省《住宅设计标准》(DB32/ 3920—2020)、参编江苏省《绿色建筑设计标准》(DB32/ 3962—2020)等标准。

能建巢湖紫郡府项目

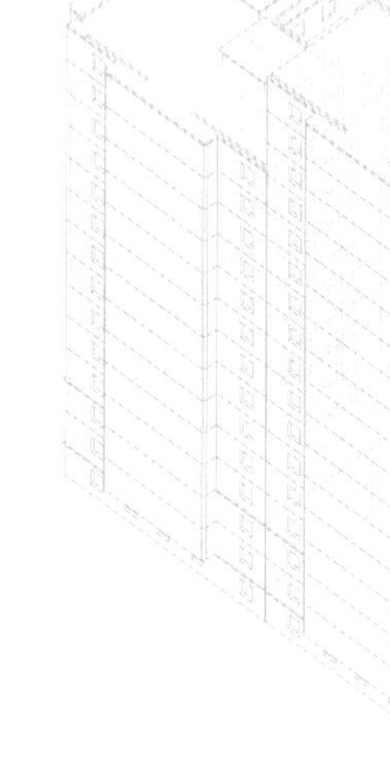

开发单位：中能建城市投资发展有限公司合肥事业部

设计单位：华东建筑设计研究院有限公司

主创人员：熊鑫、伍韬、梁毅、祝亮、耿家骏、张鹏程、许浩天

项目工期：36 个月

户型面积：120m^2

楼 层 数：17 层

所在城市：安徽省巢湖市

所在气候区：夏热冬冷地区

知识产权所属：中能建城市投资发展有限公司
华东建筑设计研究院有限公司

项目介绍

能建巢湖紫郡府项目位于巢湖市北外环路与巢湖北路交口，项目占地6.16hm^2，总建筑面积14.6万m^2，容积率1.8，绿化率高达40%。项目总规划15栋小高层、3栋洋房(图1)。

图1　项目效果图

巢湖紫郡府的设计融入新中式风格，依大宅门第形制打造，端庄规整、仪态万方、典雅立面、挺拔岿巍，以大家风范，迎来送往。

巢湖紫郡府将城市、文化、艺术、绿色以现代的手法融入景观设计，营造尊贵大气的归家仪式感，匠筑富有活力的功能复合型景观空间，让巢湖山水与时代人居融合，精琢森林公园式的休闲居所。项目坐揽约550m河道景观公园，打造约160m×30m中央景观公园，是难得的河畔公园住区、城市中的自然栖居，悦享鲜氧宜居氛围。

周边教育资源充足，项目代建幼儿园、城市之光小学北校区、巢湖市第四中学初中部，以全龄段优质教育资源智启美好未来。项目邻近安徽医科大学附属巢湖医院、合肥市骨科医院、万达广场、天巢广场，自建一站式精品商业中心，拥有优质的医疗资源和成熟的商业圈。

该户型以能建巢湖紫郡府项目户型为蓝本，在适应全生命周期居住和多孩时代居住户型的基础上，结合装配式、智能家居、毛细管辐射空调和可再生能源利用等系统，打造了一个以“科技创变新生活”为主题的理想户型。户型全精装交付，计容建筑面积为120m^2(图2)。

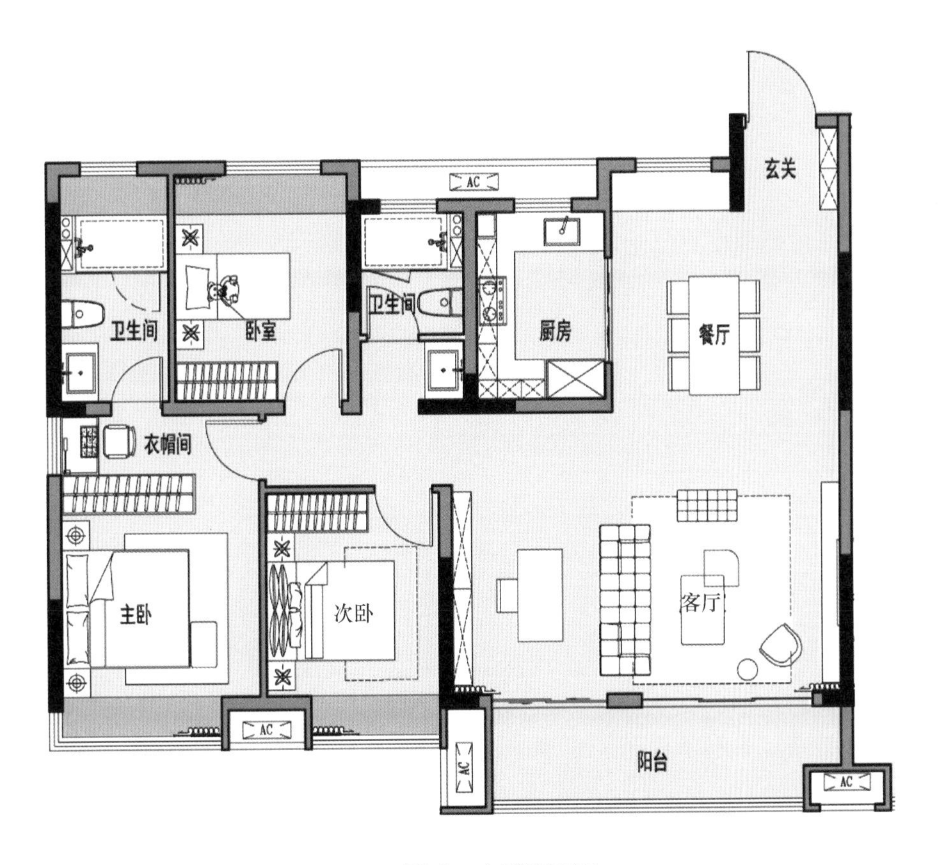

图2　户型平面图

户型设计说明

在120m^{2}的面积中，合理嵌入三+一室两厅两卫的设计，实现四开间朝南配置，可适应二孩、三孩、三代同堂等多种家庭形式。在整体户型营造中，通过玄关、客厅、餐厅、厨房、书房、阳台的联动设计，形成了宽阔的LDKB一体化区域，为家庭营造了一个贯通整体户型的公共活动空间，几乎没有浪费走道面积，让一家人在联动空间中有专属的私密时光，生活更加和谐有序(图3)。

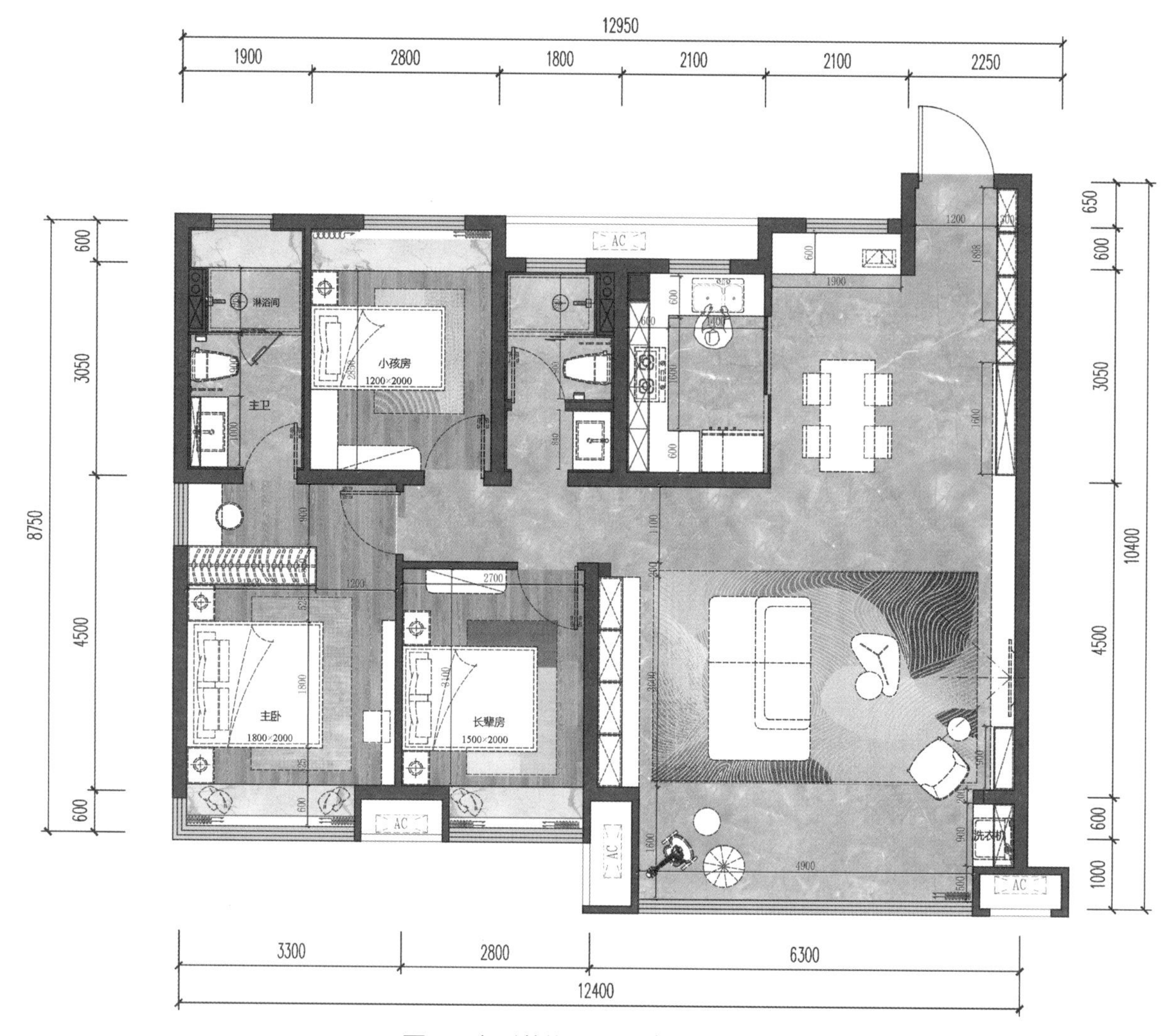

图3　户型装修平面图（单位：mm）

该户型属于小高层产品边户，三房两厅两卫，户型方正，南北通透，户型定位为满足城市刚改人群的居住需求。

灵动空间，随心所欲：户型不仅布局合理，每个房间还都能自由转换功能区，无论是书房变客房，还是儿童房随孩子成长灵活调整，都能够满足家庭全生命周期的需求变化。

尊享私密，和谐共生：两厅两卫的配置，确保了居住的舒适度与私密性。客厅作为家庭欢聚的核心区域，开阔大气；而独立卫生间设计，让每个成员都能享有专属的私密空间，生活更加和谐有序(图4、图5)。

图4　室内效果图一

图5　室内效果图二

为让居住者尽享项目中心花园等绿色景观，全屋设定五大飘窗和5m超尺度宽景阳台，南北通透、短进深、大开间的模式，让居住者得以享受无可比拟的通风与采光效果。

户型创新点

全生命周期户型：无论是二人世界、三口之家、二胎家庭还是三代同堂，都可以通过改变空间格局，来契合家庭每个阶段的不同需求。对于购房者来说，全生命周期户型可以减少换房波折，真正实现置业一步到位(图6、图7)。

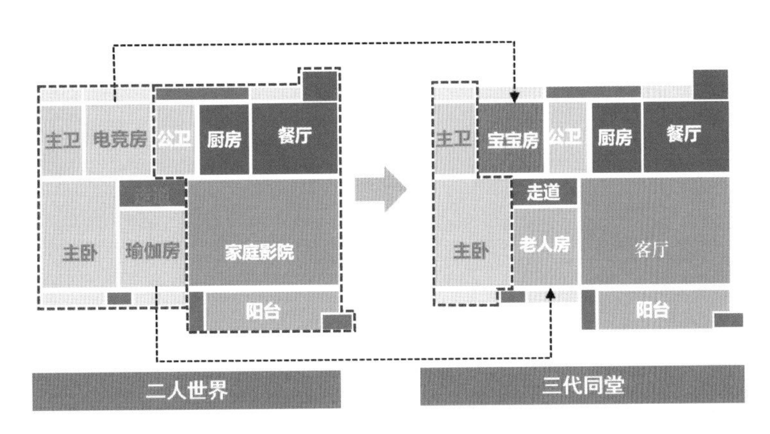

图6　户型周期转变示意一

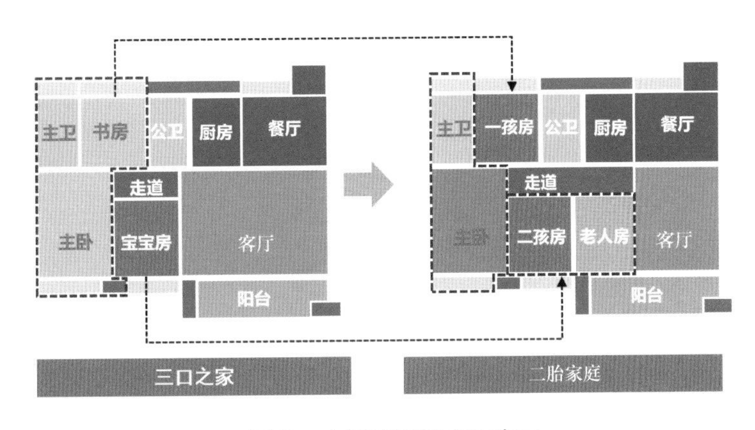

图7　户型周期转变示意二

二人世界：北向的卧室给先生做电竞房、南向次卧是太太的瑜伽房，足够大的空间保证两人都能拥有属于自己的独享空间。

三代同堂：在宝宝初成长时期，夹在生活以及工作之中手忙脚乱的你，可与父母一起共享天伦之乐。

三口之家：北侧次卧为书房与主卧形成大套房，形成休闲、观景、就寝、衣帽收纳、沐浴、办公的五维套房。

二胎家庭：步入双孩时代，可从客厅中分隔出一个南向儿童房，为两个孩子创造出互不打扰的独立空间。

百变横厅：可开可合的6.3m宽横厅可满足聚会、亲子游戏、萌宠乐园、临时客房等多场景需求(图8~图10)。

图8 欢聚横厅示意

图9 亲子游戏示意

图10 家教模式示意

极致收纳：户型依托墙体、边角等位置合理布置收纳空间，实现户型扩容，满足收纳需求(图11)。

适老性设计：设计采用通铺地砖、智能感应、玄关折叠凳、浴室扶手等细节设计，满足老年人使用需求(图12)。

绿色建筑：屋面设置太阳能光伏系统，供应室内照明和电气设备用电。光伏组件面积200m^2，年发电量36660kW·h，可实现年常规能源替代量13198kgce，年碳减排量32t。

BIM设计：利用BIM技术合理规划土建与管道设计，避免施工错误。

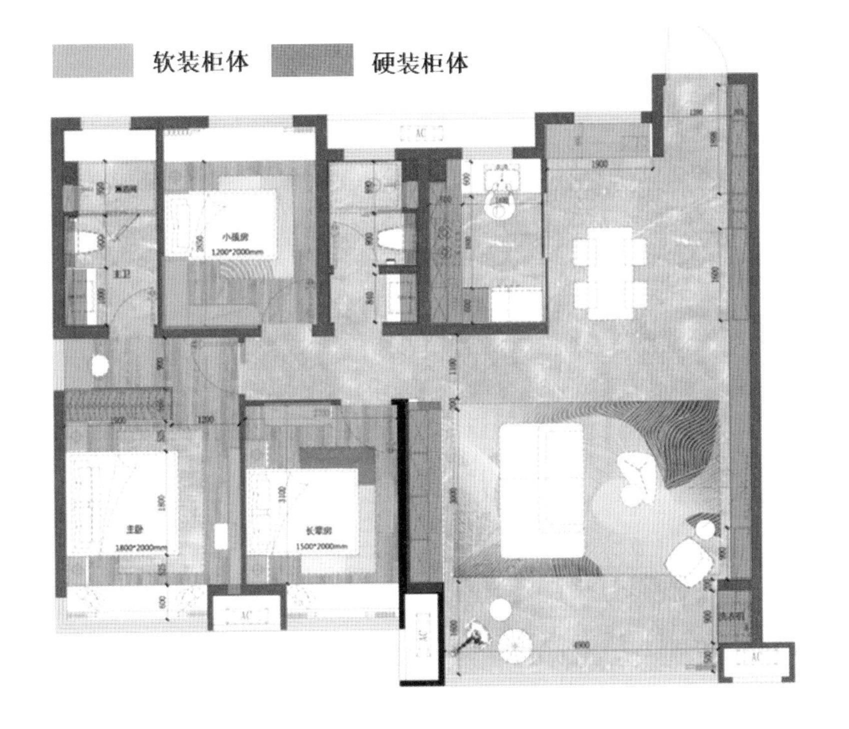

图11　收纳设计示意

图12　卫生间适老设计示意

第一主创设计师简介

熊鑫

毕业于合肥工业大学，国家一级注册建筑师，致力于建筑原创设计，在人居环境设计、会议酒店设计领域拥有丰富的经验。从业近20年以来，参与了中房兰郡、万科城市之光、万科时代之光、高速时代广场、安庆绿地中心、碧桂园汴河小镇、安庆绿地中心、碧桂园汴河小镇、南京丰大国际、合肥丰大国际等项目。设计项目先后获得上海市勘察设计行业协会上海市优秀工程勘察设计项目成果一等奖、二等奖，安徽省城市规划行业协会优秀奖等奖项。

“免装修的多变空间”创新户型

设计单位：山东大卫国际建筑设计有限公司

主创人员：高行、陈欣欣、倪文嘉、张晓敏、黄广国、李志伟、于文、孙文文、徐以国、庞兴然

设计年月：2022 年 10 月

户型面积：90~120m^2

所在气候区：严寒和寒冷地区

知识产权所属：山东大卫国际建筑设计有限公司

户型设计说明

该设计为“免装修的多变空间”创新户型，共包含2个户型，其中A户型(边户)面积120m^2(按12~18层楼型计算)，B户型(中间户)面积98m^2(按12~18层楼型计算)，户型的楼型适应性强，在多层、小高层和高层住宅中均可应用(图1~图4)。

图1　立面效果图

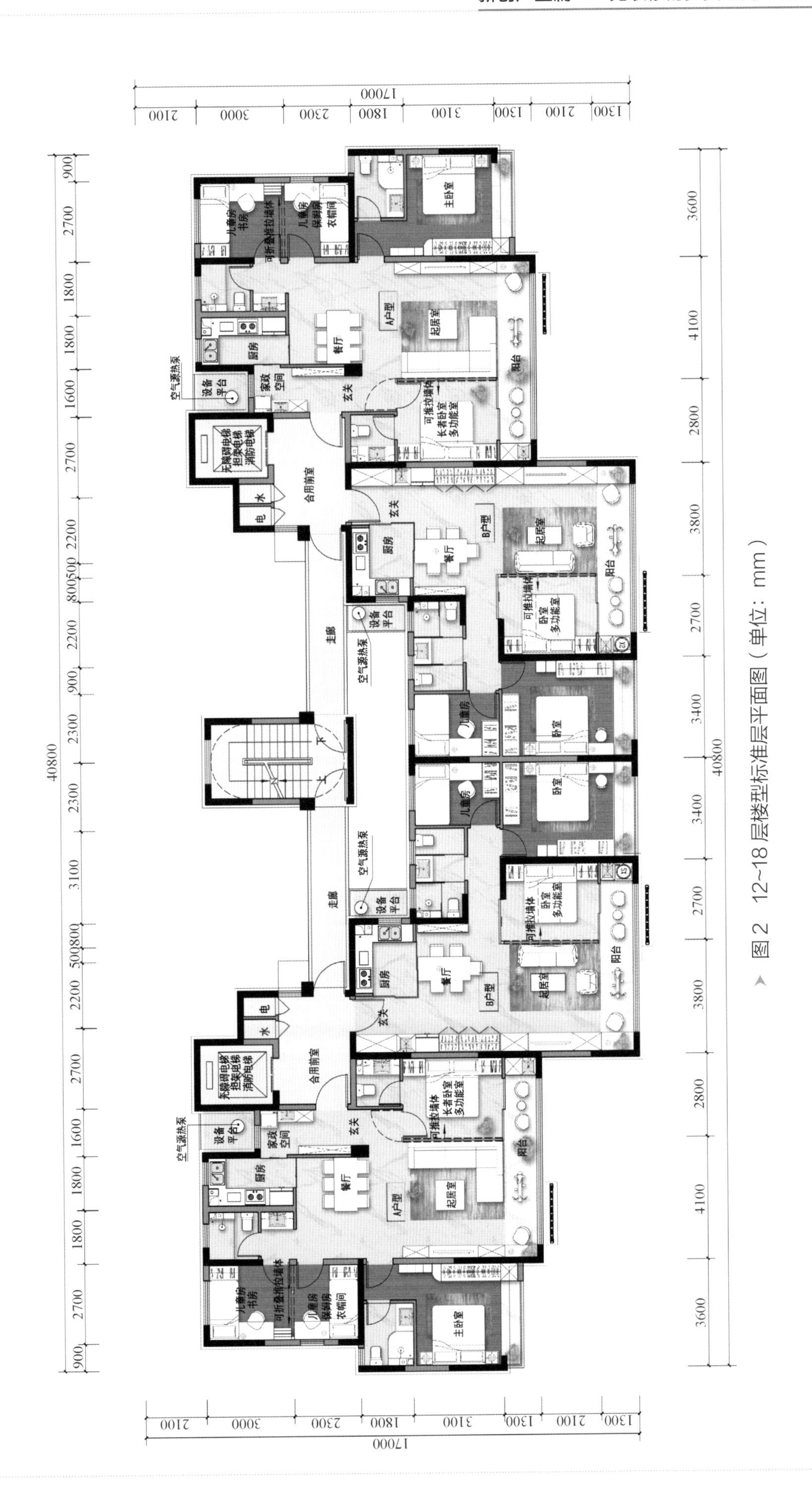

图 2　12~18 层楼型标准层平面图（单位：mm）

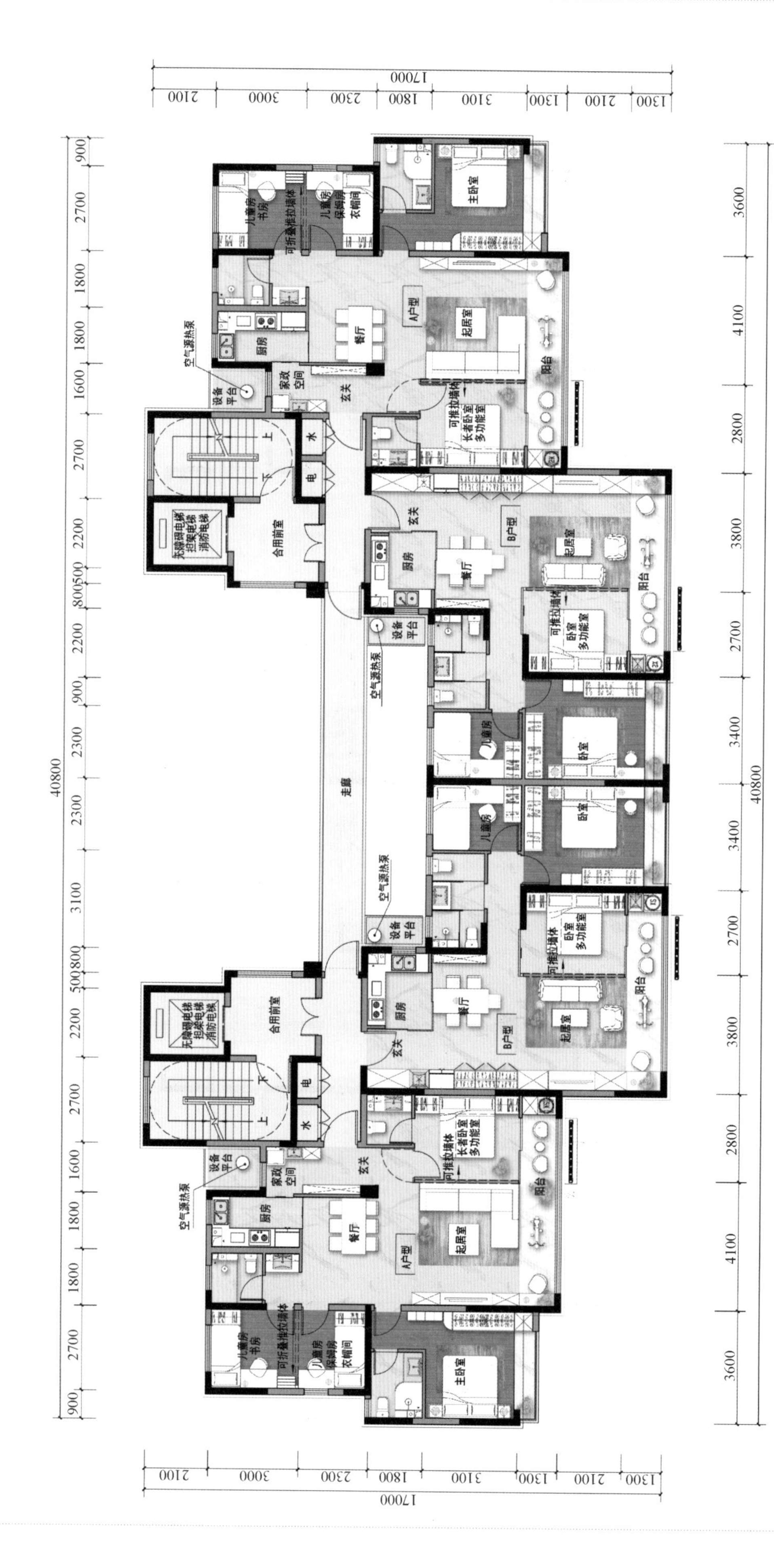

图3 18层以上楼型标准层平面图（单位：mm）

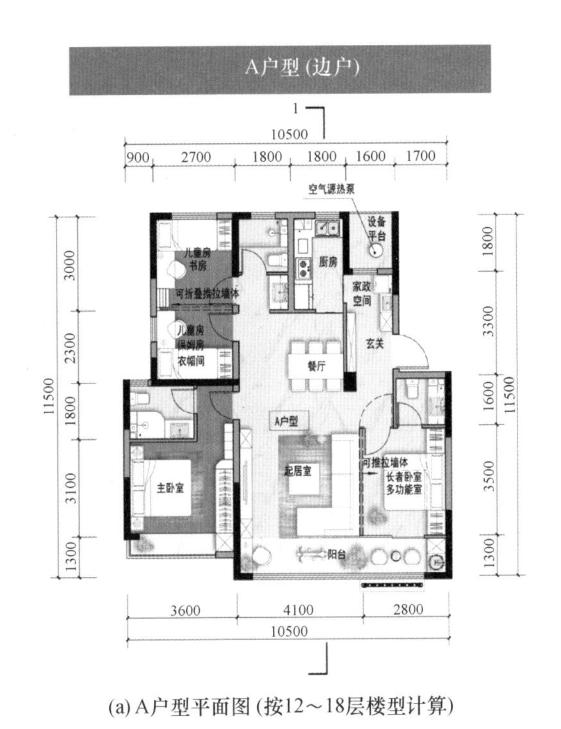

(a) A户型平面图(按12～18层楼型计算)

B户型(中间户)

(b) B户型平面图(按12～18层楼型计算)

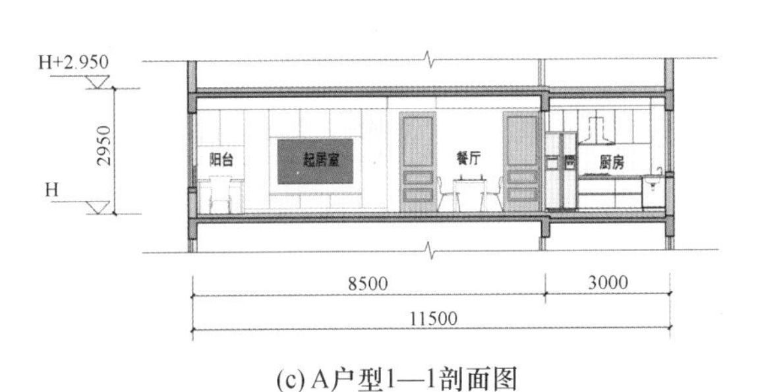

(c) A户型1—1剖面图

(d) B户型1—1剖面图

图4 户型平面图

户型创新点

该设计的亮点是，通过采用可水平推拉或折叠推拉的墙体实现住宅室内空间的多样变化，空间改变无须再次装修改造，一次装修即可解决所有问题，轻松一推就能实现空间的转换。新时代下人们的居住观念发生了变化——人们向往南北通透、通风更好的房子；功能单一、相对独立的空间已不能满足家庭成长的需要；入户的更衣和消杀功能变得更加重要；亲情互动需要更丰富的生活场景空间。因此，我们的家要有更好的采光和通风、更完善的入户更衣和消杀区域、更多的家庭互动空间和私属空间、更有效的空间利用、更灵活的功能转换。

该设计通过采用可水平推拉的墙体、可折叠收纳的家具实现南向客厅和次卧的空间分合，让原本独立且功能单一的空间成为多变且功能复合的空间，它可以是私属的卧室和书房，也可以是开敞的儿童活动区、健身区和家庭社交区。北侧儿童房采用可水平折叠推拉的移动墙体设计，墙体的开合不会影响家具的布置，轻松实现房间的分合，满足家庭成长不同阶段对房间的需求。此外，该设计通过三分离卫生间、0.5卫生间的设计，有效缓解家庭如厕的压力，并进一步满足老年人起夜的需求；采用餐厨一体化设计，增加了家庭的亲情交流(图5~图9)。

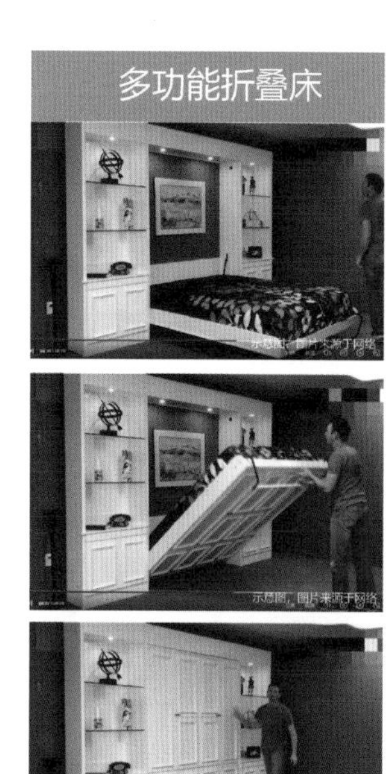

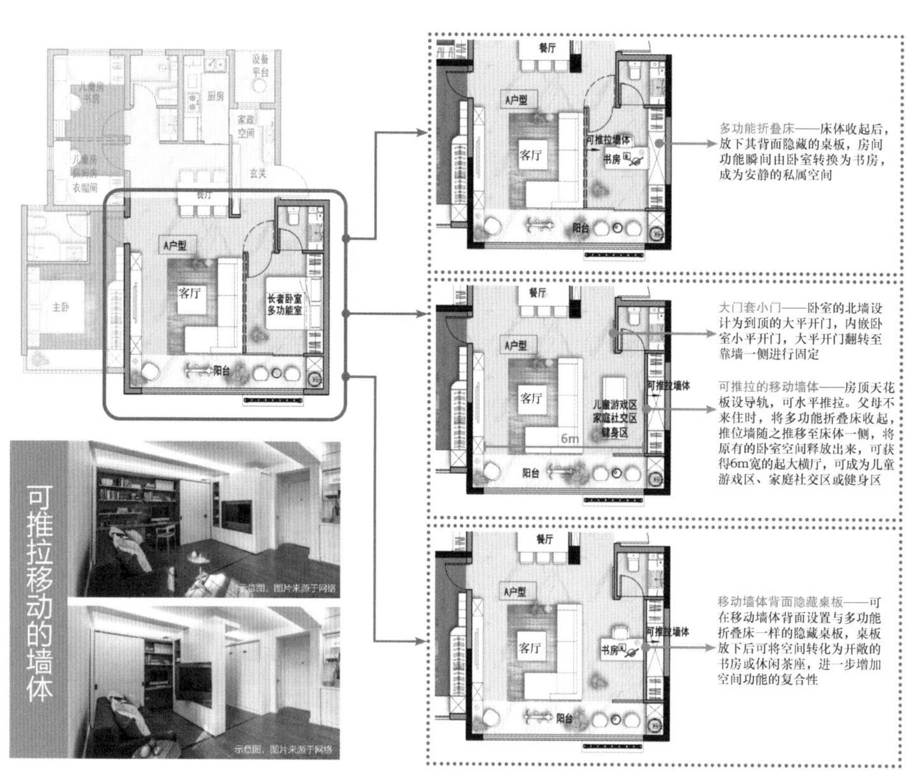

图5 A户型分析一：多功能家庭核心区

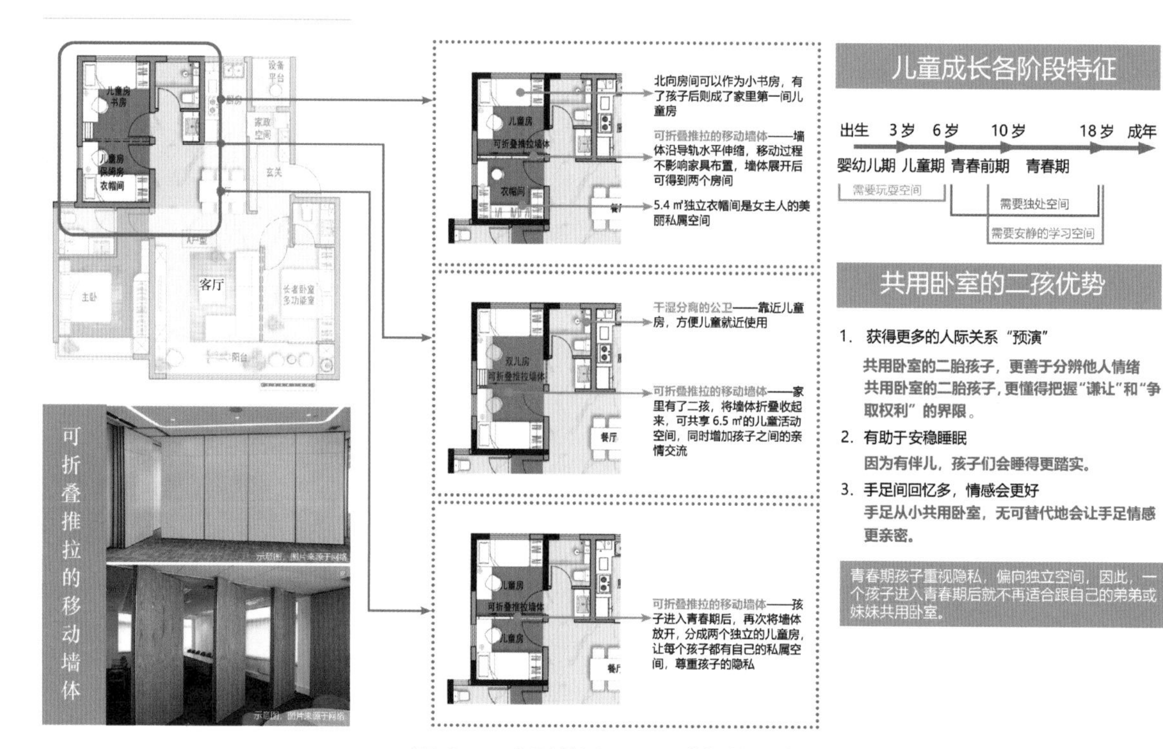

图6 A户型分析二：可成长的儿童房

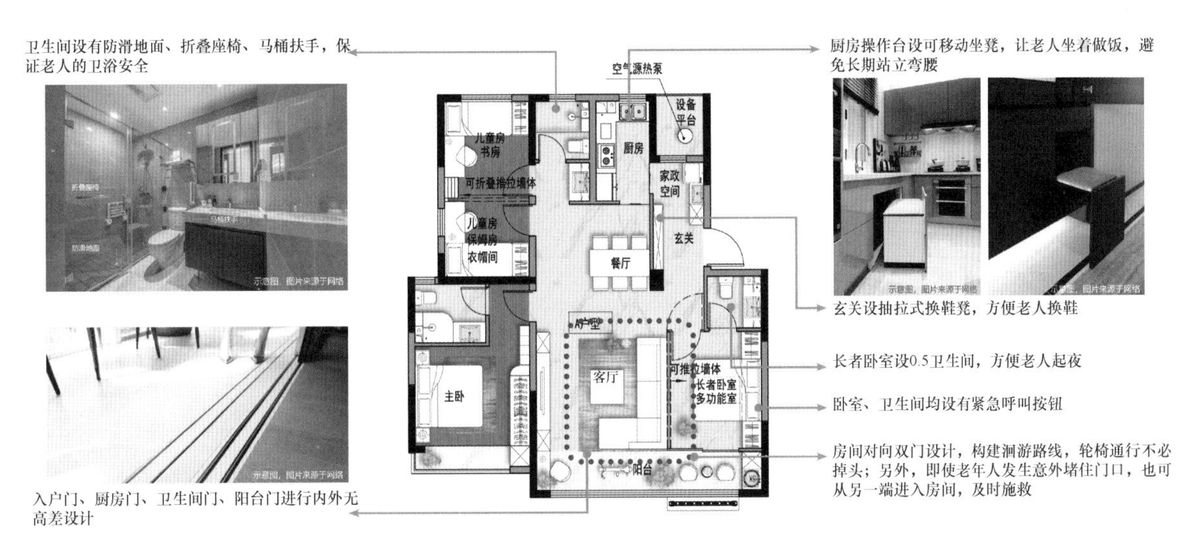

图7 A户型分析三：适老化细节设计

图8 墙体移动前客厅效果展示图

图9 墙体移动后效果展示图

该设计注重打造更加健康舒适的室内环境，在玄关增加了入户洗手消毒和紫外线消杀橱柜，将室外病毒隔绝于户外；家政空间结合玄关设置，避免脏衣污染室内环境。在其他方面，该设计注重对清洁高效能源的利用，采用空气源热泵系统作为空调系统，采用太阳能热水系统建筑一体化设计为全屋供应生活热水，采用了新风除湿一体机为全屋提供新风，同时采用低温热水地暖供暖，让室内环境更加健康舒适。

第一主创设计师简介

高行

建筑学专业工程师，师从全国工程勘察设计大师申作伟先生8年，就职于山东大卫国际建筑设计有限公司。参与多种项目设计160余项，设计中注重将传统与现代、自然与人文相结合，追求和谐统一的设计风格，同时注重设计的实用性和经济性，力求在满足客户需求的同时降低成本，设计作品曾获山东省“土地杯”农村新型住房建筑设计大赛二等奖，第五届山东省优秀建筑方案三等奖，2017年优秀工程勘察设计行业奖之“华彩奖”建筑工程设计类三等奖、2019年度山东省工程勘察设计成果竞赛三等奖、2021年济南市勘察设计二等奖、2022年济南市优秀工程勘察设计二等奖等。

绿色居 · 栖随心

设计单位：深圳金地研发设计有限公司

主创人员：祝峥、章捷、彭华园、夏颖华、李顺、张海朋、潘志峰、喻威瀚、李森、李洪珠

设计年月：2022 年 10 月

户型面积：户型 A 套内面积 76.4m²，建筑面积 100.9m²

户型 B 套内面积 57.34m²，建筑面积 74.5m²

所在气候区：夏热冬冷地区

知识产权所属：深圳金地研发设计有限公司

户型设计说明

单体住宅类型为二梯四户单元式住宅(A+B+B+A)，标准层建筑面积348.6m²，实用率81.24%，建筑高度54m(18层)；体形系数0.372，核心筒形式为分离式。

设计理念：平面模拟“内共生生物”的原理，通过设计和组织2个相邻刚需户型，相互打通，打造“可分可合”的居住模式，户型既可在分开使用时完整独立，又可在合并使用时享受大面宽的改善空间，灵活适应当代购房者的多样化需求，让户型本身也处于可成长的状态，在成长型家庭中，能满足不断成长与变化的家庭居住需求，同时也可以满足适老化的需求，真正做到适配全生命周期。建筑造型设计采用多种被动式与主动式的节能方式，并在立面上结合光伏建筑一体化(Building Integrated Photovoltaic，BIPV)设计应用可再生能源的外立面方案，回应阳光、利用阳光，力求建筑碳中和(图1~图5)。

图 1 整体透视效果

图 2　单体正立面效果一

图 3　单体正立面效果二

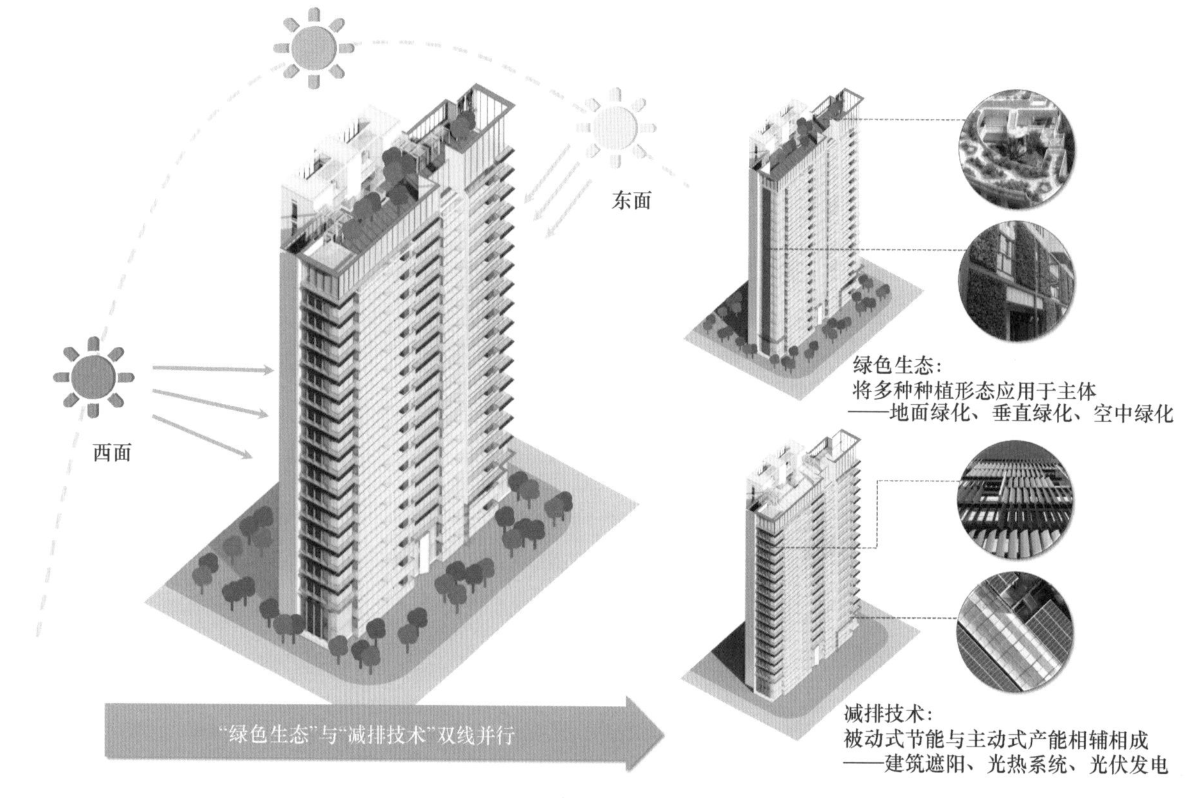

图 4　单体正立面效果三

户型创新点

住宅建筑结合BIPV设计，户型具有"可分可合"的可变性，是刚需户型的品质提升。

方案特点：

立面造型现代新颖，将BIPV产品高度融入设计，打造具有光伏发电能力的"绿色住宅"。南北面与东西面分别设计固定遮阳，有效控制室内温度；在卧室处运用可调节中置百叶玻璃窗以灵活调节温度。在可行处设置垂直绿化，优化城市界面，改善环境并辅助调节室内温度。优化标准层结构布置，使户型可分可合，合并后形成视野极佳的家庭活动宽景大方厅，满足当代购房者对可变空间的诉求，同时户型的多变性也适应家庭全生命周期的空间使用需求变化(图6、图7)。

技术应用：

利用最新的BIPV技术，在幕墙、栏杆、屋顶等多处利用光伏发电；结合BIM-PC技术进行装配式设计，调整方案可运用装配式技术，减少碳排放量；中置百叶玻璃窗有效遮阳；立面使用陶板材料，绿色环保(图8)。

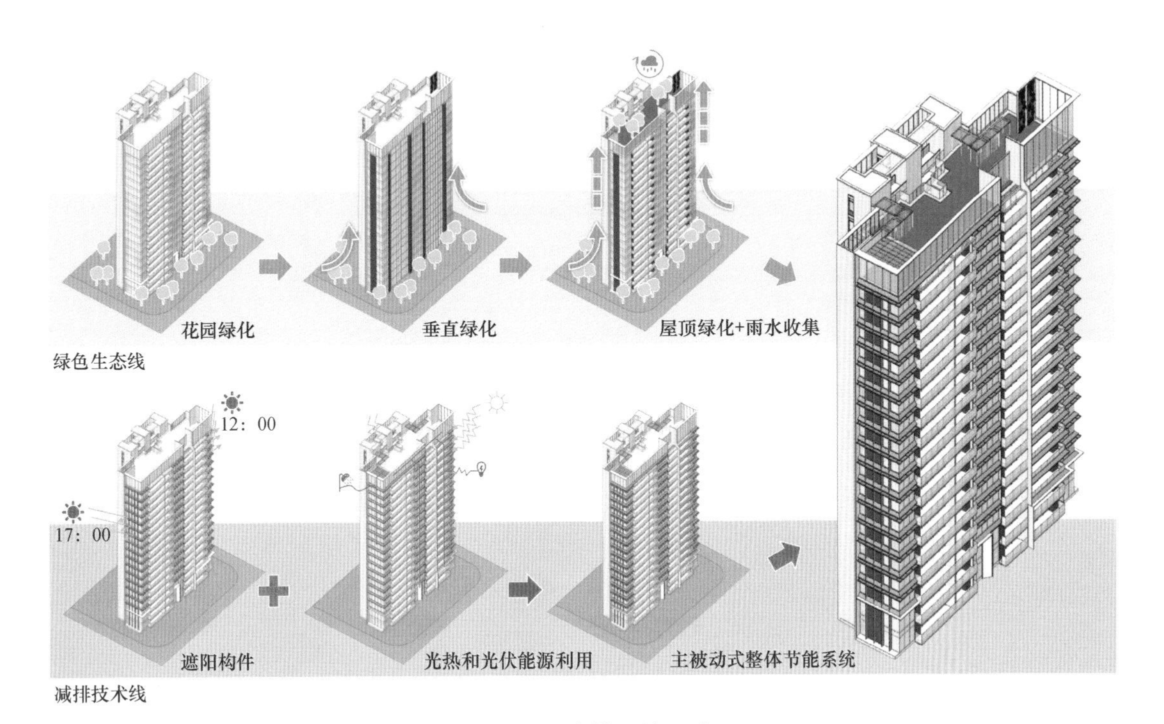

图5 建筑设计思路

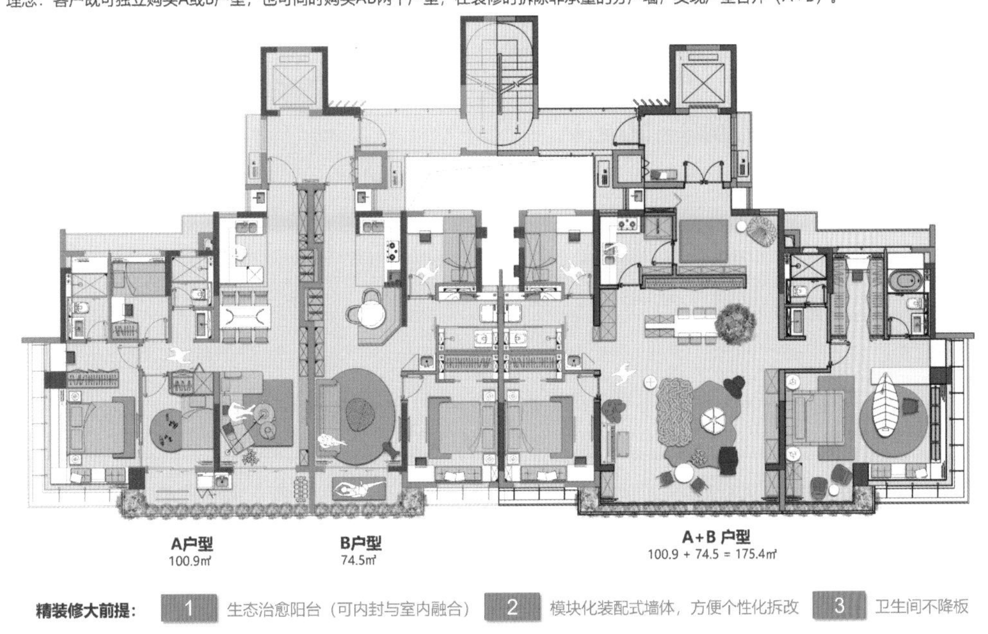

图6 单体户型平面图

注：源于“户型可分可合”的设计思路——A/B/A+B户型。

理念：客户既可独立购买A或B户型，也可同时购买AB两个户型，在装修时拆除非承重的分户墙，实现户型合并(A+B)。

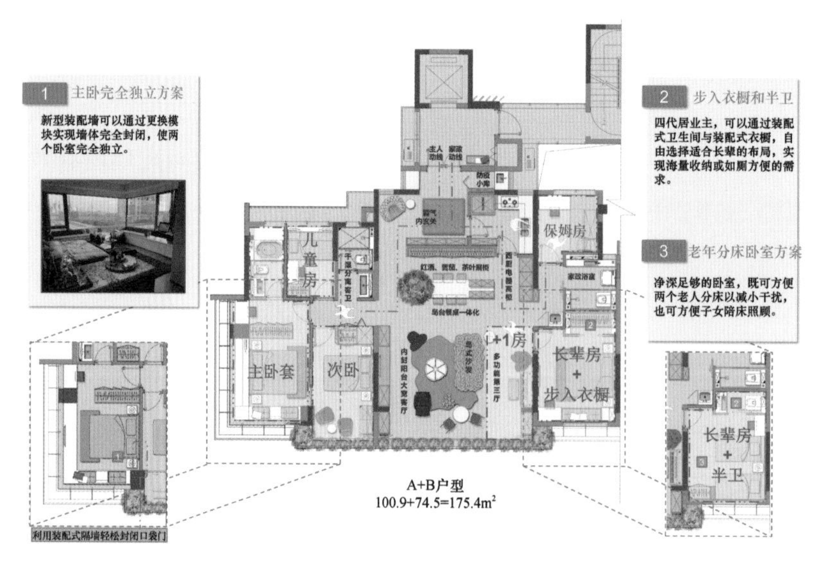

图7　全生命周期：合并刚需多房间

注：全生命周期——天伦四代居(A+B户型：刚需布局)。

理念：合并户型如需多间卧室，最多做到(五+一)室。爸妈(长辈)、子女、儿孙、保姆和业主夫妻四代同堂共享天伦，最多可以住8~10人，一家人团团圆圆。

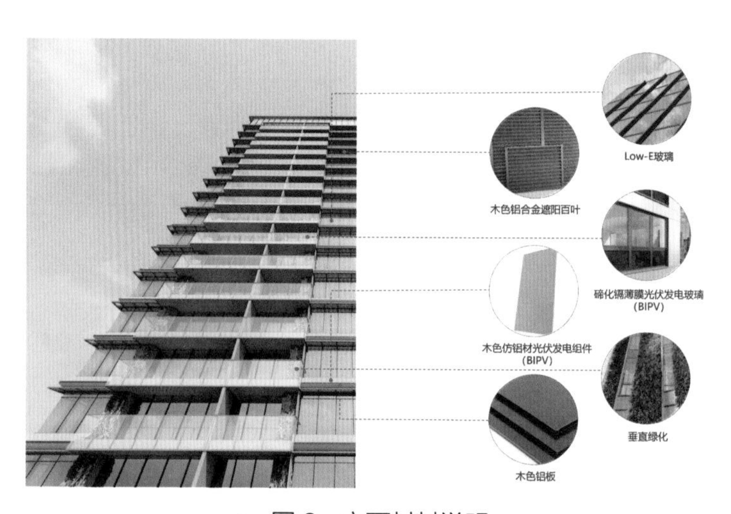

图8　立面材料说明

第一主创设计师简介

祝峥

华中科技大学建筑学硕士，高级建筑师，英国皇家建筑师协会注册会员及特许建筑师。现任金地集团设计总监、集团产品管理部总经理、深圳金地研发设计有限公司总经理。

带领团队打造推进城市发展、具有突出竞争力的优秀产品，产品屡受市场好评，曾获德国红点设计大赛年度地产设计大奖，中国土木工程詹天佑奖，全国十大高端、品质作品等各项国内外设计大奖，近期参与打造了金地中心、金地环湾城等项目。金地集团连续6年名列克而瑞中国房企产品力排行榜前十。

在设计专业领域担任中国建筑学会居住建筑专业委员会委员、CREDAWARD地产设计大奖执行委员、克而瑞产品力专家评委、深圳大学RIBA城市研究室学委会委员，2022年入选“RIBA中国百位建筑师”。

智慧好户型 · 无界新生活

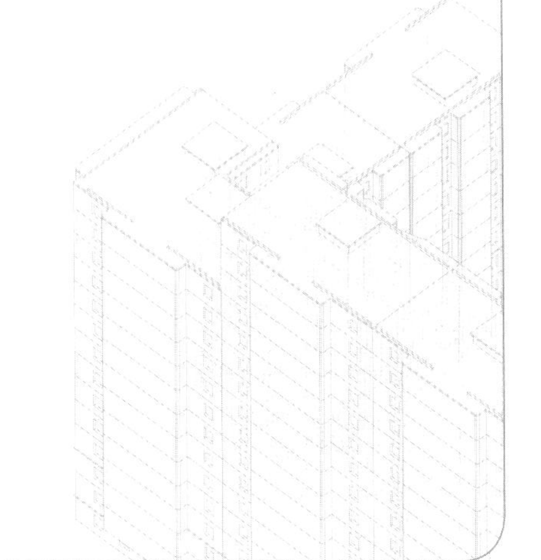

设计单位：深圳金地研发设计有限公司

主创人员：祝峥、李予青、吴量子、曾识丁、王光礼、林涛、吕乐、李广臻、顾彬彬

设计年月：2022 年 10 月

户型面积：109m^2

所在气候区：夏热冬冷地区

知识产权所属：深圳金地研发设计有限公司

户型设计说明

住宅类型为高层，建筑高度为99m。

技术经济指标：建筑类型为四面宽端厅，户型面积为109m^2，赠送面积为16.09m^2，赠送率(一半阳台+全飘窗)达14.66%，使用率为82.40%(图1~图6)。

图1 项目效果图

图2 楼型图

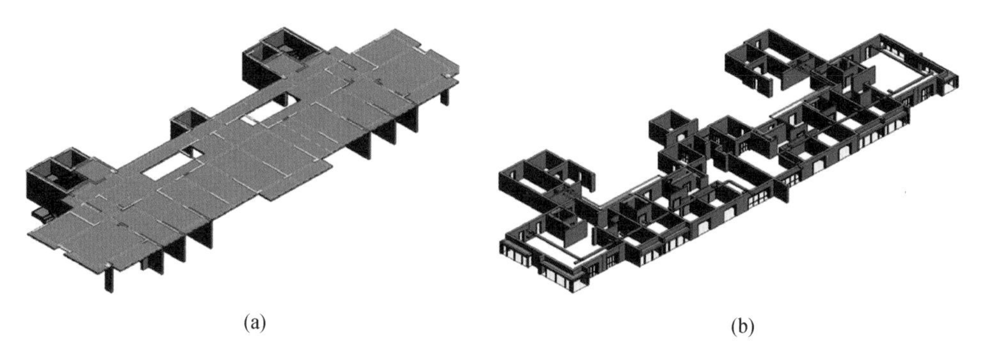

(a)　　　　(b)

图 3　标准层模型

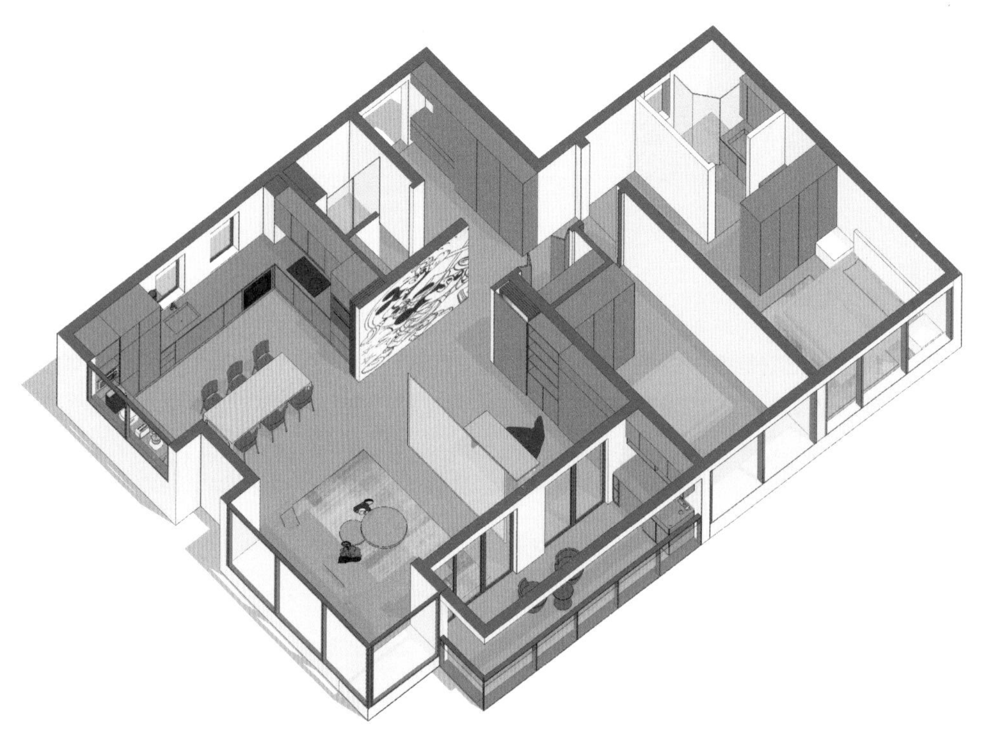

图 4　户型图

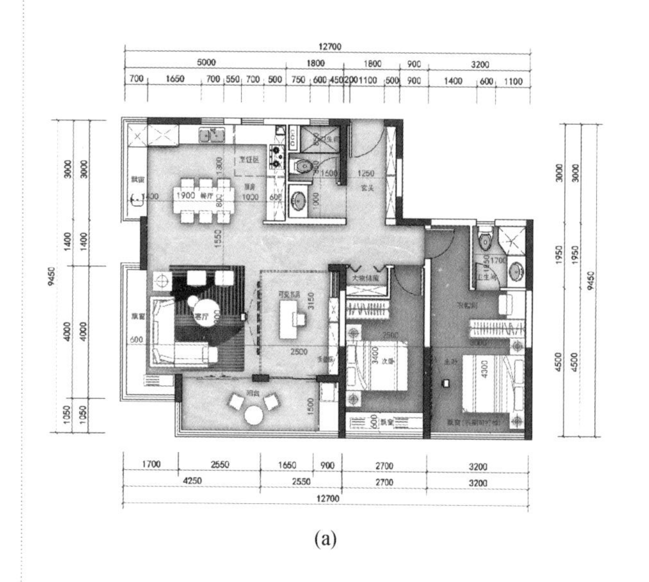

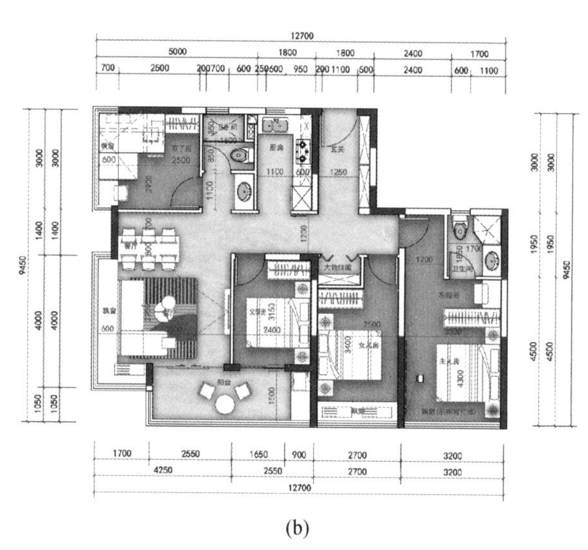

(a)　　　　(b)

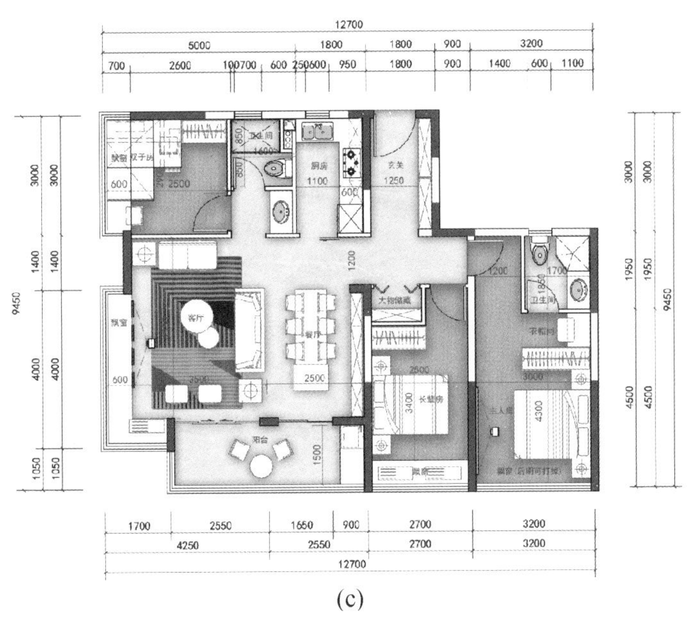

(c)

图5　户型解析图（单位：mm）

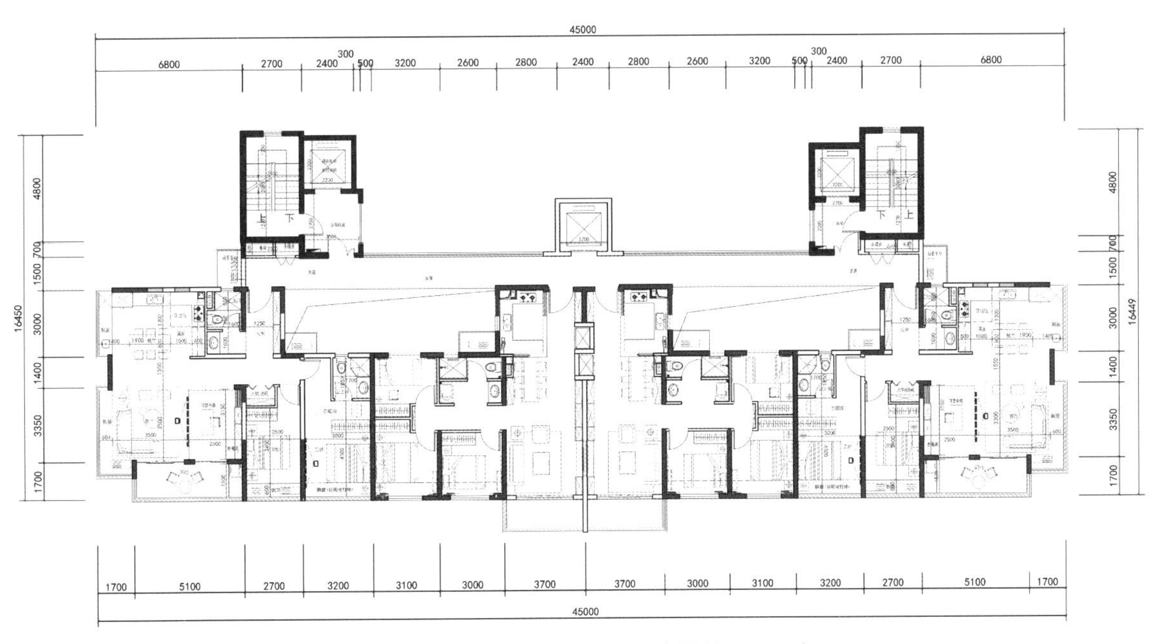

图6　标准层户型平面图（单位：mm）

户型创新点

设计理念：智慧好户型 · 无界新生活。

方案特点：在更小的面积段，将端厅、四面宽、LDKSG一体化优点结合，同时植入入户消杀防疫玄关、大物储藏间等价值点。

技术运用：BIM技术、装配式建筑集成、光伏发电技术、空气源热泵技术、太阳能热水器技术、集中储能技术。

创新点：LDKSG一体化、大物储藏、飘窗餐边柜、防疫玄关客卫、入户双流线(图7、图8)。

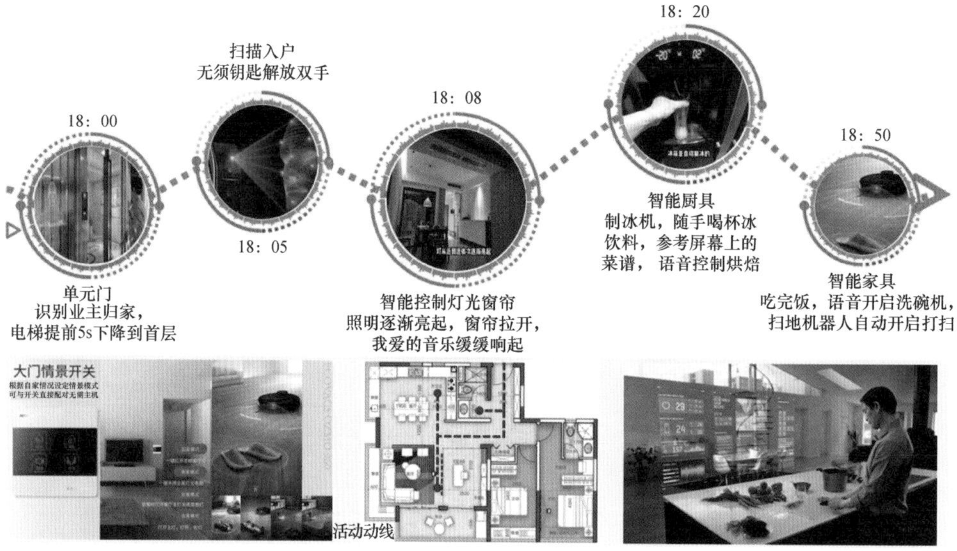

18：00
单元门
识别业主归家，
电梯提前5s下降到首层

18：05
扫描入户
无须钥匙解放双手

18：08
智能控制灯光窗帘
照明逐渐亮起，窗帘拉开，
我爱的音乐缓缓响起

18：20
智能厨具
制冰机，随手喝杯冰
饮料，参考屏幕上的
菜谱，语音控制烘焙

18：50
智能家具
吃完饭，语音开启洗碗机，
扫地机器人自动开启打扫

大门情景开关

活动动线

图7 智能空间一

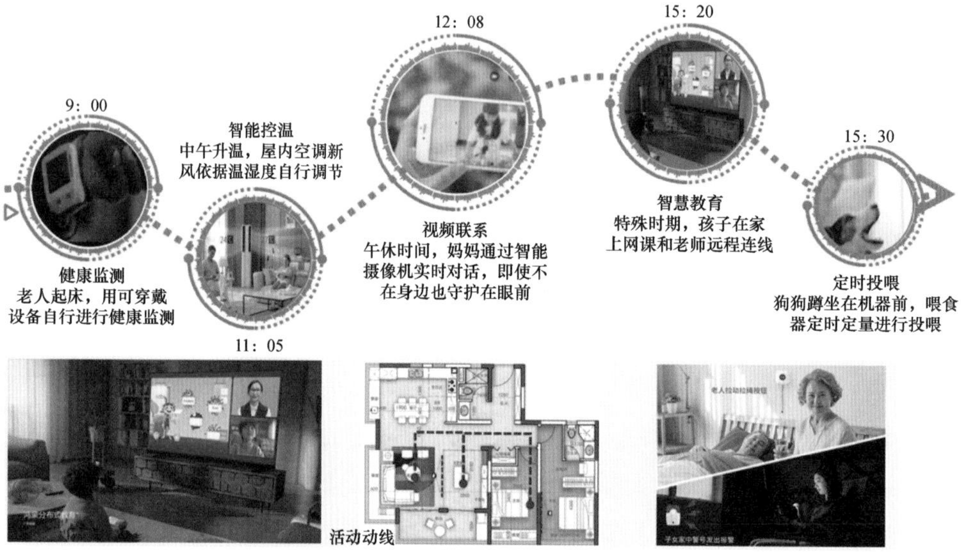

9：00
健康监测
老人起床，用可穿戴
设备自行进行健康监测

11：05
智能控温
中午升温，屋内空调新
风依据温湿度自行调节

12：08
视频联系
午休时间，妈妈通过智能
摄像机实时对话，即使不
在身边也守护在眼前

15：20
智慧教育
特殊时期，孩子在家
上网课和老师远程连线

15：30
定时投喂
狗狗蹲坐在机器前，喂食
器定时定量进行投喂

活动动线

图8 智能空间二

第一主创设计师简介

祝峥

华中科技大学建筑学硕士，高级建筑师，英国皇家建筑师协会注册会员及特许建筑师。现任金地集团设计总监、集团产品管理部总经理、深圳金地研发设计有限公司总经理。

带领团队打造推进城市发展、具有突出竞争力的优秀产品，产品屡受市场好评，曾获德国红点设计大赛年度地产设计大奖，中国土木工程詹天佑奖，全国十大高端、品质作品等各项国内外设计大奖，近期参与打造了金地中心、金地环湾城等项目。金地集团连续6年名列克而瑞中国房企产品力排行榜前十。

在设计专业领域担任中国建筑学会居住建筑专业委员会委员、CREDAWARD地产设计大奖执行委员、克而瑞产品力专家评委、深圳大学RIBA城市研究室学委会委员，2022年入选“RIBA中国百位建筑师”。

多适性健康宅

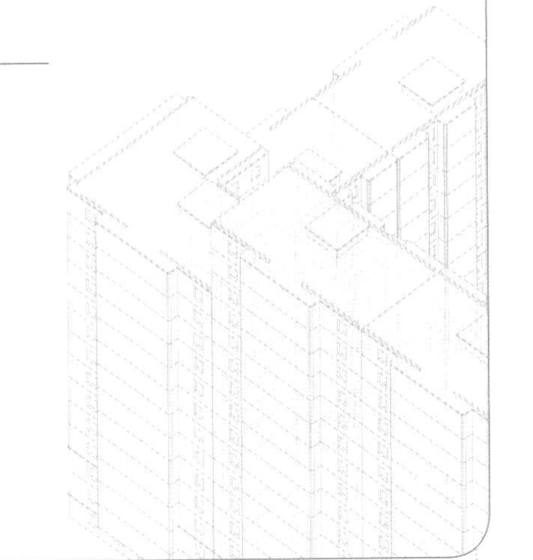

设计单位：上海中森建筑与工程设计顾问有限公司

主创人员：鲜奇武、马会、万星宇、郭梦、赵佚汝、徐小兵、银康博、王招鑫、王思凡

设计年月：2022 年 10 月

户型面积：套内面积 105m^2

所在气候区：夏热冬冷地区

知识产权所属：上海中森建筑与工程设计顾问有限公司

户型设计说明

该新创户型设计方案旨在打造适合现代人生活习惯、不同家庭结构下的全龄可变宜居住宅。该方案有舒适适用、可变、节能低碳的特点。

创作主要着重几个方面：健康宅，与身心共鸣，与自然共栖。推敲舒适的空间尺度，通过新技术手段塑造健康的物理环境，同时整体上低碳节能；重交互，通过无界方厅、情景阳台、大飘窗等共享开放空间，提升家庭生活亲密度，通过互动交融、动线洄游增进空间趣味性；通过模块化设计，提供高度可变的套内布局可行性。整体设计适应从二人世界到老年生活的住宅全生命周期的演进，以及防疫的特殊功能需求，打破了传统居家模式，突破了时空界限，顺应了时代变化发展。户型方案设计应用了装配式建筑技术、SI住宅体系、近零能耗住宅体系、全屋智能、BIM云端协同及数据设计全生命周期应用等技术(图1~图8)。

图1　总鸟瞰图

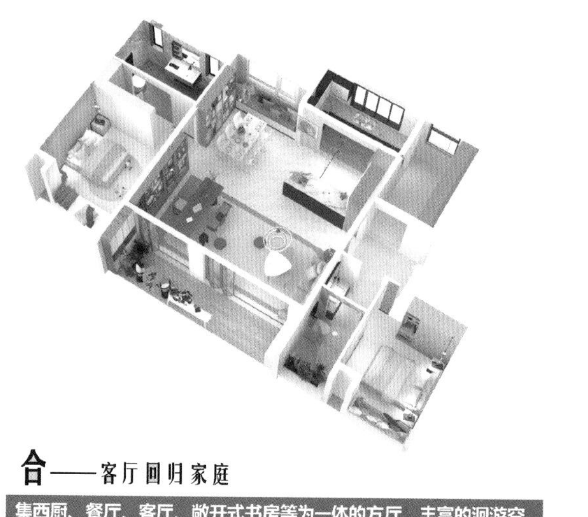

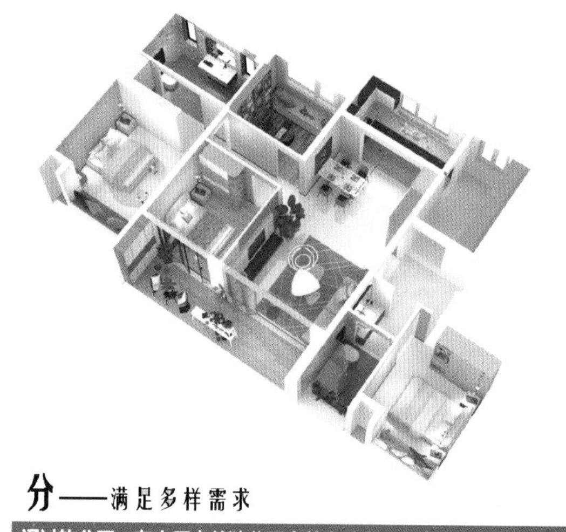

图 2　户型可变性图：方厅空间使用方式的探究（模块化组合）

图 3　生活场景效果图

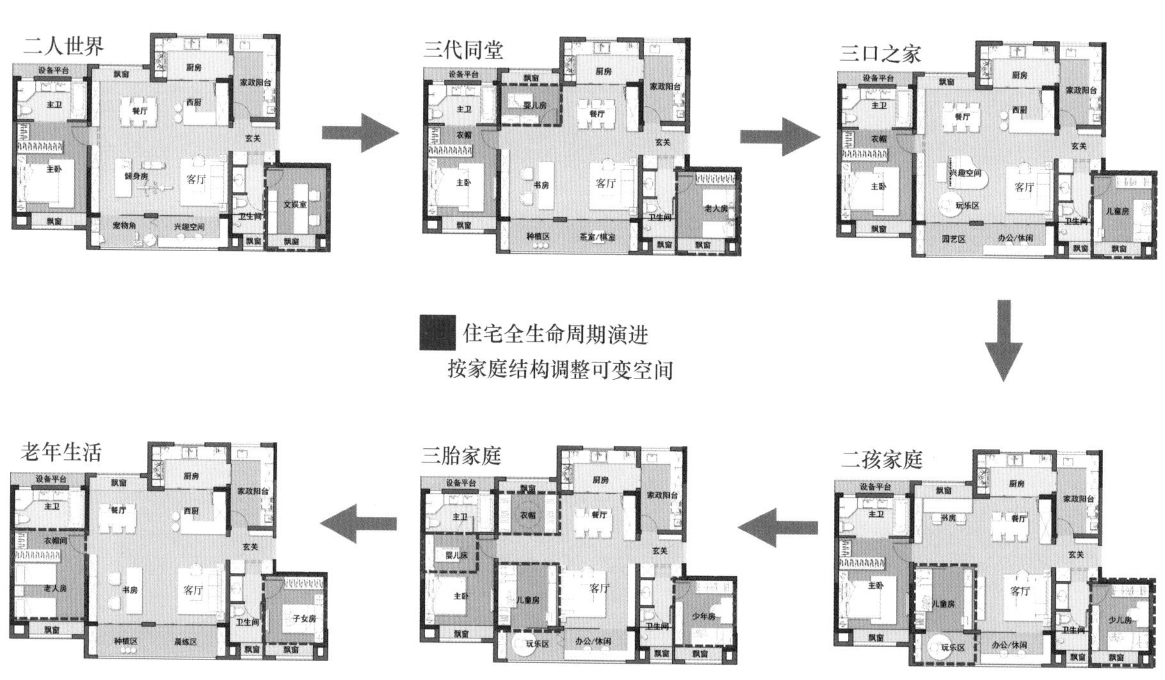

图 4　户型可变性图：按家庭结构调整可变空间

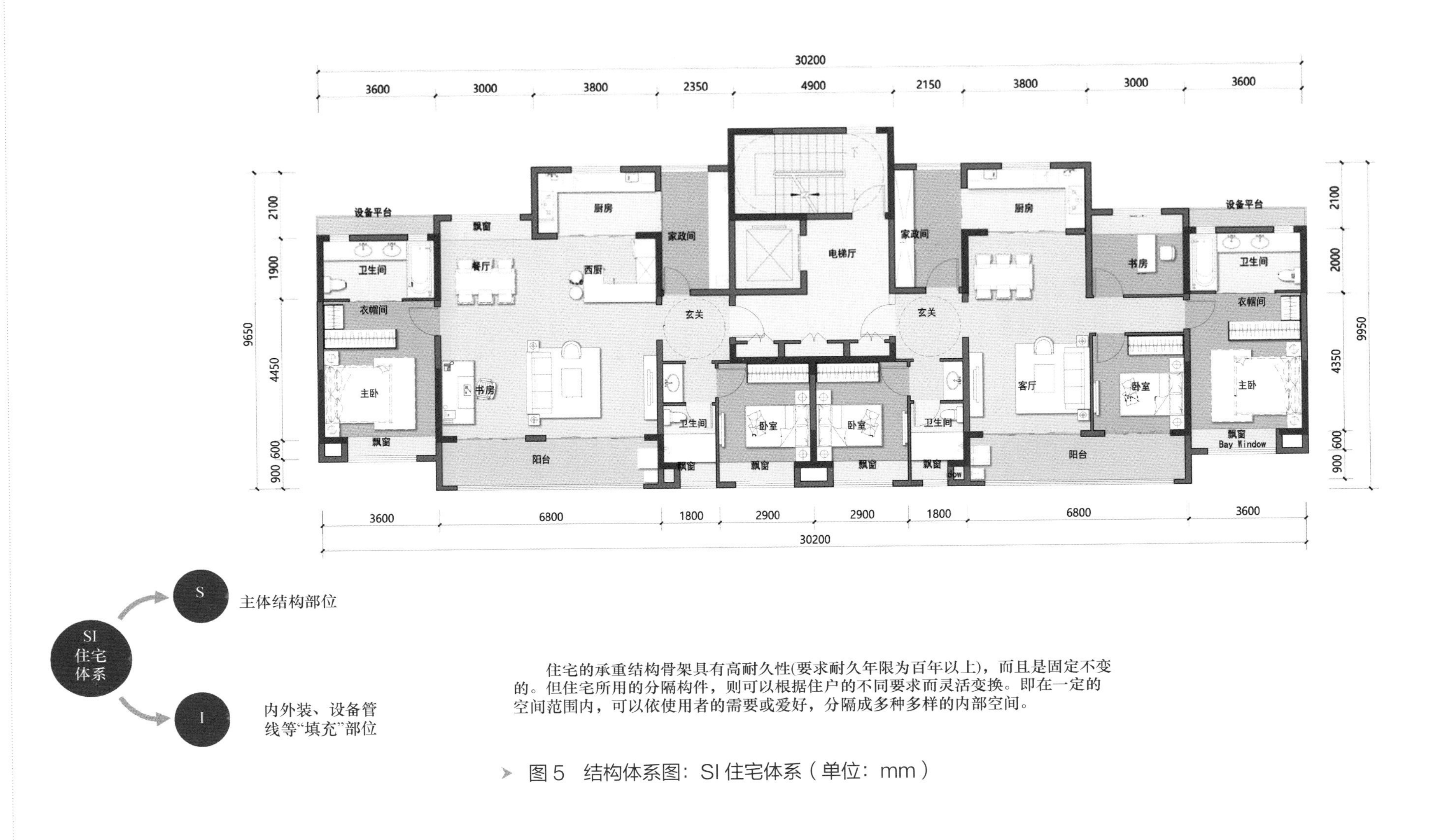

住宅的承重结构骨架具有高耐久性(要求耐久年限为百年以上)，而且是固定不变的。但住宅所用的分隔构件，则可以根据住户的不同要求而灵活变换。即在一定的空间范围内，可以依使用者的需要或爱好，分隔成多种多样的内部空间。

图 5 结构体系图：SI 住宅体系（单位：mm）

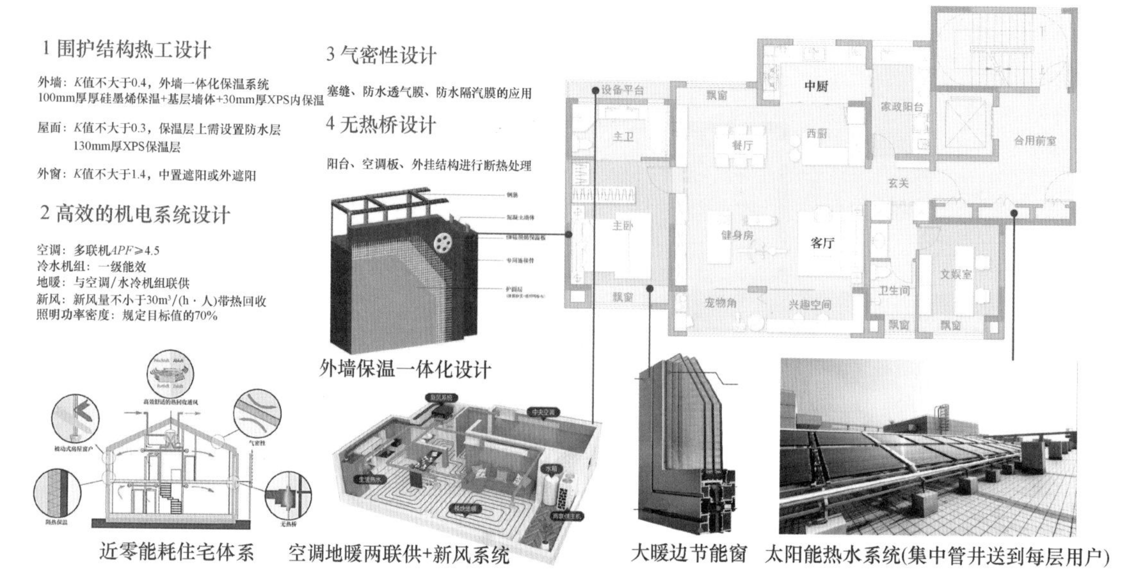

图6　近零能耗住宅体系图

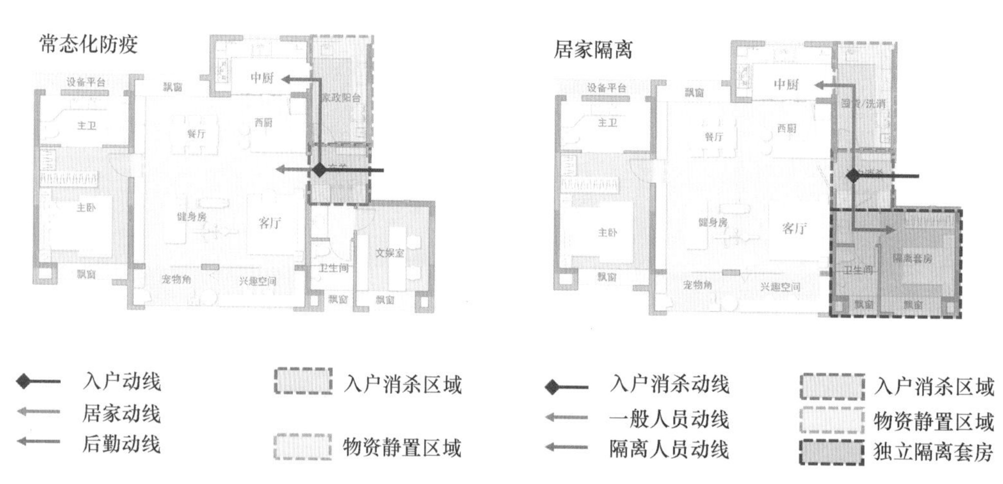

图7　防疫模式说明图：独立消杀空间，可设独立隔离套房

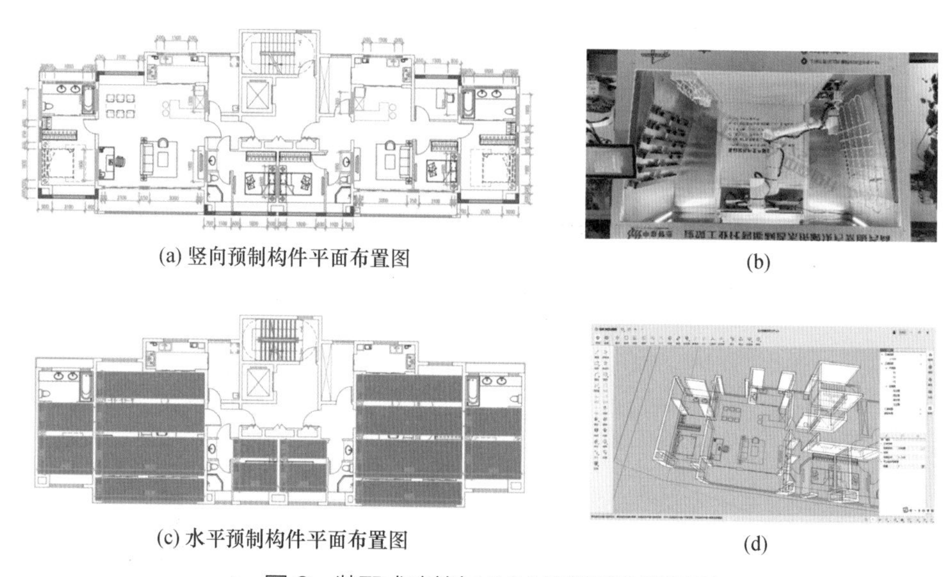

图8　装配式建筑与BIM智能制造说明图

户型创新点

设计理念：多适性绿色健康居。

方案特点：舒适适用、可变、节能低碳。

技术应用：装配式、被动式、BIM等相关技术。

创新点：打破传统居家模式——家人互动交融、共享开放、动线洄游的无界方厅；突破时空界限——户型设计结合家庭结构，从单身小家、二人世界到三口之家、二孩家庭、三代同堂等过渡与演变，进行功能空间和室内装修多生活场景户型设计，满足家庭全生命周期需求；顺应时代变化发展，从容应对突发情况——综合考虑新时代新居住方式的设计。

第一主创设计师简介

鲜奇武

上海中森方案主创，国家一级注册建筑师，高级工程师。秉承“设计引领生活”的创作理念，对设计前沿和市场发展具有敏锐的洞察力，贴合时代发展趋势进行产品创作，充分展现建筑经济、适用、美观、人文关怀等需求。从业20余年，负责过近百个项目的设计工作，涉猎众多项目类型，包括各类住宅、公寓、办公楼、酒店、商业、专业市场、学校、体育建筑、高速公路服务区、产业园、城市更新、乡村振兴等。近年来，深耕住宅及住宅衍生复合社区产品，积累了丰富的设计经验。参与设计的金星小学获得2022TTIA天坛国际奖建筑规划类金奖、“友间公寓·宝地虹乐苑”项目获得上海市建筑学会建筑创作奖提名奖和第八届REARD全球地产设计大奖金奖，主持设计的南通东原印澜湾项目获第十六届金盘奖，2022年在上海市品质点亮城市·家门口的蝶变“社区秀”设计大赛中获得“秀美空间案例奖”及优秀“社区营造师”称号，2022年5月获得《〈质量管理体系 要求〉(GB/T 19001—2016)应用指南》评审专家资格。以前卫的创作理念、深厚的技术实力及优秀的服务态度获得同行和客户的广泛认可。

新生代群体户型设计

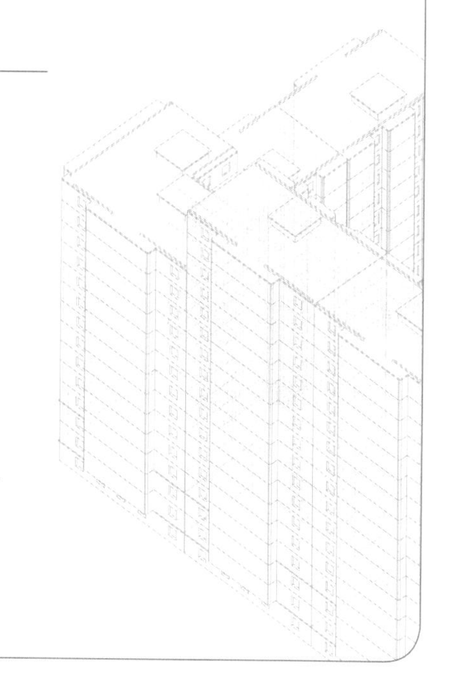

设计单位： 中能建城市投资发展有限公司
上海天华建筑设计有限公司

主创人员： 石康弘、梁一航、刘红宇、江旭兵、谭娟、王得水、张永利、赵冠皓、曾彪、陈薇、薛海龙、梁笑锋、郑姗姗、李梦楚、刘晓燕、任海

设计年月： 2023 年 10 月

户型面积： $100m^2$

所在气候区： 严寒和寒冷地区

知识产权所属： 中能建城市投资发展有限公司
上海天华建筑设计有限公司

户型设计说明

户型设计考虑家庭全生命周期需求和新时代新居住方式，针对新生代客群进行精细化户型设计。

户型为南北通透的三室两厅一卫格局，空间方正。入户为独立玄关，临近厨房，归家动线便捷，客卫干区集合家政收纳，同时兼顾入户消洗，集多功能于一体，高效利用空间。南侧餐客厅空间方正，长达7.4m的完整L型墙面打造超级立体收纳。三间居室集中设置，结构设计尽量减少室内剪力墙，便于后期灵活分隔(图1)。

居住空间承载的家庭生活使用周期长达数十年，伴随着家庭结构变化，该户型的活动公区与居室可以调整。二人时期，带书房的豪华主卧套间和超尺度L型餐客厅满足年轻人的需求。同时，针对日常防疫与灵活居家办公时代的居住特点，设计从使用场景出发，解决特定背景下的需求痛点，旨在为居住者提供更具人文关怀的生活场所。优化归家流线，在有限的玄关区域内，通过整合入户储物柜+餐厅卡座+家政洗手台，将归家后放置物品、休息换鞋、入户消洗的需求串联起来，实用高效(图2、图3)。

家厅空间的两种使用场景：游戏家厅模式将考虑儿童活动需求的亲子游戏区与客厅通过家具软分隔，整体空间开放，亲子活动空间成为家厅的中心；居家办公模式利用灵活隔断形成独立工作区，让父母兼顾工作与陪伴(图4)。

全装修精细化设计：设计中除考虑常规使用的需求和保证落地效果外，对局部区域进行优化设计，提升整体居住品质(图5、图6)。

厨房热水器置于柜内，顶部预留开孔底部预留百叶，保证吊柜整齐。厨房包烟道和上、下水管工艺做法设计可推拉开启饰面石材，便于后期维护。各种材质交接及收口处均设计相应标准节点，保证室内效果高品质落地(图7)。

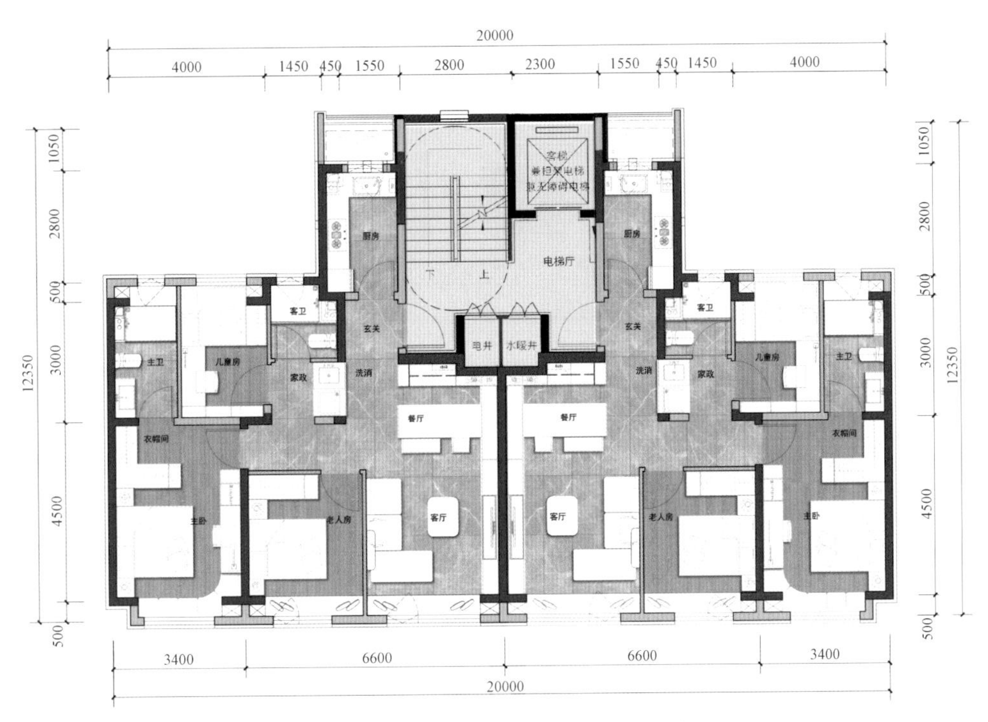

图1 户型平面图（单位：mm）

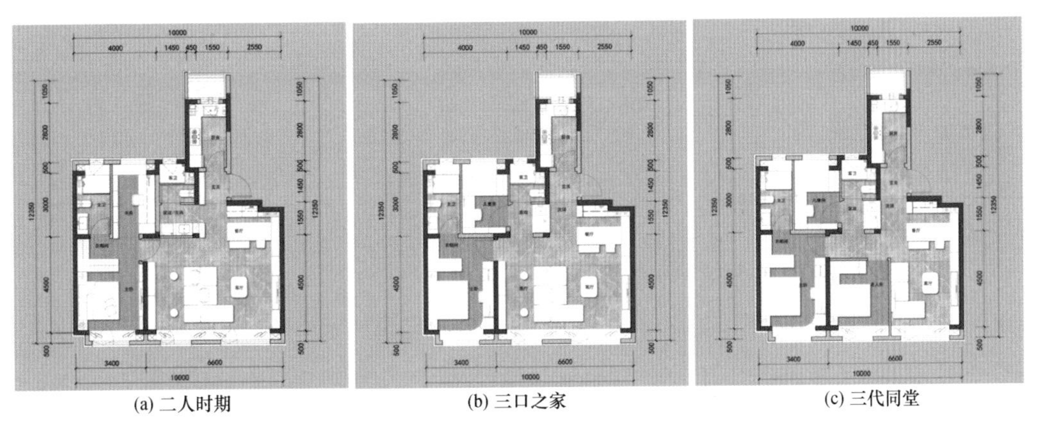

图2 户型演变图（单位：mm）

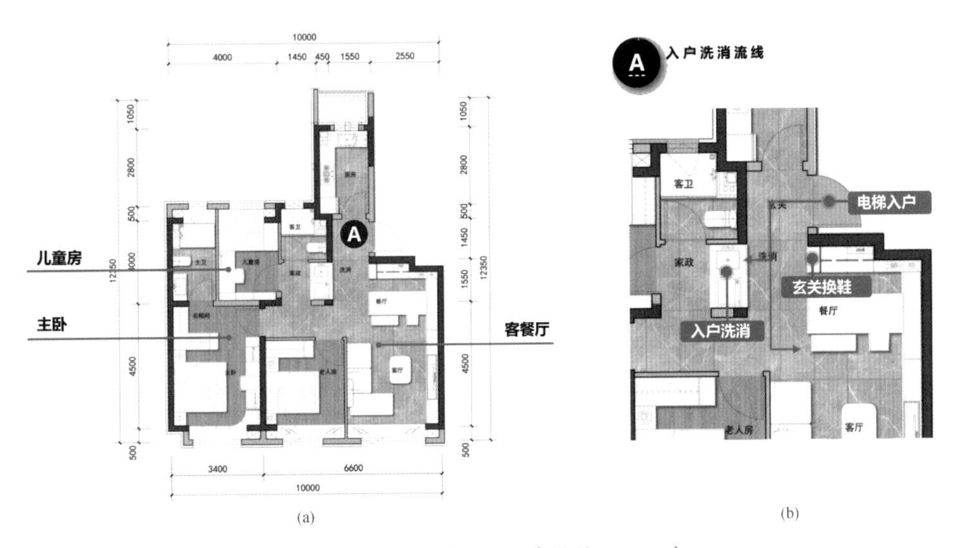

图3 入户流线图（单位：mm）

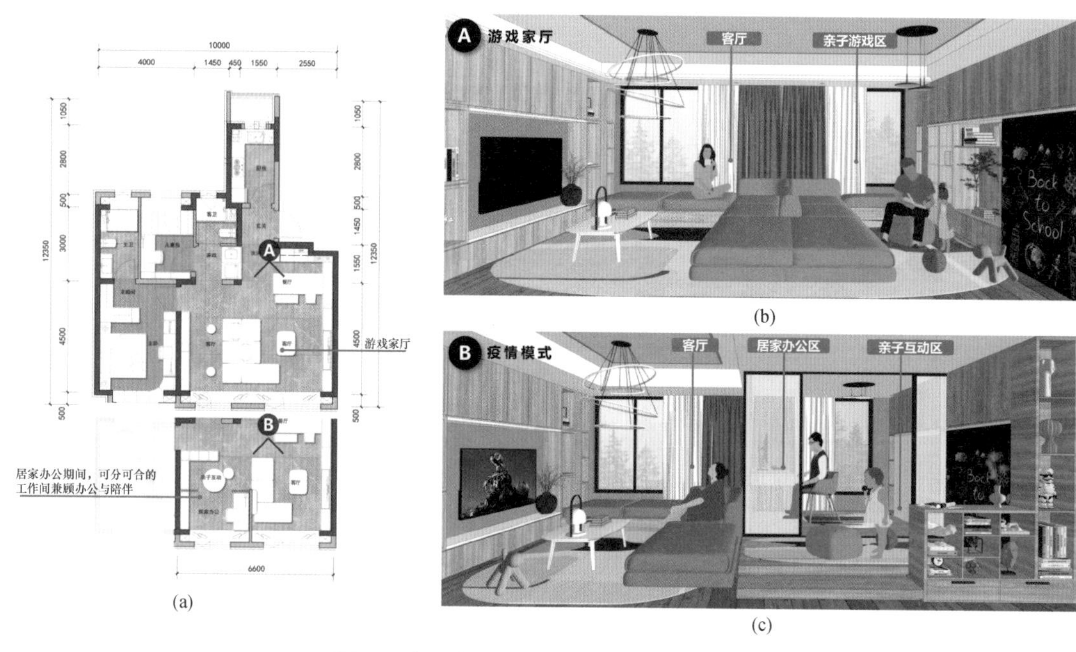

图 4　家厅空间使用场景图（单位：mm）

图 5　主卧效果图

图 6　卫生间效果图（单位：mm）

(a) 厨房热水顺暗藏细节

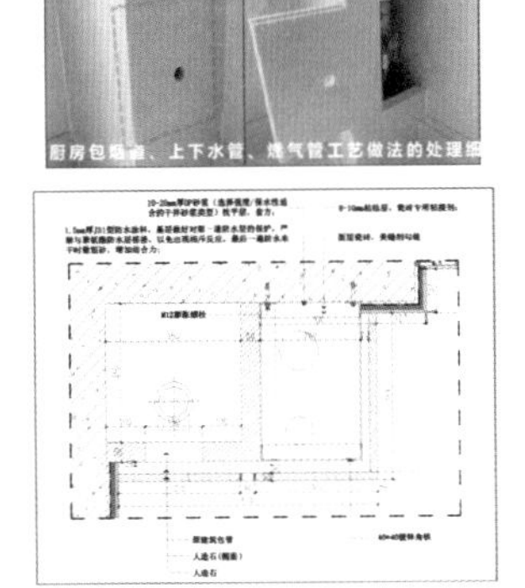

(b) 厨房烟道细节

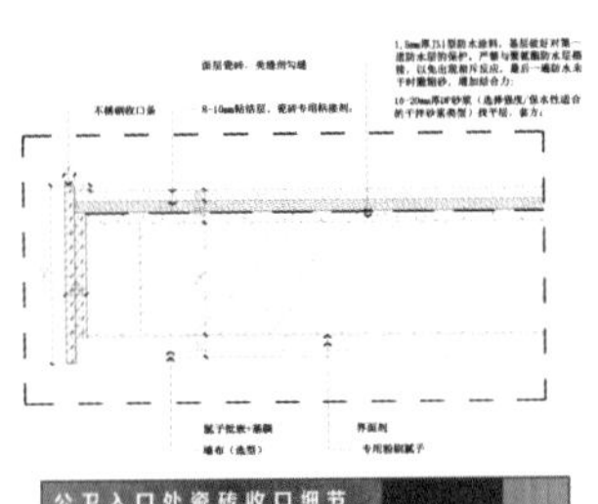

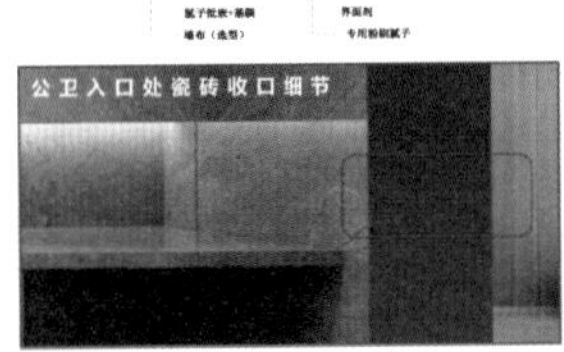

(c) 瓷砖收口细节

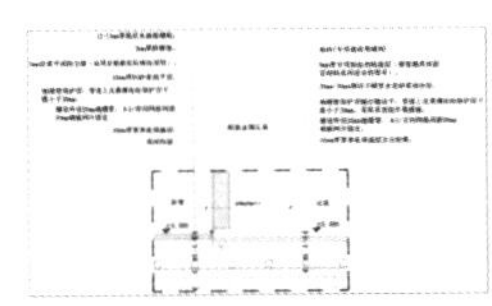

(d) 门槛石收口细节

图7　精细化设计细节图

第一主创设计师简介

石康弘

上海天华建筑设计有限公司北京分公司设计副所长，国家一级注册建筑师，毕业于西安建筑科技大学。从业10余年以来，专精于高端住宅及其相关附属内容设计，对于品质的把控精益求精，作品先后获得REARD全球地产设计大奖、CREDAWARD地建师设计大奖、上海市建筑学会普罗奖等诸多奖项。在建筑实践中，始终认为人是建筑设计中最关键的因素，建筑设计无非人与人、人与空间、人与城市的关系在三维中的再现，好的建筑设计是对这种关系的尊重、提炼以及升华。在住宅设计及泛地产领域拥有丰富的经验，带领团队在全国各地完成多个项目，代表作有武汉融创观澜府、北京招商中国玺、济南龙湖九里晴川、沈阳保利大都会、越秀天恒·怀山府生活美学馆、北京龙湖关庄冠寓、惠州金融街金悦华府等项目。